文学·美学丛书

李渔闲情美学思想研究

王飞 著

Liyu Xiangqing Meixue Sixiang Yanjiu

中国传媒大学出版社
·北京·

图书在版编目(CIP)数据

李渔闲情美学思想研究 / 王飞著. --北京:中国传媒大学出版社,2019.8
(文学·美学丛书)
ISBN 978-7-5657-2494-7

Ⅰ.①李… Ⅱ.①王… Ⅲ.①李渔(1611-约1679)—生活—美学思想—研究 Ⅳ.①B834.3

中国版本图书馆CIP数据核字(2019)第112553号

李渔闲情美学思想研究
LIYU XIANQING MEIXUE SIXIANG YANJIU

著　　者 王　飞
策划编辑 程　平
责任编辑 程　平
特约编辑 张　婧　丁　萌
责任印制 阳金洲
封面设计 大鹏设计

出版发行 中国传媒大学出版社
社　　址 北京市朝阳区定福庄东街1号　邮编:100024
电　　话 86-10-65450528　65450532　传真:65779405
网　　址 http://cucp.cuc.edu.cn
经　　销 全国新华书店

印　　刷 三河市东方印刷有限公司
开　　本 710mm×1000mm　1/16
印　　张 14.75
字　　数 211千字
版　　次 2019年8月第1版
印　　次 2019年8月第1次印刷

书　　号 ISBN 978-7-5657-2494-7/B·2494　**定　　价** 69.00元

PREFACE 序

生活在明末清初的李渔是我国历史上著名的生活艺术大师。一部《闲情偶寄》总结了他在生活中努力突破物质条件的限制，美化生活，追求幸福的经验和心得，是我国历史上第一部写给市民大众的实用生活美学著作。一直以来，学界对李渔的研究主要集中于他在戏曲、小说创作方面取得的成就，关于《闲情偶寄》的研究相对较少，而且多零散、不成体系。所以，王飞提出想将《李渔闲情美学思想研究》作为自己博士论文题目时，我表示支持。

王飞完成博士论文四年后，本书终于付梓。她请我为此书作序，我欣然应允。一则作为她的博士生导师，乐见其成。二来也是因为我深知书中凝聚的不仅是她对李渔以《闲情偶寄》为主要载体的闲情美学思想的学术思考，也有她自身对生活的感悟与反思。作为老师，看到她的成长，无论是在学术上还是生活中，我都深深为她感到高兴。

在王飞完成博士论文的时候，我们曾就李渔闲情美学的问题进行过深入的探讨。在日常生活审美化盛行的今天，人们的生活充斥着各种精美炫目的事物，幸福感却并未因此而得到提升，相反，被美化的外表所包装、遮蔽的欲望，驱使人们不断与物追逐，在丧失主体性的同时，身心俱疲。在这样的背景下，生活美学研究应时而生，有着很强的现实意义。由于今天的生活美学研究肇始于西方学者，其研究对象多以西方经验为主，而对于美与生活从未割裂的中国古代，其丰富的生活美学资源，却没有得到应有的重视。因此，对中国古代生活美学思想的梳理，就显得非常有必要。

王飞博士的这本书，通过对李渔以《闲情偶寄》为主要载体的闲情美学思想进行系统的梳理和理论阐释，以期准确、全面地把握李渔闲情美学思想的特点与本质，同时，结合社会学、历史学的相关研究成果，指出产生于中国古代社会向近代转型时期的李渔闲情美学思想，具有鲜明的市民审美特性。这与以往的研究习惯性地将李渔美学思想按其文人身份自动划归到士大夫审美趣味中的做法大相异趣。

李渔生活在商品经济对传统封建社会制度产生巨大冲击的明末清初。他一生只取得了童生资格，是介乎于"士"与"民"之间的"士民"，就文化属性而言，属于士人阶层，就经济属性和生活样态而言，属于市民阶层。朝代更迭造成人生幻灭感、社会生活同一性破碎带来的撕裂感、心学思想引发的寻找自我的冲动，这些外部现实因素与纾解现实人生的沉重、弥合身心分裂、完成自我身份建构的内心需求，共同构成了李渔闲情美学的心理动因。

由于《闲情偶寄》本身内容丰富、结构松散，以往关于《闲情偶寄》的研究，大多是从其中关涉的戏曲、居室、园林、养生等具体方面展开。本书以《闲情偶寄》为核心文本，结合李渔的诗、词、文、戏曲和小说，系统地梳理、归纳、总结李渔闲情美学思想的美学特征，指出李渔闲情美学的四大概念："新奇""经济""实用""自然"。其中，"新奇"是李渔闲情美学最低的审美层次，"经济""实用"是第二个层次，"自然"是李渔闲情美学的最高层次。包含所有感官审美在内的"乐"则是李渔闲情美学的美学追求。这四大概念、三大层次和一个追求，彼此交织，相互作用，使得李渔的闲情美学成为一个有机、丰富的整体。李渔追求的"乐"不是单纯的感官享乐，而是一种内心的宁和与愉悦，他追求的是幸福而非快乐。他的《闲情偶寄》也不是一部简单的个人生活享乐之作，而是展示个人追求幸福之路的实用生活美学之作。

李渔闲情美学是时代和个人经历共同作用的产物。晚明时期市民文化的繁荣，精神枷锁的破碎，文人治生之风的兴起，以及他青少年时期居住的"兰溪—金华"地区的社会风俗、文化传统，都影响到李渔的生活方式和人生道路选择，并在他的闲情美学思想中得到体现。从理论渊源来看，李渔闲情美学主要是以经世致用、化民成俗、张扬人的主体力量的儒家思想为基本底色，同时吸收了心学尊重个体欲望、泯灭圣凡差别的思想而形成。尽管李渔闲情美学推崇自然，但其中所包含的自然观，并非道家所说的自然，而是一种世俗的自然观，是基于现实、功利的考虑，在满足个人欲望与迎合社会规范之间求得平衡的世俗文化特征的体现。

与李渔同时期的晚明文人群体中多有关于闲情逸致、生活审美的著述，形成了晚明闲赏美学。但李渔闲情美学与晚明闲赏美学有着本质的差异：晚明闲赏美学是文人自我情趣的表达，品赏的事物无关实务，追求超凡脱俗的美感，审美趣味高雅、纯粹、精致，是晚明文人群体借品位以强调自身与市民阶层地位差异的结果；而李渔闲情美学则讲求实用，以市民日常生活内容为基础，在审美趣味上相对晚明闲赏美学而言更显粗糙、混杂，追求的是俗中之雅，俗多而雅少，是基于市民生活的现实土壤所作的日常生活美学的总结，既具有市民文艺浓厚的商业性、娱乐性，充满喜剧色彩，诙谐、俚俗，同时又注入了士人知识分子的文化情趣，体现出中国古代向近代转型时期的混杂性特征。但从本质上讲，李渔闲情美学是植根于市民生活，给市民生活以指引的实用生活美学。

关于李渔及其《闲情偶寄》，前人往往站在伦理道德和政治的立场上加以审视，多有不公允之论，简单粗暴地加以批判。我们不应脱离李渔生活的时代与阶层，对他提出不符合实际情况的要求，求全责备。我们应当看到，李渔的闲情美学虽然回避了社会、人生的现实问题，将对幸福的追求局限于个人家庭生活的小天地之内，带有一定的狭隘性和庸俗意味，但也应当承认，他的闲情美学在特殊的历史背景下，有其合理性。他试图在旧的伦理道德与新的社会变化的矛盾冲突中，为茫然的世人指明一条可能的幸福之路。尽管他的答案是肤浅的，但他毕竟对时代的变化作出了自己的回应。其闲情美学引导市民阶层从盲目追逐欲望的享乐主义中抽身出来，通过审美体验而非占有物品，去美化生活，具有一定的进步性和很强的实践性。与此同时，我们也应当看到李渔闲情美学思想对于今天的消费社会有着重要的启示意义。

更有意义的是，这本书通过对李渔闲情美学思想的梳理，将这一宝贵的生活美学思想资源呈现在大家面前，使古代中国的美好生活智慧，能够在今天继续绽放光彩，成为消费社会里的一剂醒药。

这是本书的社会价值所在，也体现了王飞博士这位青年学者的人文情怀。

代迅

2018年12月1日

CONTENTS 目录

第一章

绪　论

一直以来，关于李渔的研究，主要集中于他的戏曲美学和园林美学的研究，对于他的美学思想的其他方面，人们研究得不多，也不成体系，而且在现有的著作中，几乎找不到关于李渔美学思想的相对成系统的研究，基本上都是“分而治之”，相关专著也多为论文汇集。近年来，一些研究者试图将李渔的《闲情偶寄》置于生活美学、休闲美学的视阈下加以分析，这无疑是一种有益的探索，可能因此而开拓出李渔美学乃至中国古典美学研究的一个新方向。但目前的问题在于，生活美学、休闲美学本身作为新兴领域，至今仍以未完成的动态面貌存在着，作为美学研究相对独立的一个研究领域，不仅体系尚未确立，核心概念的内涵和外延以及研究边界的划定都还存在着许多争议。在这样的前提下，要想依靠一套相对成型的理论，资以对李渔的《闲情偶寄》展开分析、讨论，存在着诸多困难。

钱锺书先生曾经说过，“自发的孤单见解”是“自觉的周密理论的根苗”[①]，“隐于针锋粟颗，放而成山河大地”[②]，“一家学术开宗明义之前，每有暗与其理合，引导其说先者，特散钱未串，引弓不满，乏条贯统纪耳”[③]。这是知

① 钱锺书. 七缀集(修订本)[M]. 上海：上海古籍出版社，1994：33.

② 钱锺书. 管锥篇(第二册)[M]. 北京：中华书局，1979：496.

③ 钱锺书. 管锥编(第二册)[M]. 北京：中华书局，1979：440.

识生产与创新的必经之途。李渔的《闲情偶寄》的闲情生活美学思想，正是散钱粟颗，自发孤单，虽零散而不成体系，却与今天的生活美学研究遥相呼应，确乎起着引导其之先的作用。李渔的《闲情偶寄》的生活美学性质，基本上已得到了学界认同，"《闲情偶寄》包括词曲部、演习部、选姿部、居室部、器玩部、饮馔部、种植部、颐养部八个部分，围绕着人的生活展开，是一部生活美学"①。然而，生活是一个宽泛的概念，在这个概念之下，不同阶层的人由于其经济收入、文化水平不同，其生活形态、风格、审美趣味和价值取向势必有着本质的差异。本书正是基于这样的观点，拟对以《闲情偶寄》为核心的、李渔作品中所包含的生活美学观点进行梳理，指出其与晚明士大夫以闲赏为主的艺术化生活美学之间存在着本质差异，带有鲜明的市民生活美学指南色彩。

第一节　生活美学

尽管"生活美学"可谓当前美学界探讨的一个热门话题，但事实上，若要作为一个相对独立的学术研究领域，"生活美学"还并不成熟，目前更多还是停留在总结审美实践规律的实用层面，代表着一个可能的、新的美学研究方向，尚在开疆拓土，但并未形成自己边界分明的领地。

一种人文学科学术理论的建立，首先要求对该学科的研究领域、研究对象划定一个清晰的边界，对该学科的核心概念有相对一致的认识，在此基础上形成逻辑自洽的一套理论体系。然而"生活美学"作为一个正在兴起和发展中的领域，边界仍未划定，还需要一段时间才能进一步完善。

探讨"生活美学"，最基本的一个问题就是：什么是生活美学？一旦提出这个问题，我们就会发现，尽管现在有诸多对"生活美学"展开讨论的学术成果，但在这一点上，并没有形成比较一致的认识。诸如"生活美学是以生活美作为研究对象的应用美学学科"②这样的定义，实际上对于我们理解"生活

① 张法. 中国美学史上的体系性著作研究[M]. 北京：北京大学出版社，2008：275.

② 成远镜，朱晶. 生活美学[M]. 长沙：湖南大学出版社，2007：5.

美学"这一概念不能提供太多实质性的帮助。从某种意义上讲,尽管"生活美学"一词被频频提及,但实际上,学者们往往在不同的逻辑层面上,从自己的立论需要出发,不加区别地使用"生活美学"这个名词。至于"生活美学"究竟研究什么,或者更直接一点说,"生活美学"的研究范围到底是什么,目前学界尚未达成共识。由此可见,"生活美学"这一学术领域尽管目前正在受到日益广泛的关注,却仍然处在发展的相对初级阶段,开展相关研究虽有一定难度,但也很有必要。

一、西方:日常生活美学

"日常生活美学"是一个西方背景下的美学概念。它的出现既与20世纪后半期在全球广泛出现的"日常生活审美化"的现象有关,也是美学发展历史和逻辑的必然。

在很长一段时间内,西方美学的研究对象仅限于艺术,就像黑格尔在他的《美学》一书中开宗明义地提出:"这些演讲是讨论美学的;它的对象就是广大的美的领域,说得更精确一点,它的范围就是艺术,或则毋宁说,就是美的艺术。"[①](引者注——着重号为原文所有)更有甚者,美学常常被人当作"艺术哲学"的同义语。

不仅如此,艺术对于生活是排斥的。"可以说,西方'艺术否定生活论'有两种历史传统:一种肇源于柏拉图,另一种则肇源于亚里士多德。一种是艺术'高于生活'的历史,另一种则是艺术'低于生活'的历史,前者是人们思想'上溯的'结果,后者则是'下降的'结果。"[②]到了现代,西方马克思主义美学更将文艺与社会对立起来,"提出文艺与现实的'非同一性'等原则,强调文艺本质的超现实性和否定性,并直接与社会革命联系在一起",认为人类解放必须走艺术解放之路,高雅文化对于人类解放有着积极意义,现代社会

① 黑格尔.美学(第一卷)[M].朱光潜,译.北京:商务印书馆,1979:3.
② 刘悦笛.生活美学——现代性批判与重构审美精神[M].合肥:安徽教育出版社,2005:144。

的文化工业和大众文艺则是造成现代社会"单面性"和"攻击性"的祸端，必须对其加以批判。法兰克福学派强调艺术的社会职能，认为现存社会否定了人性，艺术就应当彻底否定和批判现存社会，这样艺术才能反抗社会，参与拯救和恢复人性的活动，成为解放人类的工具。①

艺术不仅超越生活，更批判生活。生活是平庸的、面目模糊的、世俗的和颟顸的，而艺术正是对生活这种庸常性的突破，是精神对物质的超越，是在人生圣洁的彼岸照亮此岸世界的那一盏明灯。因此，审美是非功利的，艺术是自律的，美是圣洁的、脱俗的、不食人间烟火的，"那规定鉴赏判断的愉悦是不带任何利害的"②，而"对快适的愉悦是与利害结合着的"③。所以，一切人间烟火、七情六欲，都与快适、快感紧密联系，都与利害密切相关，因此在美学意义上来说都是不美的。

然而，现实永远走在理论的前面，时光进入 20 世纪后半叶，随着物质生产和经济的飞速发展，消费主义思潮席卷全球。为了加速消费，保证过剩的商品能够转化为利润，商家通过各种手段，将人们的注意力引向商品的形式上面。人们的商品消费行为已经由对使用价值的考量转向对其审美价值、符号价值的追逐，以至于"渐渐的，消费资料不再拥有使用价值。它们的本质在于无论如何都可以消费。"④大众不仅看重商品的形式是否具有美感，更看重拥有某一特殊商品所代表或构建的自我形象。于是，艺术走下神坛，成为大众消费的对象。当审美的态度被应用于一切可能的日常事务，审美已经不可能再保持"非功利"(disinterestness)的纯洁性，而是和功利、欲望紧紧纠缠，就在它们之中，艺术也不再是"自律"(autonomy)的，而是受到市场规制的。

这一社会现象引发了学者们对艺术、美和生活三者之间关系的重新思考，他们开始将目光从封闭的艺术世界转向更广阔的日常生活空间。20 世纪 80 年代，英国学者迈克·费瑟斯通(Mike Featherstone)提出"日常生活审

---

① 朱立元. 美学大辞典[M]. 上海：上海辞书出版社，2010：522.

② 康德. 判断力批判[M]. 邓晓芒，译. 北京：人民出版社，2002：38.

③ 康德. 判断力批判[M]. 邓晓芒，译. 北京：人民出版社，2002：40.

④ 瓦格纳姆. 日常生活的革命[M]. 张新木，戴秋霞，王也频，译. 南京：南京大学出版社，2008：89.

美化”(the aestheticization of everyday life)的命题，标志着美学研究的重心从艺术转向生活。[1] 尽管费瑟斯通对于日常生活审美化现象的学术兴趣主要在于消费文化，其理论走向是社会学的而非美学的，并且他对于这种现象所持的主要是理性批判态度而非审美、观赏、玩味的态度，但他对于这一领域的研究使得日常生活之美的问题日渐受到学界重视。

日常生活美学的研究逐渐成为当今美学研究的热点话题，同时也是美学研究自身历史和逻辑发展的必然。“在整个20世纪的后半叶，‘分析美学’逐渐在世界范围内占据了绝对的主导地位，艺术成了美学研究几乎唯一的对象，甚至分析美学原理本身往往就等同于‘艺术哲学’(art philosophy)。然而，超出按照分析与非分析的方法进行研究的艺术之外——‘自然与日常生活对象’——恰恰就成了超出艺术的两个崭新的研究领域。在整个20世纪的美学主流以艺术为主要研究对象之后，从20世纪末期开始，美学研究的领域又重新丰满了起来，‘艺术界’、(从自然界到)‘环境界’与‘生活界’，终于成了美学研究的三大领域，美学从而可以在最为广阔的范围内得以出场。”[2]一方面，丹托的“艺术界”理论、迪基的“艺术惯例论”将对艺术的考察置换为对艺术界的考察，使得美学问题可能回到现实生活世界；另一方面，环境美学的发展要求走向应用环境美学、生态美学和社会美学，实现从自然环境向人类社会环境的转换，这三者都共同指向生活美学。

目前，国外关于日常生活美学研究的著作主要有齐藤百合子(Yuriko Saito)的《日常美学》(*Everyday Aesthetics*)，卡佳·曼多基(Katya Mandoki)的《日常美学：平凡性、文化游戏和社会身份》(*Everyday Aesthetics: Prosaics, the Play of Culture and Social Identities*)，以及安德鲁·莱特和乔纳森·史密斯(Andrew Light and Jonathan M. Smith)二人编选的论文集

---

① 代迅. 西方理论与中国文本：费瑟斯通和李渔美学思想比较研究[J]. 西南大学学报(社会科学版)，2012(6)：110-116.

② 刘悦笛. 从当代艺术、环境美学到生活美学——从第18届世界美学大会观东西方美学新主潮[J]. 艺术百家，2010(5)：35-41.

《日常生活美学》(*The Aesthetics of Everyday Life*)。[1]

齐藤百合子的《日常美学》"由于与日常生活美学相关的主题和论题无边无际,本书内容主要是谈环境美学和日本美学。一部分原因是我此前的研究焦点聚集于这两个领域。更重要的是环境美学在今日已是一个成熟的领域,能够提供与以高雅艺术为基础的美学相区别的基本原则。"[2]"尽管我大量谈及环境美学和日本美学,但本书并非专门谈它们当中的任何一个。它们提供了例子和可能性,但日常生活美学的领域要宽得多。"[3]不仅如此,她也承认,她在论述中使用的例子很多是源自18世纪英国美学和日本美学。

墨西哥大都会自治大学学者卡佳·曼多基的《日常美学:平凡性、文化游戏和社会身份》篇幅厚重,全书分6个部分,既探讨了(传统意义上的)美学的迷津,也从作者的角度给日常生活美学划定界限,并从符号学、八价模型、基体与认同的角度进行了美学分析。"本书的主题是:日常生活以美学以外的方式展现出了丰富性与复杂性,美学向之敞开不仅是可能的,更是必不可少的。那也正是prosaics确切的含义所在:简单的、日常的美学。"[4]

安德鲁·莱特和乔纳森·史密斯二人的《日常生活美学》实际上是一本关于生活美学相关论题的论文集,全书共收论文11篇,分为"日常生活美学的理论化"(Theorizing the Aesthetics of the Everyday)、"欣赏日常生活环境"(Appreciating the Everyday Environment)和"发现日常生活之美"(Finding the Everyday Aesthetics)三大部分。尽管在第一部分"日常生活美学的理论化"中有汤姆·莱迪(Tom Leddy)的《日常生活美学的本质》(The

---

① 这三本专著是本文作者在gigapedia、google等国外相关学术资源搜索引擎中可以搜到的、关于日常生活美学的全部著作,基本上可以称为当今西方日常生活美学研究专著的代表之作。此观点也可与刘悦笛《"生活美学":是什么与不是什么》(《艺术评论》,2011[4])中的注释1对照来看。他在该条注释中对其文中"2005年之后西方学界出版了关于'生活美学'的多本专著"进行补充说明时,也只列出了这三本著作。当然,鉴于本文作者眼界所限,也许另有相关著作出版,也或未可知。

② Yuriko Saito. Everyday aesthetics [M]. London: Oxford University Press, 2007:3.

③ Yuriko Saito. Everyday aesthetics [M]. London: Oxford University Press, 2007:3.

④ Katya Mandoki. Everyday aesthetics: prosaics, the play of culture and social ldentities [M]. Burlinton: Ashgate Publishing Limited, 2006: xvii.

Nature of Everyday Aesthetics)这样的文章出现,但总的来说,全书只是论文汇编,而非系统的研究著作。①

综上,我们可以得出以下三点结论:第一,西方的相关研究是以"日常生活美学"而非"生活美学"作为其核心概念的。第二,西方的相关研究目前也尚未达到成熟阶段,上述三本著作中,只有前两本属于严格意义上的专著,第三本则是论文集。即便是前两本著作中,对"日常生活美学"进行相对系统、完整研究的也只有卡佳·曼多基的那一本。而截至本书写作时,这三本著作都无中文译本,这给国内学者吸收国外相关研究成果造成了一定困难。第三,目前西方现有研究的代表性成果主要基于西方社会的美学实践和日本美学,而对中国的生活美学鲜有涉及,这正是亟待填补的空白领域。

二、国内:生活美学

国内相关研究主要以"生活美学"为核心概念展开。"生活美学"和"日常生活美学"是否是一回事?从两个概念的界定来看,二者之间的关系应该是包含关系:前者包含后者。"日常生活"只是"生活"中"日常"的那一部分,"一般说来,日常生活不同于科学、艺术、哲学等自觉的精神生产和政治、经济、公共管理等有组织的社会运动,它是以日常的观念活动、交往活动和其他各种个人的直接环境(家庭、村落、街区等天然共同体)为基本寓所,旨在维持个体生存和再生产活动的总称。其中最为基本的是衣食住行、饮食男女等以个人的肉体生命延续为目的的生活资料的获取与消费活动;婚丧嫁娶、礼尚往来等以日常语言为媒介,以血缘和天然情感为基础的个人交往活动;以及伴随上述各种活动的非创造性的重复性的日常观念活动。这样,我们就把人类社会划分为日常生活世界和非日常生活世界。"②

"生活"一词意义丰富,且具有多层次性。无论是在英语还是中文里,它

① Andrew Light and Jonathan M. Smith. The aesthetics of everyday life [M]. New York: Columbia University Press, 2005.

② 衣俊卿.现代化与日常生活批判——人自身现代化的文化透视[M].北京:人民出版社,2005:3-4.

都既可以指“人的各种活动”这一整体，也可以指“衣食住行等方面的情况”，也即日常生活。而在实际使用过程中，或者说在以前的美学研究中，“生活”却常常被狭义地理解为“日常生活”。“艺术来源于生活、高于生活”就是这种窄化应用的典型。艺术自律，艺术对生活的否定与超越，也是建立在将“生活”理解为“平庸、乏味、枯燥、黯淡”的“日常生活”的基础上。当我们谈到“生活美学”时，究竟是在哪一个层面上使用“生活”这个概念，这一点非常重要。然而在实际研究过程中，学者们往往在不同层面上使用“生活”这一概念来谈及“生活美学”。

目前国内以“生活美学”为题的相关著述，大多是在“日常生活”的意义层面上使用“生活”这一概念的。比如成远镜、朱晶的《生活美学》，将“生活美学”分为人体美学、服装美学、饮食美学、建筑美学和旅游美学，明显是从日常生活中生活美化的角度，展开的实用美学研究。“‘生活美学’所追求的是人生的艺术化，以造福大众的现实生活为价值归依，它是由日常的物质生活向精神生活的升华，是由日常生活的‘实用’层面向‘艺术’层面的过渡，是由功利实用的劳动向本真存在的澄明境界的提升……立足于大众立场的‘生活美学’，关注大众日常生活中的审美问题。”①李修建结合李泽厚的中国美学研究，提出生活美学可能成为书写中国美学史的一个新视角，“生活美学关注的是古人日常生活中的美与艺术，其涵盖的内容是非常广阔的，大而言之，关涉人们衣、食、住、行的各个领域。其一体现为物质文化方面，如服饰、饮食、居室、日常器皿、日用工艺等；其二体现为日常活动之中，如文人交游、游戏娱乐、节日庆典、民俗风情等。值得强调的是，以往的中国美学史研究集中于作为‘大传统’的士人美学，而生活美学则将以往所忽视的作为‘小传统’的民间美学和民俗美学作为一个研究重点。”②仪平策指出，“作为一种新的美学形态，生活美学是以人类的‘此在’生活为动力、为本源、为内容的美学，是将‘美本身’还给‘生活本身’的美学，是消解生活与艺术之‘人为’边

① 刘广新，胡友峰. 从理论美学到生活美学[J]. 东岳论丛，2007，28(2)：128-131.

② 李修建. 生活美学：书写中国美学史的新视角——兼论李泽厚的中国美学研究[J]. 文艺争鸣，2011(5)：98-101.

界的美学”,“所谓生活美学,也就是将美的始源、根柢、存在、本质、价值、意义等直接安放于人类感性、具体、丰盈、生动的日常生活世界之中的美学。”① 张志平在谈到汪曾祺的“生活美学”时,实际上也是从日常生活中人生趣味的角度来使用这一概念的。② 彭锋在介绍舒斯特曼美学思想时谈到,“日常生活美学或者生活美学,是20世纪末到21世纪初兴起的一种美学潮流”。③ 台湾学者蒋勋的《天地有大美:蒋勋和你谈生活美学》也是从衣、食、住、行等方面来谈对生活的态度,谈如何才能从生活中发现美,从而使生命变得丰盈、美好,幸福感增强。

在“人的各种活动”这一整体概念上使用“生活”的概念来建构生活美学的,则有张铁的《生活美学十五讲》,其明确地将自己的生活美学体系分为“日常生活之美”和“观念生活之美”,而“观念生活之美”则包括了信念之美、爱情之美、亲情与友情、幸福之美、人类的艺术生活、礼仪之美和快乐之美。

朱立元主编的《美学大辞典》中在收录“生活美学”一条时则兼顾了两个层面:“生活美学(aesthetics of life),美学的分支学科之一。广义以广袤社会物质生活、精神生活中的美和审美为研究对象。狭义从物质生活产品的生产者、消费者的角度,研究人们日常生活中的审美需求、审美经验和审美创造美规律。研究内容包括:(1)直接的日常物质生活领域的美。如服饰、器用、仪容等外在形体美的创造、欣赏,体现、折射内在心灵美;餐饮的色、香、味以及与餐具、包装的配合;居室的装潢、陈设布置及其与自然美的协调;商品的设计、包装和广告的美等。(2)生活方式的美。如个人和家庭的生活方式,生活环境的卫生、整洁和礼仪的美,摆脱旧的观念、习惯的束缚,适应时代需要的变革。(3)业余文化生活中的审美和创造美的活动。如旅游、体育、休闲中的审美和美的创造。生活美学于20世纪开始在欧美国家盛行,中国在20世纪80年代兴起,并开始研究商品美、服饰美、餐饮美、环境美、装潢美、广告美、旅游美等,但尚未形成系统、成熟的学科。研究生活美

① 仪平策.生活美学:21世纪的新美学形态[J].文史哲,2003(2):123-128.
② 张志平.汪曾祺的雅:从“生活政治学”到“生活美学”[J].名作欣赏,2007(11):42-44.
③ 彭锋.实用主义与生活美学——舒斯特曼美学述评[J].文艺争鸣,2010(9):38-43.

学可以使人的日常生活提高层次，使衣、食、住、行等方面，除具有实用价值外还具有审美价值，可以推动日常生活审美化，陶冶人的情操、审美情趣，提高生活质量，促进身心健康、社会和谐。”①

国内近年致力于“生活美学”研究的刘悦笛，尽管他明确反对将“生活美学”与“日常生活美学”等同起来，并专门撰文批评将“生活美学”与“日常生活美学”混同、窄化为“应用美学”等的种种做法②，但实际上，纵观他自己围绕这一概念展开的研究，其中也不乏将二者混同的做法。比如，他一方面说，“所谓‘生活美学’是我近年来的美学构想，它正好契合于亚洲艺术学会(the Asian Society of Art)本次年会的‘日常生活的艺术’这个主题”③，“试想，假如艺术真的终结了自身，那么，将会出现什么样的状态呢？我认为，恐怕是‘生活美学’会逐渐占据主导地位。这种美学是建基于中国传统美学的根基之上的……尽管这种亲近于东方智慧的‘生活美学’主张并没有得到许多西方学者的赞同，不过，目前无论是新实用主义美学还是所谓的‘日常生活美学’，都在往这条新路上前行，我相信自己的想法，也是朝着同一方向挺进的。”④，他认为“生活美学”是他自己建构的、基于中国传统美学、亲近于东方智慧的、不同于西方兴起的“日常生活美学”的独立构想。他另一方面又说，“目前，‘生活美学’已经成为全球美学发展的‘最新路标’，这种最新的美学建构已在东西方之间形成了基本共识，2005 年之后西方学界出版了关于‘生活美学’的多本专著”⑤，此处，他所列举的“西方学术界出版的关于‘生活美学’的多本专著”正是前文所列出的三本日常生活美学著作。

此外，在“生活美学”一词的英文翻译上，刘悦笛本人也有着不同的译法，在他的一篇专论“生活美学”的论文中，他将“生活美学”译为 Performing

① 朱立元. 美学大辞典[M]. 上海：上海辞书出版社，2010：8.

② 刘悦笛. “生活美学”：是什么与不是什么？[J]. 艺术评论，2011(4)：22-24.

③ 刘悦笛. “生活美学”与当代中国艺术史——在亚洲艺术学会京都年会上的演讲[J]. 文艺争鸣，2011(2)：4-12.

④ 刘悦笛. 生活美学与艺术经验[M]. 南京：南京出版社，2007：334.

⑤ 刘悦笛. “生活美学”：是什么与不是什么？[J]. 艺术评论，2011(4)：22-24.

Live Aesthetics[①]，但在他的一本关于“生活美学”的专著中，又将其译为 Living Aesthetics[②]。

除了由“生活”定义的广狭之用引出的两种“生活美学”以外，另外有学者提出了三种关于“生活美学”的说法。

刘悦笛从“生活”内容的角度提出过“生活美学”的三分法，他谈到，“随着当代中国文化的‘三分天下’格局的出场，‘政治生活美学’‘精英生活美学’与‘日常生活美学’都应该成为‘生活美学’中的应有之义。”[③]

陈雪虎认为，“总体说来，在当代中国，至少有三种传统的生活美学，为具体的人们所分别执持或共同执持。其一，基于前现代宗法社会、残留于当代，而为人们所追忆和利用的传统生活美学，因为‘一切已死的先辈们的传统，像梦魇一样纠缠着活人的头脑’。其二，基于百年现代中国民众革命斗争的革命生活美学，这种生活美学传统极有可能是‘久受崇敬的服装’，而被人们‘在忙于改造自己和周围的事物并创造前所未闻的事物’时所利用，并注入新的时代情势中的更新活力而发挥巨大的威力。其三，基于当代世界资本主义整体语境而在当代中国迅速发育的、基于市场和消费的‘经验的生活’及其生活美学。”[④]他实际上是对当代生活美学的三种来源进行了梳理。这三种“生活美学”尽管都对当代中国生活美学的内容产生了不容忽视的影响，但传统毕竟是传统，并不等同于当代中国仍然有这样三种生活美学的形态。换句话说，正是这三种传统的交织、汇通，以及与当代生活的混融、接受，最终促成当代中国的生活美学。

综上，不难看出，目前国内学界关于“生活美学”概念的使用存在着交叉的现象，其主要原因在于对“生活”概念在广义和狭义两个层面的混合使用，以至于“生活美学”有时等同于“日常生活美学”，有时又不同于“日常生活美学”，而是将“日常生活美学”包含于其中。

---

① 刘悦笛.“生活美学”的兴起与康德美学的黄昏[J]. 文艺争鸣，2010(5)：12-20.

② 刘悦笛. 生活美学与艺术经验[M]. 南京：南京出版社，2007.

③ 刘悦笛.“生活美学”：是什么与不是什么？[J]. 艺术评论，2011(4)：22-24.

④ 陈雪虎. 生活美学：三种传统及其当代汇通[J]. 艺术评论，2010(10)：62-64.

与此同时,"生活美学"本身是一个现代意义上的学术概念。尽管在20世纪80年代开始,我国就已经有学者致力于以"生活美学"为名的相关研究①,但这些研究是具体的、形而下的研究,既没有清晰的概念界定,也没有周密完整的逻辑推演,是中国传统生活审美思想在当代的延续与发展,最终未能产生比较大的学术影响力。从严格的学术意义上来说,"生活美学"作为美学研究的一个分支,是在西方学术话语体系中使用的。这就带来了第二个问题:对中国古代的生活审美传统的研究,是否可以称之为"生活美学"?

三、中国古代的生活美学

无论是"生活美学"还是"日常生活美学",都强调"回归生活世界""回到活生生的生活中"去寻找美,这其实还是在西方视野下,超越美学的反身以求。这是与西方文化强大的宗教背景下"两个世界"的思想传统紧密相连的。

然而那毕竟是西方的思路。按照朱立元、王振复的观点,中西文化的本原性差异和中西审美文化精神内核的差别正在于此。西方是主客二分,中国是天人合一。由于从天人合一的基本格局出发,中华审美文化没有天人、主客、此岸彼岸、天堂人间的判然两分,宗教意识也相对淡漠,又因为讲求天人合一,所以"美"一直都在日常生活中,从未离场。相对于艺术,"中国的美学精神更主要是弥散和渗透在生活的所有精细感觉和高远意境中了"②。这一点在尚未受到西方美学思想影响的中国古代,表现得尤为突出。

古代中国人的审美意识,首先产生于日常生活中的味觉。日本美学家笠原仲二就"美"字的本义进行了详细的考证分析,证明"'美'原来是表现味

---

① 刘玉梅.中国当代生活美学研究综述[J].前沿,2012(18):158-160.

② 赵汀阳.年度学术2005:第一哲学[M].北京:中国人民大学出版社,2005:281.

觉感受的字”[①]，“中国人原始审美意识一般直接起源于官能的味觉体验”[②]。无论是儒家的“咏而归”“孔颜乐处”，道家的“与天和者，谓之天乐”，还是禅宗的“行、住、坐、卧，常行直心”“藉境观心”，强调不离日常生活，在“行、住、坐、卧”和“一切土、木、瓦、石”中理解得悟，中国传统思想始终追求的是在现实世界的日常生活中求得心境的超脱。道不在别处，“道在伦常日用之中”。“如果一定要找出中国美学与西方美学的差别，可以说中国美学是世俗的美学，西方美学是超越的美学。这种差别源于中国文化的世俗性和西方文化的宗教背景。世俗性是中国美学的传统。”[③]“从古代到今天，从上层精英到下层百姓，从春宫图到老寿星，从敬酒礼仪到行拳猜令（‘酒文化’），从促膝谈心到‘摆龙门阵’（‘茶文化’），从食衣住行到性、寿、娱，都展示出中国文化在庆生、乐生、肯定生命和日常生存中去追寻幸福的情本体特征。”[④]

中国古典美学具有突出的体验性特征，古代中国的美也几乎从未脱离日常生活本身，从“味”在中国古典美学中的重要地位，也可以看出这点。“由‘味’所引起的美感，表现出了中国古代人们对美和审美活动的理解，即始终从人最基本的日常生活出发去探求和体悟美，并始终以为美就是能够引起人强烈的生命感、唤醒人强烈的生命意识的东西，因此，审美活动既是一种体验，又是一种享受，需要全部身心的投入。”[⑤]

中国古代的“生活美学”和今天我们所说的“日常生活审美化”是不一样的。我们今天所说的“日常生活审美化”是对本能快感的满足，强调对物质的依附，更多地停留在工艺审美的相对低级的层面，日常生活审美化是为了使感官的享受更鲜明、浓烈，不断地对欲望施加新的刺激，再予以满足，如此循环往复。

而中国古代的“生活美学”则不然，尽管仍然不离寻常事物，但物质更多的只是“体道”、审美的媒介，生活艺术化的最终指向是获得一种审美的感受，或

① 笠原仲二. 古代中国人的美意识[M]. 北京：生活·读书·新知三联书店，1988：9.
② 笠原仲二. 古代中国人的美意识[M]. 北京：生活·读书·新知三联书店，1988：10.
③ 杨春时. 世俗的美学与超越的美学[J]. 学术月刊，2004(8)：10-13.
④ 李泽厚. 实用理性与乐感文化[M]. 北京：生活·读书·新知三联书店，2008：102.
⑤ 朱立元，王振复. 天人合一——中华审美文化之魂[M]. 上海：上海文艺出版社，1998：428.

者说在体道的同时获得审美的愉悦。尽管“这一高层次的快感，不用说，确实也是具有享乐主义倾向的。快感是它的中心动因。趣味的快感亦是归结于‘直接联系于快感和不快感的一种感觉’。只不过如今它无关纯粹‘感觉趣味’的快乐，而事关更高层次的‘反思趣味’的快乐。”①因此，古代中国人虽然也讲求赏心悦目，但总的来讲甚少以浓烈、刺激为美，反而对“淡”“雅”推崇备至，尤其作为古代中国生活风尚标的古代文人，更是如此。无论是老子的“为无为，事无事，味无味”“以恬淡为味”②，还是李渔的“从来至美之物，皆利于孤行”③，都体现出古代中国人以“淡”“雅”为高的审美心理。“这种‘味无味’的美学观，实际上就是‘淡’的审美理想，而其深层次的含义，则是人去主动地感受和体验（‘味’）大自然（‘无味’）的存在，以便使自己能够完全地融入大自然的怀抱，这样才能‘天人合一’，了解和体悟到自然与人生的‘至味’”。④

这种对美的体验与感受不过多地仰仗于事物本身的色彩、线条、造型等形式因素，而是更加强调从事物中“品”出美味来。所谓“品”，正是一种反思与咀嚼，是一种对美的感知与欣赏。而李渔更是以一种审美的闲情看待日常生活。在他们的这种人生态度中，几乎任何生活对象都可以成为审美观照的对象。在这里，起作用的更多的是他们的闲情慧眼和审美能力，事物本身的形式因素倒不是最主要的。这与当前的“日常生活审美化”刚好形成鲜明的反差与对照，后者不是靠主体的审美能力去感知美，而是靠对事物形象的美化来营造美的虚假氛围。前者是一种精神层面的、较高的、意味丰富的审美活动，后者则更多地停留在“刺激一反应”的低级层面。

因此，古代中国人的生活审美虽不离物却不依赖物，更多的是靠个人的一种态度，“快感的性质非为如其本然的客体所决定，而只有在与主体的关系之中达成。这一点于审美快感尤其明显，因为它完全取决于一种特定的态度：它的客体，比方说一支曲子成功的形式或是一块调色板的和谐，只有

① 韦尔施．重构美学［M］．陆扬，张岩冰，译．上海：上海世纪出版集团，2006：15.
② 老子（影印武英殿聚珍版本）［M］．王弼，注，东京：文求堂，1939：135.
③ 李渔．李渔全集（第三卷）［M］．杭州：浙江古籍出版社，1991：236.
④ 朱立元，王振复．天人合一——中华审美文化之魂［M］．上海：上海文艺出版社，1998：430.

在趣味的视域之中，才显示出它们自身的意义，而对普通的感觉和知觉而言，它们压根就是不存在的。”①可以说，中国古代的生活美学，所仰仗的正是这样一种态度，这种态度来自审美主体本身，而不是像今天的“日常生活审美化”一样，完全靠物品本身的精致、广告营造的氛围来获得所谓的“美”的幻觉。“在古代中国人看来，最艺术的、最合意的处理方式，不是在于对‘自然’的极度放任、对‘人工’的极度张扬，也不是使‘自然’与‘人工’趋于二元背反。所谓美的境界，不是生糙的自然，也不是人工的强制，而是自然与人工的浑契，天人合谐。”②这样的一种态度，在李渔闲情美学中体现得十分充分，一方面，他以“自然”为审美的最高标准，另一方面，他又强调要充分发挥人的智巧，使对象达到合目的性与合规律性的统一。这与“日常生活审美化”对“人工”的极度张扬截然相反，恰好形成对照。“《闲情偶记》不是将艺术降低为平庸乏味的日常生活，而是将习以为常的日常生活提升到精致诱人的艺术水平，这不同于西方日常生活审美化的价值取向，也是其独特价值所在。”③

因此，在“日常生活审美化”现象泛滥的今天，研究中国古代生活美学，重温古人的智慧，寻找民族审美心理文化之根源，既不否认人的欲望，又从欲望的步步进逼与层层裹挟中脱身，既不凌空虚蹈，脱离现实人生，又不汲汲于日常事务之中，而是在日常生活中通过对境界的追求来实现和完成对物质生活的超越，进而升华到对人的精神需求的满足，在日常生活的内容与形式中融入个体生命的创造，进入生命哲学的艺术境界。这无疑是应对现代生活迷障、提升人的自我追求的一种有效手段。

既然中国古代“生活美学”与今天的“日常生活审美化”有着如此本质的差异，我们是否可以用“生活美学”这样一个西方的学术概念来对中国古代生活审美传统加以研究呢？这里牵涉到一个审美意识与美学理论的关系问题，牵涉到我们究竟是在广义还是狭义的层面上展开美学史研究的问题。

---

① 韦尔施.重构美学[M].陆扬，张岩冰，译.上海：上海世纪出版集团，2006：17.

② 朱立元，王振复.天人合一——中华审美文化之魂[M].上海：上海文艺出版社，1998：651.

③ 代迅.西方理论与中国文本：费瑟斯通和李渔美学思想比较研究[J].西南大学学报（社会科学版），2012(6)：110-116.

李泽厚、刘纲纪在《中国美学史》的绪论中，曾经专门探讨过“中国美学史的对象和任务”的问题。他们指出，“审美意识作为社会意识形态的一个组成部分，非常具体地表现在人们对现实美（包含自然和社会）和艺术美的感受、欣赏和评论中。美学理论则不同，它是社会审美意识的系统化和理论化，是从理论上对审美意识进行哲学的或科学的研究概括。尽管任何社会的审美意识的具体表现都包含着一定的美学思想，但当它还没有通过思维的抽象、分析、研究、概括而取得理论的形态时，那就还没有成为美学理论。”审美意识与美学理论之间的这种关系，决定了对美学史的研究可以有广义与狭义的不同。“所谓广义的研究，就是不限于研究已经多少取得理论形态的美学思想，而是对表现在各个历史时代的文学、艺术以及社会风尚中的审美意识进行全面的考察，分析其中包含的美学思想的实质，并对它的演变发展作出科学的说明。”在李泽厚、刘纲纪看来，“广义的研究对中国美学史来说是更为适合和重要的”①。

在中国古代基于日常生活而又超越日常生活本身的体验中，在人间烟火的浸润中，人们获得自由、和谐、适然等美的感受，中国古代有着非常丰富的生活美学资源。即使是现代西方生活美学研究者，也意识到其重要性。国际主流美学杂志《美学与艺术批评》(JAAC)的主编苏珊·费金(Susan Feagin)，在第 18 届世界美学大会期间接受采访时便预言：“今天美学与艺术领域的一个主要发展趋势是美学与生活的重新结合。在我看来，这个发展趋势似乎更接近于东方传统，因为中国文化里面人们的审美趣味是与人生理解、日常生活结合一体的。”②

塔塔科维奇在谈到美学史的研究范围时，对将美学的历史“限定在美学这一名称出现之后的范围”“作为一门专门的学科史”和“只包括那些专门研究美的论文中所表达的思想”的做法都作出了批评，他指出：“美学史在资料选择上不能为任何表面的标准如专有名称或专门研究领域所左右。它应该

---

① 李泽厚，刘纲纪. 中国美学史(第一卷)[M]. 北京：中国社会科学出版社，1984：4-5.

② 刘悦笛. “生活美学”：是什么与不是什么？[J]. 艺术评论，2011(4)：22-24.

包括所有同美学问题有关的和使用过美学概念的思想，乃至其他学科中以其他名称出现的思想。”①对中国古代生活美学的研究也同样如此。中国古代没有现代意义上的“生活”“日常生活”这样的概念，“在这里，我们要指出一个事实，这个事实就是中国文艺在其古代传统中并没有一个现代意义的‘生活’或者‘社会’‘现实’‘时代’等概念。”“我们应进一步指出一个事实，这事实就是‘生活’一词虽古已有之，但大都为世俗底层的生计、生存、生涯的含义，而将其作为‘人为了生存和发展而进行的各种活动’的总体性概括，是直到20世纪初才登上中国现代学术语言的殿堂的。”②然而生活是从人类诞生那一天开始就有的，而且最初的生活世界的内容就是日常生活，社会活动领域和精神生产领域是后来才从日常生活领域中分化出来的。

中国古代虽然没有专门的以“生活美学”为名的著述，但存在着大量、丰富的生活美学思想。毕竟，学科名称的历史和学科本身的历史是两码事，学科的历史和相关思想的历史又是两码事，不应该混同。从人出现的那一天起，就有了生活。而当社会发展到一定程度，基本的生活需求得到了满足，就有了对生活的美的追求。所以，尽管中国古代没有专门的“生活美学”，但是中国古代有着悠久的生活审美传统、丰富的生活美学思想和研究生活之美的著述。尽管它们并未自觉地站到“生活美学”的理论高度，但它们确实对生活中的美、生活中如何创造美和感知美展开了细腻、丰富而又鲜活、生动的研究。

因此，本书以为：尽管“生活美学”在今天主要是西方学术话语中的一个概念，“与消费社会与大众文化的时代背景，与20世纪70、80年代的国际学术界的文化转向，与‘日常生活审美化’问题的探讨皆有关联”③，但这并不影响我们在研究中国古代生活审美思想时借用这一概念。而且，用现代学术话语方式对中国古代生活美学加以重新审视和呈现，有助于中国古今学术

① 塔塔科维奇. 古代美学[M]. 杨力，耿幼壮，龚见明，高潮，译. 北京：中国社会科学出版社，1990：7.
② “生活”概念、生活转型、日常生活的文艺学——编者小识[J]. 文艺争鸣，2003(6)：34-35.
③ 李修建. 生活美学：书写中国美学史的新视角——兼论李泽厚的中国美学研究[J]. 文艺争鸣，2011(5)：98-101.

的对话，也有利于中国与世界的对话，或许可以为生活美学这一目前以西方为主的研究领域作出有中国特色的回应。

那么，在对李渔闲情美学的研究中，我们究竟在哪一层面的意义上来使用“生活美学”这个概念呢？本文仍然是在“日常生活”的意义上来理解“生活美学”的“生活”二字，并借此对李渔的闲情美学加以审视。其理由主要基于以下两点：

一，按照几乎是约定俗成的理解，通常情况下，我们所说的“生活”就是指“日常生活”，我们所说的“生活美学”指的就是“日常生活美学”或者说“日常生活世界的美学”。无论是从西方基于此前美仅囿于艺术，生活与美被人为割裂的“回归生活世界”，还是从中国由来有自的生活审美传统来看，“生活美学”之“生活”的题中之义，似乎都以安放在“日常生活”中更为妥当。

二，如果把“生活”理解为用以描述人类整体性现实存在状态的概念，它既包括人类现实生活的全部范围，也包括人类现实生活的各种要素。可以说，与人相关的一切，无不被这一概念囊括其中。甚至随着人类理性文化的膨胀，自然界的一切都与人拉上了关系，即使代表着彼岸世界的宗教，其对现实人生的幸福价值也是可以探讨的。这样一来，还有什么能逃出“生活”这张大网呢？如果在“生活”概念的广义层面上理解“生活美学”，就给“生活美学”这个学科的边界划定带来了很大的困难。可以说“生活美学”就是“美学”本身的代名词，那么对“生活美学”的研究本身还有什么独立存在的意义呢？所以，本文非常赞同薛富兴在《“生活美学”面临的问题与挑战》中提出的主张：“也许，并非这种雄心勃勃的欲将整个美学取而代之的生活本体论‘生活美学’，而是那种稍谦逊克制一些，作为领域美学、分支美学意义上的‘生活美学’，对当代美学的拓展与深化，更可能做出切实贡献。”[①]

正是基于上述思考，本文仍然以“日常生活世界”作为对“生活美学”之“生活”的理解，并借此对李渔在其日常生活中形成的、具有鲜明的市民审美趣味取向的“闲情美学”加以研究。

---

① 薛富兴.“生活美学”面临的问题与挑战[J].艺术评论，2010(10)：53-56.

第二节 市民审美趣味

一、市民

“市民”二字，究其字面意义，原是指城市居民，是随着商品经济和城市的发展出现的一种身份划分的标准。据考证中国古代最早的城市可以推及约 3 500 年前，在西周时已形成了我国古代城市规划思想，完整的社会等级制度和宗教礼法关系在城市形制上也得到了充分的体现。据《周礼·考工记》记载，“匠人营国，方九里，旁三门，国中九经九纬，经涂九轨，左祖右社，前朝后市，市朝一夫。”[①]。虽然可以说有了国家就有了都城，都城可谓是最早的城市，但此时的城市仍然是以政治为中心的行政规划意义上的城市，而非经济学意义上的耕种与城市活动的劳动分工的完成。所以，西周虽已经有了居住在城市中的平民，但尚未有真正意义上完全脱离田间耕作，工作、生活都完全依托城市展开的市民，更谈不上市民阶层。

中国古代真正意义上的市民阶层形成的标志，应是北宋初年，统治者在民户中将坊郭户和乡村户区分开来，以户籍形式将全国普遍居民分为了城市居民和乡村居民。北宋天禧三年(1019 年)十二月，真宗“命都官员外郎苗稹与知河南府薛田，同均定本府坊郭居民等。从户部尚书冯拯之请也。”(《宋会要辑稿》食货六九)在洛阳试点坊郭户定等，稍后按其房地课税额和经营工商业资本的数量，以财产为标准为分十等，并成为定制。[②]

然而，这其实只涉及市民作为地域性概念的一个最基本的层面。居住在同一座城市的居民之间，还存在着经济地位、文化层次、职业等多方面的差异，其中经济地位无疑是最重要的划分标准之一，经济基础决定上层建筑，经济地

---

① 戴吾三. 考工记图说[M]. 济南：山东画报出版社，2003：80.

② 谢桃坊. 中国市民文学史[M]. 成都：四川人民出版社，1997：8-9.

位的差别影响并最终决定人们在生活方式、价值取向等方面的差异。戴健认为,"在通常意义上,'市民'相当于'平民',是与贵族阶层相对的社会群落。因此,狭义的市民概念指城市中非仕宦居民,如商贾贩夫、退休官员、伶人歌妓、塾师清客、布衣文人、工匠织女、无业流民等,亦即,举凡非仕宦阶层、长期生活于城市者,皆为市民。"①这一定义虽然在"城市居民"概念的基础之上对"市民"概念进行了进一步细化,但仍然存在着一些问题。按此定义,退休官员、未出仕的世家子弟,甚至生活在城市的非仕宦居民,也可以归入"市民"行列。但实际上,他们的审美趣味与市民却有着明显的差异。就本书在市民文化与审美价值取向方面展开的研究而言,这个定义未免失之过宽。

较为恰当的是谢桃坊的解释:"市民阶层的基本组成部分不是旧的封建生产关系中的农民、地主、统治者及其附庸,而是代表新的商品生产关系与交换关系的手工业者、商人和工匠。坊郭中的地主、没落官僚贵族、士人、低级军官、吏员,以及城市的统治阶级附庸,都不应属于市民阶层的;只有手工业者、商贩、租赁主、工匠、苦力、自由职业者、贫民等构成坊郭户中的大多数,他们组成了一个庞杂的市民阶层。市民阶层在城市经济活动与社会生活中发挥了巨大作用,处于城市劳动的中心地位,成为城市文化的创造者。"②但这一概念的问题在于,作者一方面以经济学的生产关系为依据来划分市民阶层与非市民阶层,另一方面却在列举这两个阶层所涉及的人群时,仍然采用了"职业"这样的社会身份概念。

事实上,"市民"概念主要指近代商业文明背景下成长起来的城市工商阶层。"城市居民的结构复杂,差异很大,其主要组成人员包括商人、手工业者、破落书生、民间艺人和流民。他们有经济上的独立和政治上的自由,既可如商人那样急功近利、贪得无厌;也可如文人那样附庸风雅、舞文弄墨。"③

---

① 戴健. 明代后期吴越城市娱乐文化与市民文学[M]. 北京:社会科学文献出版社,2012:3.

② 谢桃坊. 中国市民文学史[M]. 成都:四川人民出版社,1997:13.

③ 罗筠筠. 华夏审美风尚史(第八卷):残阳如血[M]. 郑州:河南人民出版社,2000:58.

二、士民

为了从总体上把握世界，任何一种理论和划分标准都必须摒弃偶然性，从而无法将纷繁复杂的现实生活中所有相关现象都完全有效地纳入自己的分类体系中。在商品经济发达、城市文化繁荣的明代，就有这样一个具有很强的交叉性，难以将其归入当时“士”（士大夫）与“民”（平民）这两大阶层的一个特殊社会群体——“士民阶层”。

明代社会经济的发展、士人享有的特权，使得越来越多有经济承受能力的家庭愿意送子弟读书，走科举入仕之途，“天下府、州、县、卫所，皆建儒学，教官四千二百余员，弟子无算，教养之法备矣。”“学校之盛，唐、宋以来所不及也。”①加上还有军民子弟俊秀待补增广之名的“附学生员”，在校生员人数急剧膨胀。然而朝廷需要的官员人数有限，科举名额不可能随着生员人数的激增而成比例增长。大量的士人虽然取得生员资格，却止步于按规定至少 30 名考生才能中试一名举人的乡试，在科举之途上只能迈出第一步。从身份上来说，他们已经进入“士”阶层，但他们无法通过更高一级的科举考试，所以与功名、官职无缘，也就必须面临生计的问题。出身富足之家的生员尚可依靠祖上余荫，而大多数生员并没有这样的幸运，一旦科举之途不通，他们必须得另寻谋生之路。“在‘士民’阶级中一个人是否成为‘士’取决于他的经济状况。少数出身富裕家庭的‘士民’不必担心吃穿，那他就属于‘士’。但是大多数并没有祖先遗留给他们的足够经济保证，只能靠教私塾或做家教来维持生活，他们便不属于‘士’。”②“士民”阶层居于“士”和“民”两个阶层的交界处，从法律意义和社会身份上来说，他们都被视为“士”阶层的成员，确乎也享有一些该阶层的成员所有的特权：他们和中举的举人一样被免除徭役；但从经济状况、生活样态上来说，他们又确实属于平民。

① 张廷玉. 明史[M]. 北京：中华书局，1974：1686.

② 张春树，骆雪伦. 明清时代之社会经济巨变与新文化：李渔时代的社会与文化及其“现代性”[M]. 王湘云，译. 上海：上海古籍出版社，2008：92.

固然“士民”是一种不稳定的身份属性，随着他们在科举之途上的进步，他们就会真正步入“士”的行列；由于考生参考没有次数限制，他们之中很多人又穷其一生都在追求中举，貌似“士民”只是由“民”到“士”的过程中的一个必经阶段而已。但由于前述明代科举、教育制度的实际状况，这种改变命运、改变身份的可能性在当时绝大部分人身上都难以实现。因此，尽管“士民”群体从某种意义上来说，仅仅是一个等待身份变更的过渡阶段，但由于在明代后期，这种过渡完成的可能性甚小，所以很多生员的身份就此固定。

“士民”是“士”与“民”两个阶层之间的交叉群体，其群体性质上也体现出充分的交叉性，他们的经济地位属性与文化属性发生着交叉。就经济地位属性而言，他们是“民”——市民，但从文化属性上来说，他们又是“士”——文人。① 一方面，他们植根于市民生活的现实土壤之中，对市民的生活方式和思想情趣耳濡目染，不自觉地认同着市民阶层逐利、讲究实际、张扬情欲、聚焦日常生活等价值取向，具有突出的世俗性；另一方面，他们又有着深厚的文化修养，长期浸淫于儒家思想之中，同时也接触道、禅等思想观念，其思想习惯、价值观，都与普通市民有着很大的差别。他们习惯于理性反思，而不是被日常生活的惯性裹挟着向前而不自觉，同时又保有一定的对超越性的追求。他们的生活方式和思想情趣中总是有着某些文人的文化精神，同时他们也不仅仅满足于直观的生活感受，而是力求将其提升为某种思想理念。他们身上体现出“士”与“民”的交叉性，但依照马克思“经济基础决定上层建筑”的思想，他们的身份属性还是由其经济地位所决定的“市民”。

三、市民审美趣味

随着城市经济的发展与市民文化的兴盛，市民阶层的审美活动日益频

---

① 戴健在《明代后期吴越城市娱乐文化与市民文学》中，将这种现象描述为“平民人格与传统文人人格的交叉”，此处语涉“人格”概念使用的严谨性问题。在心理学中，“人格”即个性，是个体的特质模式及行为倾向的统一体，每个心理健康的人的人格应当是整一的。凡是具有 1 个以上人格的，都属于心理疾病。具有 2 个人格的叫双重人格，2 个以上人格的叫多重人格。“人格”是心理学中一个已然成熟的学术概念，是以戴著中这样使用“人格”一词似有不妥。

繁，在逐渐形成自己的审美趣味的同时，也与当时的社会审美风尚相互摩荡、彼此影响。我们应当看到，市民阶层不是一个相对封闭、固化的社会阶层，而是流动性非常强、构成成分驳杂的阶层。在市民阶层中，既有贩夫走卒、市井小民，也有穷酸秀才、落魄文人，还有很多家境殷实但财力尚不足以使之跻身富商大贾之林的中等商人。基于经济基础、文化素养的差异，市民阶层内部还有着差别。

总的来说，无论是从文化素养还是经济基础的角度，我们都可以粗疏地将市民阶层划分为两个大的类别：从文化素养的角度来看，可以分为有望通过科举改变自己的社会地位，上升到士大夫阶层，并因为所受文化熏陶而多少保有一些士人审美情趣的士民群体，以及基本没有接受过正规教育，缺乏自身审美标准的市井小民；从经济基础的角度而言，则可以分为有一定财力，有望因此而提升自己的政治地位、社会地位的富有市民，以及经济实力有限，只能停留在市民阶层，没有可能提升自己的社会地位的城市贫民。当然，这只是为了研究的方便所作的粗疏分类。现实情况远比这复杂。比如明清时期捐官的门槛并不高，“近年补官之价甚廉，不分良贱，纳银四十两，即得冠带，称义官。且任差遣，因缘为奸利。故皂隶、奴仆、乞丐、无赖之徒，皆轻资假贷以纳，凡僭拟豪横之事，皆其所为。”①即使是皂隶、奴仆、乞丐、无赖这样的所谓“流氓无产者”，也能靠借贷来改变自己的身份和地位。

亚当·斯密曾经说过：“人的一种自然倾向是，将自己的行为举止与某个更重要的人物作比较(孩子与大人相比较，较卑微的人与较高贵的人相比较)，并且模仿他的行为方式。这种模仿仅仅是为了显得不比别人更卑微，进一步则还要取得别人毫无用处的青睐，这种模仿的法则就叫时尚。”②时尚在明代中后期已经出现，最典型的就是当时的文献当中开始频频出现“时样”“时妆”“苏意”“苏造”“苏做”这样的字眼。如果说普通市民在审美风尚上唯江南城市马首是瞻，那么士民在审美趣味上固然会因经济水平、现实生活的限制

① 王锜. 寓圃杂记[M]. 北京：中华书局，1984：40.

② 拉斯·史文德森. 时尚的哲学[M]. 李漫，译. 北京：北京大学出版社，2010：35.

而越来越具有市民趣味，但他们的审美理想仍然在一定程度上是指向士大夫阶层的。他们希望能够通过科举改变自己的命运，他们内心深处向往士大夫阶层的生活，其自我认同也更偏向于这个阶层。而稍有一定经济实力的富有市民则对贵族、富豪之家的生活不无艳羡，他们或经由捐纳之途“以赀得官”，或在服饰、居室、器物乃至生活方式的方方面面，对其加以仿效。

所以，明清时期的市民审美趣味是复杂的，它一方面继续保持着市民阶层审美喜好中那种强烈的世俗性，带有鲜明的好新奇、喜戏谑、好热闹等特点，另一方面又充分体现出明清社会结构的最大变化——士商相混的特点。除了本身保留文人士大夫审美趣味的这个市民阶层中的文化群体外，市民阶层的其余部分——无论是中等之家还是普通市民，则在追逐时尚的过程中，程度不一地卷入了“社会仿效”(social emulation)①中，并因此不断地向士大夫和贵族的审美趣味靠拢。“市民阶层不仅自己内部结构复杂，而且造成了社会结构的改变，打破了以往那种统治阶级和被统治阶级、官方意志和百姓意志简单的二分格局，市民阶层独特的意识形态，他们的人生观、价值观和理想追求，给社会的艺术和审美活动以很大的冲击。在贵族地主阶级的奢侈华丽和士大夫阶层的典雅超逸的审美风尚之外，又出现了一种质朴、俗丽的审美倾向。它对社会的重要影响是使前两个阶层的文学艺术和审美风尚开始趋向于世俗化，而其自身则在与社会的文化交流之中不断总结提高，日益走向精致化和程式化。”②边界模糊、雅俗共赏，是这段时期市民审美趣味不可回避的本质特点。

此外，在承载市民审美趣味的载体方面，由于市民阶层在审美活动中主要是作为接受者和消费者：一方面，除了士民群体，市民阶层的绝大部分人不会将自己的审美喜好通过文字的形式展现出来，他们的审美喜好主要体现在日

---

① 大意是指在社会分层中居于下层的人，通过仿效上层社会的消费行为与消费品味，形成一种社会竞赛，并带动了瞬息万变的流行时尚以及追逐时尚的潮流。哈罗德·皮尔金(Harold Perkin)在其著作《英国工业革命的社会事业》(The Social Causes of the British Industrial Revolution)中最早提出“社会仿效”带动工业革命这一观点并得到很多学者的认同，也有人提出相反意见。参见巫仁恕.品味奢华：晚明的消费社会与士大夫[M].台北：联经出版公司，2007：16.

② 罗筠筠.华夏审美风尚史(第八卷)：残阳如血[M].郑州：河南人民出版社，2000：58-59.

常生活之中，市民审美趣味在一定意义上体现的就是市民阶层的生活美学，另一方面，士民群体的小品、小说、戏曲等相关著述，明清时期文人关于当时社会风俗的史料笔记，就成了研究当时市民审美趣味的坚实基础。李渔的《闲情偶寄》以小品文为主要形式，尽管多少带有文人的审美趣味，但立足于普通人家可办可为的生活美化方式，正好反映出那个时代市民审美趣味既世俗又附庸风雅、品味混杂的本质特点，能够勾勒出当时市民审美趣味的基本形态，并代表其可能的发展方向，因而在本研究课题中具有特别重要的地位。

第三节　李渔闲情美学研究现状

李渔(1611—1680)①，祖籍浙江兰溪，1611 年 9 月 13 日②出生于江苏如皋。初名仙侣，号天徒，字谪凡，又字笠鸿，号笠翁。以伊园主人、湖上笠翁、随庵主人、笠道人、觉道人、觉世稗官等笔名著书立说③。一生著述颇丰，兴趣广泛，在诗词、戏曲、小说、历史、政治、声韵、生活艺术等多个方面都有研

① 关于李渔的出生年份，学界有不同说法。普遍采用的说法是认为李渔出生于 1611 年(明万历三十九年)，但 1980 年前后在李渔的家乡——浙江省兰溪县孟湖乡夏李村发现的敦睦堂《龙门李氏宗谱》却记载，李渔生于明万历三十八年(1610 年)八月初七。宗谱虽然是历史研究的重要资料，但毕竟是后人所撰，难免有失误之处，故而未必如想象中的可信，历史学家张春树、骆雪伦在其著作《明清时代之社会经济巨变与新文化：李渔时代的社会与文化及其"现代性"》中就提出，李渔生在 1611 年，"宗谱编写人误算了一年，这是传统的宗谱或家谱常犯的错误"。比他人所撰宗谱更可靠的是李渔自己的作品，在七言律诗《庚子举第一男时予五十初度》，其后尚有《五十初度答贺客》、《初度日，七十老人高硕甫携樽过访，留宿三日而去》二诗，由此可推知李渔生年当为 1611 年。单锦珩的《李渔年谱》和郑雷的博士论文《李渔年谱考叙·初编》也都采用了这一说法。李渔的故乡——浙江省兰溪市的李渔研究会专家经考证得出的结论也是 1611 年；2011 年 03 月 23 日下午，兰溪市委宣传部领导和李渔研究专家专门到百度北京总部，要求百度就李渔生年在"百度百科"的"李渔"词条中作出更正，由 1610 年改为 1611 年。参见邵燕飞. 浙江兰溪要求百度改正古代剧作家李渔正确生辰[N/OL]. 中国新闻网，(2011-3-24)[2012-1-6]. http://www.chinanews.com/cul/2011/03－24/2929414.shtml.

② 此处采用张春树、骆雪伦的研究成果。经他们考证，由《龙门李氏宗谱》和其友包璿为《笠翁一家言》所作序文末尾所言"康熙九年仲秋初吉，山阴同学包璿题。时适届笠翁览揆之辰，遂以为寿"相互印证，李渔的具体出生日期为八月初七基本可以确认无误。故李渔的生辰为 1611 年 9 月 13 日。

③ 李渔. 李渔全集(第十九卷)：李渔年谱、李渔交游考、李渔研究资料选辑[M]. 杭州：浙江古籍出版社，1991：3.

究。他不仅创作戏曲，还亲自导演，将其搬上舞台，其戏曲、小说作品和生活艺术著作《闲情偶寄》深受大众喜爱，广为流传。可见李渔是我国历史上当之无愧的通俗文化大师。

李渔虽然半生穷困潦倒，"熟识离家苦，经年事远游。只缘贫作祟，致与乐为仇"①，但他始终在力所能及的范围内，在穷愁困苦的岁月里，对生活保持着一份浪漫的情怀和高度的热情，成为一位生活艺术专家，将自己对生活的审美态度和在生活中发现美、创造美和感受美的技巧，传递给大众，给时人和后人都留下了一笔宝贵的精神财富。

明代中期以后，宋代建构起来的、以汉族为主的中华文明的伦理同一性被撕裂了，社会各阶层的价值取向迅速发生变化。而江南，作为当时经济最富庶、文化最发达的地区，其变化之剧烈、迅猛，又走在了全国其他地区之前。生活在明末清初时期江南地区的李渔，身上集中体现了当时社会的这些变化。他身兼多重角色：他既是文士，也是商人，既是创作体裁丰富、创作量大的作家，又是了不起的戏曲编剧、导演，还是成功的出版发行商，同时也是生活艺术家和自觉的时尚引领者，他在园林设计、家居设计、美食、养生等方面都颇有见地。诗、词、曲、文，他无一不擅。他的著作涉及面很广，既有实用的生活艺术指南《闲情偶寄》，也有评说史事的《古今史略》，还有经世治用的《资治新书》。他编过韵书，编过画谱，编过当时的名家断案集，用今天的话来说，他是一名"跨界"的高手。然而一直以来，关于李渔的研究，主要集中于他的戏曲美学和园林美学研究，对于他的生活艺术，人们研究得不多，也不成体系。这使得本研究具有一定的开创性，是其价值所在，但也致使本研究的开展缺乏丰富的、可资参考的资料，无形之中增加了研究的难度。

一、国内李渔闲情美学研究的历史与现状

国内对李渔的研究大致经历了一个由冷到热的过程，但总体而言，迄今

① 李渔. 江行阻风四首(其一)[M]//李渔全集(第二卷)：笠翁一家言诗词集. 杭州：浙江古籍出版社，1991：122.

为止，学界对李渔的研究、挖掘还远未达到应有深度。现有研究大多停留在李渔的戏曲、小说艺术上，而对李渔闲情美学的研究则几乎未有提及。

(一)近代国内李渔闲情美学研究

中国古代习惯将道德标准凌驾于文学艺术价值之上，尤其是以康熙为首的清朝统治者力崇程朱理学，以僵化的所谓儒家正统道学观念来强化对人民的思想统治，因此李渔的作品虽然颇受大众欢迎，但却始终遭受同时代文人的苛责。除此之外，李渔写作的是半白话戏曲与白话小说，而这些作品在当时文人眼中是不登大雅之堂的，其时唯有以文言所写的诗词散文，才被视为正统。这也是李渔的作品在当时难以得到客观评价的一个重要缘故。

1917 年，白话文运动兴起。白话文成为全国通行的交流媒介，关于文学的语言形式和内容的定义发生了变化，通俗小说和戏曲成为创作文学的两大类别。1920 年，教育部宣布将白话文作为初小一、二年级的教学内容，将白话文提升到国文的地位。这使得早期的白话文学也慢慢开始受到重视。正是在这样的背景下，李渔的作品被重新发掘并加以评价。尽管吴梅、胡适、胡梦华、顾敦鍒、朱湘、朱东润等大家都评价过李渔，但都是从其戏曲、小说乃至于词论等方面入手，对其《闲情偶寄》及其美学思想则未加触及。

近代研究者中孙楷第是在李渔身上投入较多精力、研究较为深入的代表性人物，但他对李渔的研究也主要是停留在小说、戏曲方面，只是附带提及李渔的《闲情偶寄》，“他的杂著十余种，现在看起来，十之七八是应时的货物，并非著作。……不过，其中《闲情偶寄》，的确是好书，的确是一家之言，在这书中讲词曲，讲声容，讲建筑，讲移植颐养，无一不精细，无一不内行，并且确乎有个人的独特之处。他承明季山人之后，一般讲幽尚，但他是真知其所以为幽尚者，决非如《四库全书总目提要》所骂‘山人竞述眉公，矫言幽尚’者可比。中国子部杂书，成系统的很少。像这样言之成理，叙次有法的书实在少见。这是笠翁居金陵二十年精心结撰的书，有此一书之精，可盖他书之猥杂。无怪他自己得意了。”①尽管只是片段,但已经算是中国近代学术研究中,仅有的言及李渔《闲情偶寄》的学术成果了。

(二)当代国内李渔闲情美学研究

1949年后,一段时期内在特殊的历史背景下,学术研究也被抹上了浓厚的阶级斗争色彩,像李渔这样一个被视为“封建统治阶级帮闲”的人物,在当时完全是被当成封建反动文人的典型代表,自然难逃被大加鞭笞的命运。其追求个人生活享受与快乐的闲情美学,更是与当时提倡艰苦奋斗的时代精神相抵触。所以这一时期基本上没有对李渔闲情美学的研究,虽然也有极少量提及《闲情偶寄》的学术成果,但主要是持批判态度,并且浮光掠影,一笔带过。

当时的政治环境下,学界主流声音对李渔的评价,从叶朗的《李渔的戏剧美学》中的一些表述可管窥一斑。叶朗在此文中肯定李渔一生“最重要的著作是《闲情偶寄》”,但认为“词曲部和演习部……是他全部著作中最有价值的部分。居室部是他在园林建筑方面的经验谈,也有一些可供参考的地方。其他部分,很少有什么价值。特别是颐养部,浸透了封建地主阶级的腐朽的人生观和庸俗、低级的生活趣味,完全是糟粕。……他在《闲情偶寄》的凡例中声称他写《闲情偶寄》的目的就是‘点缀太平’‘规正风俗’,突出表明了他作为封建统治阶级的‘帮闲’的品格。”②

此外,当时还有许多零散的研究李渔的论文,但绝大部分都集中于李渔的戏剧、小说理论,生平考辩等。

李渔闲情美学真正开始进入学者们的学术视野,是在20世纪80年代以后。

提到当代进行李渔研究比较权威的学者,一个无法避开的人是中国社会

① 孙楷第.李笠翁与十二楼[M]//李渔全集(第二十卷):现代国内外学者论文精选、李渔研究论著论文索引.杭州:浙江古籍出版社,1991:44-45.

② 叶朗.李渔的戏剧美学.[M]//李渔全集(第二十卷):现代国内外学者论文精选、李渔研究论著论文索引.杭州:浙江古籍出版社,1991:178-179.

科学院文学研究所的杜书瀛。1982年,他撰写了《论李渔的戏剧美学》(中国社会科学出版社),这是20世纪以来大陆出版的第一部关于李渔研究的专著。此后,他又撰写了《李渔美学思想研究》(1998年,中国社会科学出版社,2007年增订再版)、《闲情偶寄评点》(1998年,学苑出版社)、《闲情偶寄》(插图本)(2007年,中华书局)、《闲情偶寄·窥词管见》(校注本)(2009年,中国社会科学出版社)、《评点李渔——〈闲情偶寄〉〈窥词管见〉研究》(2010年,东方出版中心)、《李渔美学心解》(2010年,中国社会科学出版社)。

在《论李渔的戏剧美学》一书的后记中,杜书瀛写道,"这本书的各个部分,本来都是独立成篇的,并且已经在一些刊物上发表过。这次汇集成册,我又进行了必要的调整、修改和补充,并且增写了引言和结语。"①从中不难看出:第一,该书的研究范围仅限于李渔的戏剧美学;第二,该书并非体例完整、结构缜密的体系性著作,而只是相关论文的汇集。

同样,《李渔美学思想研究》一书也是如此。该书分为李渔的戏剧美学、李渔的园林美学、李渔的仪容美学和读《闲情偶寄》札记四部分,全书四章为并列结构。其中后三章与李渔闲情美学研究相关。第四部分"读《闲情偶寄》札记"属于随笔性质的文章,前面三章虽然专论李渔在某一方面的美学思想,但每一章的内部结构也基本为并列型,即每一节分别论述李渔的某一个论点,无论从全书还是从各章节来看,也非对《闲情偶寄》的体系性研究。

《评点李渔——〈闲情偶寄〉〈窥词管见〉研究》一书是借鉴中国古典文论中特有的"评点"的形式,对清代戏曲家、理论家李渔的两部重要著作——《闲情偶寄》和《窥词管见》进行全面、系统而深入的校勘、注释和评点。全书按照《闲情偶寄》和《窥词管见》各节的内容编排,分别对原文各节加以注释,并附以作者的评点。从《〈肌肤〉原文并评:肌肤白就美吗?》《〈眉眼〉原文并评:中国人何以重眉眼?》等标题不难看出,评点更多的是零散的、各自相对独立的评论性的文字,而非严格意义上的学术论文。

《李渔美学心解》一书既名为"心解",不难看出其文章风格为体例自由

---

① 杜书瀛.论李渔的戏剧美学(增订本)[M].北京:中国社会科学出版社,2007:346.

的学术随笔，并非严格意义上的学术文章。一如为该书作序的、同为李渔研究者的扬州大学黄强教授在序中所言，“作者将自己丰富的人生阅历投射于其中的一种水乳交融的心路历程”，“既是李渔美学思想的解读，也是由此延伸而导致的作者性灵的展示”①。书中甚至有不少内容是从李渔书中的某一事物、观点出发，抒发的自己对现实生活的感触。

而黄强本人于1996年交由浙江古籍出版社出版其专著《李渔研究》，“略图在中国古代文化的广阔背景下，对李渔一生所取得的各方面成就做全方位的探讨和综合性的研究。”②全书分上、中、下三编，分别以《李渔与中国古代文化》《李渔生平考证》和《李渔著述考辩》为题，由30篇独立的论文汇集而成，从哲学观点、戏剧理论、虚构意识，养生、饮食、服饰、中医、性文化、园林美学思想、实用宽心术与心理疗法等方面探讨了李渔的思想，并对李渔生平、著述进行了考证、勘疑和考辩等。其中有涉及李渔闲情美学思想的研究，但均以零散的方式展开。

1990年起，南开大学出版社开始推出“凡二百部，约四千万言”的《中国思想家评传丛书》，对“从孔子到孙中山这两千余年”间“各个时期、各个领域和各个学科（包括文、史、哲、经、教、农、工、医、政治等等）有杰出成就的人物中，遴选二百余人作为传主（一般为一人一传，少数为二人或二人以上合传）”③，李渔厕列其间。《李渔评传》作者俞为民，“在撰写时，既考虑到一般人物评传的体例与要求，即首先对李渔的生平作了较详尽的考述，然后将重点放在对李渔在戏曲、小说、诗文、史学、园林、养生、饮食等方面的成就及其理论的总结与阐述，试图从思想的角度对传主作出评述。同时，在具体撰写过程中，根据总序中提出的‘评价思想与业绩，两者不可偏废’的要求，在总结李渔在某一领域提出的理论的同时，也指出他在该领域所作出的业绩，力求通过理论与业绩两者的结合，显示其思想的深度和活力。”④作者在全书末

① 黄强．李渔美学的个性解读——为杜书瀛先生《李渔美学心解》序[M]//杜书瀛．李渔美学心解．北京：中国社会科学出版社，2010：4.

② 黄强．李渔研究[M]．杭州：浙江古籍出版社，1996：451.

③ 匡亚明．《中国思想家评传丛书》序．[M]//俞为民．李渔评传．南京：南京大学出版社，1998：2-3.

④ 俞为民．李渔评传[M]．南京：南京大学出版社，1998：494.

尾的《重评李渔(代结语)》一文中指出,“通过本书对李渔一生经历及其著述的考察,我们发现李渔并不像前人所说的那样是一位‘帮闲文人’,而是一位隐逸市井的文学家、戏曲家,按照李渔自己的说法,是一位‘人间大隐’。”①

1991年,浙江古籍出版社推出了二十卷本的《李渔全集》,收录了包括诗文、文艺论著、戏曲、小说和其他著述等在内的李渔的创作、论著、各种杂著以及评点之书,对于李渔阅定之书也酌情收入。而李渔编辑的各书,则只收那些有过加工或作过评点的。至于归属尚有争议而遽难定论的作品,为便于学者研究,也收录其间。此外,该全集还专列十九、二十两卷,收录李渔研究资料。第十九卷收有《李渔年谱》《李渔交游考》和《李渔研究资料选辑》,第二十卷则收有《现代学者论文精选》和《李渔研究论著索引》。2010年,该社重印《李渔全集》,以1991年出版的《李渔全集》为原本,补入自1990年到该书付梓时的研究论著及索引,打造出一部最为全面的李渔著作集。

2005年,浙江人民出版社推出《浙江文化名人传记丛书》,其中有万晴川所著《风流道学——李渔传》,专章分析了《闲情偶寄》,大部分笔墨给了李渔的戏曲理论,对其中包含的生活美学思想进行了简要的评述,并在全书结语中对《闲情偶寄》给予了很高的评价,认为它大规模地弥补了古代很多文人避实崇虚,对生活实物缺乏文化关照的缺陷,“是一个重要的文化行为”②。

2010年,南京大学出版社推出冯保善的《〈中国思想家评传〉简明读本:李渔》,虽然其中的第六章“活出情调:李渔的生活艺术主张”,涉及对李渔闲情美学的介绍,但该书只是“评传”,且为简明读本,意在对李渔的生平和成就作简要介绍,以便读者作全面了解,故而并不求其深入,算不上学术专著。

同年,浙江人民出版社出版孙昌建的《向李渔学快乐生活》,该书从当代人的视角出发,对李渔《闲情偶寄》中的“颐养部”进行解读,仅关注李渔闲情美学中养生这一部分,且加入大量个人的思考,属休闲读物而非学术专著。

2011年,百花文艺出版社推出徐保卫著的《李渔传》,“从李渔形之于外

---

① 俞为民.李渔评传[M].南京:南京大学出版社,1998:450.

② 万晴川.风流道学——李渔传[M].杭州:浙江人民出版社,2005:321.

的所行与藏之于内的诗文，copy 出或者说从精神上克隆出一个活生生的李渔来。”①全书从现有的史料和研究成果出发，加以适当的文学想象，对李渔的生平进行了艺术还原，有较强的文学性。为李渔立传，自然避不开他的《闲情偶寄》以及从中折射出的他的生活方式以及闲情美学思想，但此书与前书一样，系传记而非学术著作。

同样在 2011 年，知名建筑师和建筑学者，现任世界宗教博物馆荣誉馆长、台北市文化资产审议委员汉宝德出版了《明朝的生活美学：闲情偶寄》一书。从书名上看，该书算是真正意义上对李渔闲情美学展开研究的专门著作，但从内容上看，实际上是关于《闲情偶寄》一书的普及性读物，文中除了由汉宝德撰写的“导读”部分涉及对李渔《闲情偶寄》及其时代背景、美学价值等的评介以外，余下部分则主要由“图解江南园林”“原典选读”等两大部分构成。即使是“导读”部分对《闲情偶寄》成书的历史背景作了不乏独到之处的分析，但或许受作者的专业背景所限，对该书的美学点评实际上还只停留在居室、园林方面。

该书中尚有几处谬误，如说李渔家班“演出相当频繁，且往往通宵达旦地演出。除了以戏会友外，还有许多商业性质演出，因此给李渔带来丰厚的收入。只可惜，乔王二姬虽有戏剧的天赋，却抵不过演出的操劳，康熙十、十一年两人分别过世。”②朱剑芒先生曾为李渔的《乔王二姬合传》进行过考证，并撰写了《乔王二姬合传考》一文，在里面第三部分专章分析了“乔王二姬致死之原因”，明确地将结论概括为两个小标题：“乔姬之死不啻殉于艺术”“王姬之病为多愁与多疑所误”③。结合《乔王二姬合传》的内容也可知，乔姬之病，起于产后失调，病之当初，既为了不让李渔担心，也怕因为生病而不能随家班出行，她刻意掩饰病情，强支病体，继续演出，病情终于发展到掩饰不住的阶段时又为庸医所误。而王姬之死则是由假孕实病、乔姬所托孤女夭亡和李渔怒谴妒姬引发她“一谴俱谴”之忧惧，病、痛、忧三者交加所致。固然

① 徐柏容.《李渔传》序[M]//徐保卫. 李渔传[M]. 天津：百花文艺出版社，2001：1-2.

② 汉宝德. 明朝的生活美学：闲情偶寄[M]. 台北：大块文化出版股份有限公司，2011：20.

③ 朱剑芒. 乔王二姬合传考[M]//朱剑芒. 美化文学名著丛刊[M]. 上海：上海书店，1982：3

二姬之病或与演出途中劳顿艰辛有关，但将二姬之死直接归于演出的操劳却是非常草率的结论。

此外，汉宝德在书中称《闲情偶寄》“这本书又叫《笠翁一家言》《笠翁偶集》，我们可说李渔很懂得推销术，每次出版都换上一个新的名字”①。实际上，《闲情偶寄》出版于1671年，而《笠翁一家言》的初集先于此书一年，即1670年就已编成。1678年翼圣堂梓行《笠翁一家言全集》将曾以单行本问世的《闲情偶寄》收入其中，两年后李渔离世。直到50年后的1730年，芥子园主人重新编次《笠翁一家言全集》，将原来分散在“初集”“二集”各卷中的文、书按文体合并，诗重新分体编次，将《耐歌词》改称《笠翁余集》，将《史断》称为《笠翁别集》，将《闲情偶寄》称为《笠翁偶集》。② 所以，《闲情偶寄》和《笠翁一家言》并非为同一本书，《闲情偶寄》被改称为《笠翁偶集》编入《笠翁一家言全集》时，李渔已作古50年。由此可知，汉宝德的说法是错误的，而且以李渔对《闲情偶寄》的自信而言，也不太可能做出“新瓶装旧酒”以推销《闲情偶寄》的事。

2011年，云南出版集团和云南教育出版社联手推出赵海霞、施国芬编的《李渔》，是一本传记类作品。

2012年，苏州大学出版社推出《江海文化丛书》，其中有姜光斗所著《李渔：明末清初一怪杰》，全书在对李渔各个时期的生平进行介绍之后，从戏剧、小说、诗词、楹联、骈文、散文等方面分别分析其创作成就，最后用两章分别探讨了李渔的美学思想和生活情趣。

2012年，江苏人民出版社出版的沈新林的《话说李渔》，是介绍李渔生平事迹的读本著作，隶属于《人文社会科学通识文丛》。

2013年，江西人民出版社推出骆兵的《李渔文学思想的审美文化论》；凤凰出版社推出傅承洲的《李渔话本研究》；2014年，人民文学出版社推出黄春燕的《李渔戏曲叙事观念研究》。这些著作的研究对象明确限定于李渔的文学思想、话本、戏曲叙事观念等，与李渔的闲情美学相去甚远。

---

① 汉宝德. 明朝的生活美学：闲情偶寄[M]. 台北：大块文化出版股份有限公司，2011：22.

② 王翼奇. 本卷点校说明[M]//李渔全集（第一卷）：笠翁一家言文集. 杭州：浙江古籍出版社，1991：2-3.

2014年，海燕出版社推出王永宽、王梅格的《闲适的情趣——〈闲情偶寄〉的生活美学》一书。虽然名为"《闲情偶寄》的生活美学"，但从内容上来说，仍然是按照《闲情偶寄》本身的体例，分别探讨了李渔的戏剧创作美学、戏剧导演美学、女性姿容美学、居室环境美学、器物工艺美学、饮食营养美学、自然生态美学、身心颐养美学。

2014年7月，浙江古籍出版社推出《李渔全集》(全二十二册)。与2010年版本相比，多了《芥子园图章会纂》，其余内容则只是编版体例上的差别。

2014年，杜书瀛的《戏看人间：李渔传》出版(作家出版社)，这是《中国历史文化名人传》系列图书之一，是传记类作品。

2015年，台湾地区印行黄强的专著《李渔考论》，该书主要收入著者黄强1997年以来考辩戏曲家李渔生平与著述的论文，并对李渔研究的相关文献资料展开爬梳挖掘与考证，得出《笠翁新传奇三种》《续刻笠翁传奇五种》并非李渔所著等结论。

2015年，武汉大学出版社出版了陈建新的博士论文《李渔造物思想研究》，从现代设计学的角度来研究李渔造物理论和设计思想，涉及李渔闲情美学生活思想，但仅以其中造物的方面为研究对象。同年，广西师范大学出版社出版了盘莉娜的《超越喜剧性的一家言：李渔诗词新探》，从诗词的角度对李渔的贡献展开研究。

关于李渔研究的论文也有不少，但主要集中于对李渔的戏剧、小说方面的研究。近年来随着日常生活审美化现象的突出，李渔《闲情偶寄》中生活美学的内容也逐渐开始受到人们关注，不时有论文散见于各学术期刊。但目前仍缺少关于李渔《闲情偶寄》生活美学的系统性论著。2012年，首都师范大学刘红娟提交了博士论文《李渔生活美趣研究》，试图对李渔的生活审美趣味加以爬梳分析，但从全文结构来看，仍然是以并列结构的方式，结合当时的社会背景、李渔的人生遭际，从女性审美、园林居室和养生三方面分别归纳总结李渔的审美趣味，和杜书瀛的相关著作立意相近。另外，南开大学博士张成全的《李渔研究》(2007)、陕西师范大学博士赵海霞的《李渔文化活动及观念考论》(2010)虽然涉及李渔生活审美的内容，却并不以此为主。

与李渔《闲情偶寄》和生活美学相关的硕士论文，近年来则有湖南师范大学肖巧朋的《论〈闲情偶寄〉的休闲思想》(2003)，暨南大学王淑萍的《试论李渔的生活美学》(2004)，吉林大学安平的《成熟到奢侈 精致到唯美——李渔文化人格略论》(2004)，中山大学曾婷婷的《试论李渔生活美学的构建：以〈闲情偶寄〉为线索》(2005)，湖南师范大学赵洪涛的《李渔的家居美学观》(2005)，北京师范大学李捷的《〈闲情偶寄·种植部〉研究》(2006)，扬州大学陈海敏的《试论李渔的文化产业思想》(2006)，浙江大学钱水悦的《李渔〈闲情偶寄〉生活美学思想初探》(2008)，山东大学张乾坤的《李渔与明清时期环境审美思想研究》(2008)，曲阜师范大学孙兴香的《李渔世俗美学思想研究》(2009)，湖南师范大学李娟的《消费文化视野下的李渔〈闲情偶寄〉研究》(2009)，扬州大学李杰的《论李渔的园林美学思想》(2010)，四川师范大学赵鸽的《李渔〈闲情偶寄〉的美学思想解读》(2010)，西藏民族学院朱海迪的《李渔〈闲情偶寄〉的环境美学思想管窥》(2011)，中南大学王晓俊的《李渔生活美学初探》(2012)，浙江师范大学郭一儒的《日常生活视野中的李渔美学研究》(2012年)，湖南科技大学谢晓兰的《李渔生活美学的当代阐释》(2012年)，浙江工商大学叶俊士的《李渔饮食思想研究》(2014)，湖北师范学院王书来的《李渔〈闲情偶寄〉中的器物美学思想研究》(2015)，山西师范大学韩武杰的《李渔〈闲情偶寄〉言说方式研究》(2015)等。

二、国外李渔闲情美学研究现状

李渔堪称中国古代的通俗文化大师，成就斐然，声名远播。他的戏曲和小说先后被译成日文、英文、拉丁文、法文、德文和俄文①等在世界各地出版、译介，《闲情偶寄》也在国外有多种节译本和选译本。李渔的作品几乎在世

① 据羽离子称，“听说另有零星的泰文、葡萄牙文和西班牙文的李渔作品译本。由于受语言知识的限制，未能找出(另如朝鲜文、希腊文等的有关资料，同样也付阙如)。”见羽离子. 李渔作品在海外的传播及海外的有关研究[J]. 四川大学学报(哲学社会科学版)，2001(3)：69-78. 另外，根据陈建新的博士论文《李渔造物思想研究》，李渔作品曾被译为韩文出版。见陈建新. 李渔造物思想研究[D]. 武汉：武汉理工大学，2010：9.

界所有重要图书馆中都有收藏。

李渔在与中国一衣带水的日本受到很高的肯定，但主要是在其戏曲、小说创作方面。直到19世纪末20世纪初，李渔的小说和戏曲在日本都仍然得到极高赞誉。①② 至于李渔的闲情美学，则未得到同样的重视。只是由于李渔小说、戏曲在日本的强大影响力，他的其他作品也相应地引发了日本人的广泛兴趣。1975年，日本国画大师古原宏伸译注，出版了《芥子园图画传初集》。1705年，李渔的生活美学著作《闲情偶寄》日文版由日本平凡社和东洋文化协会连续出版，重点介绍其园林建设、布置理论和家具陈设、制造，还有化妆技巧。1975年在东京出版的《青木正儿全集》（第十卷）就是在1951年日译本手稿的基础上完成的《芥子园图画传》，影响了日本画界整整一代人。所有这些都对日本园林和日本室内的家具建造产生了深远影响。

除了文化背景相近的日本，李渔的作品在西方也受到好评，但主要影响还是局限于其戏剧、小说的范围之内。集戏曲美学、园林美学、家居美学、营造学、饮食学等为一体的《闲情偶寄》，在国外有多种分章译本。1940年，德国人艾伯哈德（W. Eberhard）将《闲情偶寄·饮撰部》翻译，取名为 *Die Chinesische Kuche*（《中国烹饪》），发表于当年的《汉学》（*Sinica*）第15期上。同一年，艾伯哈德在《东亚杂志》（*Ostasiatische Zeitschrift*）第3和第4期上连载 Die Vollkommene Frau（《范美女人》），其实就是《闲情偶寄·声容部》的翻译。后文于1963年，被苏黎世出版的 *Das Chinesische Schonheitsideal*（《中国之美》）收入。狄柏·斯佩色也曾将《闲情偶寄》中服饰美容美学部分的内容译成德文，以 *Chinesische Geisteswelt*（《华式姿仪》）为名，1957年在巴登巴登出版。

在李渔研究方面，1936年第7卷第12期 *China Critic* 刊登了林语堂的 On Charm in Women（《论女之魅》）。同年，*My Country and My People*（《吾国吾民》）在伦敦出版。1937年，*The Importance of Living*（《生之

① 张春树，骆雪伦. 明清时代之社会经济巨变与新文化：李渔时代的社会与文化及其“现代性”[M]. 王湘云，译. 上海：上海古籍出版社，2008：9-10.

② 陈建新. 李渔造物思想研究[D]. 武汉：武汉理工大学，2010：9-10.

重》)，今译《生活的艺术》出版于纽约。1960年，*The Importance of Understanding*(《谅之要》)出版于纽约。林语堂的这一系列英文文章与书籍，其中都对李渔尤其是李渔的闲情美学有所论及。这对介绍李渔，引发中国文化爱好者和研究者对李渔的兴趣，推动对李渔的研究，起了很大的促进作用。

1943年，哈梅尔(A. W. Hummel)在华盛顿出版 *Eminent Chinese of the Ch'ing Period*(《清代中国闻人》)，李渔名列其间。1957年，法尔邦克(John K. Fairbank)主编 *Chinese Thought and Institutions*(《中国人的思想和制度》)[①]在芝加哥出版，其中有一章为列文森(Joseph R. Levenson)写的 Amateur Ideal in Ming and Early Ch'ing Society(《明和清初的业余爱好者的典型》)。此章于多年后仍被李渔研究者们尖锐抨击，因后来者认为事实恰恰相反，李渔几乎是位无所不精的人。但事实上，一个更有说服力的理由也许应该是，列文森说的“非职业化”的“业余爱好者”，其实是指明和清初那些非功利、不关心商业、不关心科学的文人、官员，而李渔很明显与他们有着本质的区别，只是因为他爱好广泛，因而在某些方面显得不够精专而已。[②]

1959年，凡黑肯(J. L. Van Hecken)和格茹太厄思(W. A. Grootaers)合著的 The Half Acre Garden(《半亩园》)一文，介绍了李渔的园林美学，刊载于法文连续出版物 Monumenta Serica(《不朽之作》)之十八上。

1967年，苏联列宁格勒大学的玛丽诺夫斯卡娅撰写《〈闲情偶记〉中国戏曲论著》一文，发表在《亚非国家的历史语文学》上。

1988年8月，哈佛大学出版社又出版了当代著名汉学家韩南(Patrick Hanan)的专著《创造李渔》(*The Invention of Li Yu*)。此书后来又被译成德文。杨光辉将其译成中文，并于2010年出版。由于韩南关注的是李渔的自我创造、创新思想、创造性和创造之物，所以“全书深深打上李渔个人的烙印”[③]的《闲情偶寄》自然成为该书展开论述的重要文本。书中第二章“创造

① 羽离子论文将“Thought”误为“Tought”。

② 关于列文森“明和清初的业余爱好者”的概念，可参阅列文森. 儒教中国及其现代命运[M]. 郑大华，任菁，译. 桂林：广西师范大学出版社，2009：14-19.

③ 韩南. 创造李渔[M]. 杨光辉，译. 上海：上海教育出版社，2010：191.

‘自我’”、第三章“创造需要”、第四章“享乐第一”和第八章“休闲专家”均涉及对李渔闲情美学思想的研究。韩南将李渔的整部《闲情偶寄》归为小品，与以袁宏道为代表的小品美学加以比较，并敏锐地意识到二者之间的分歧与差异。在指出李渔在《闲情偶寄》中所提倡的与“趣”指的是体裁上的活泼，而非袁所说的自我表现，韩南进一步指明，“他的大众化态度也与含‘韵’味的高雅审美形成尖锐对立。……无论在审美还是实际问题上，李渔都有意地负起了众人引导者的角色，好像一位大众鉴赏家。”[①]

1977 年，波士顿的特怀恩出版社推出“Twayne’s World Author Series”(《特怀恩世界作家丛书》)第 433 种：毛国光[②](Nathan K Mao)与柳存仁(Liu Ts’un-yan)合著的英文评传 *Li Yu*(《李渔》)。

1983 年，纽约的斯克里布纳(Scribner)公司出版了艾德温·莫瑞斯(Edwin Morris)的 *The Gardens of China: History, Art, and Meanings*(《中华园林的历史、艺术和含义》)一书，书中在论及中华园林的建筑思想时，介绍了李渔及其造园思想。1986 年，黑尔默特·马丁(Helmut Martin)在 *The Indiana Companion to Traditional Chinese Literature*(《印第安纳中国古典文学指南》)第 2 卷上撰写了条目“李渔”[③]。

在谈到李渔研究的时候，有两位无法避开的作者，他们是台湾历史学者

① 韩南. 创造李渔[M]. 杨光辉，译. 上海：上海教育出版社，2010：177.

② 羽离子论文将其译为“内森茅”，当属对美国学者不了解之故。

③ 羽离子论文中将其描述为“1986 年，黑尔默特在 The Indiana Companion 上刊登了《Li Yu》(《李渔》)一文”，这种说法是不准确的，首先该书名称不完整，准确的名称应该是 *The Indiana Companion to Traditional Chinese Literature*，共 2 卷。而黑尔默特在第 2 卷上发表的不是一篇名为《李渔》的文章，而是一个条目。此误当是作者未仔细追溯材料所致。事实上，Chun-shu Chang 和 Shelley Hsueh-lun Chang 在其著作中写得很清楚：“*The Indiana Companion to Traditional Chinese Literature* also has a short entry on Li Yu by Helmut Martin (pp. 557-59)”，见 Chun-shu Chang, Shelley Hsueh-lun Chang. Crisis and transformation in seventeenth—century China: Society, Culture, and Modernity in Li Yu’s World[M], Ann Arbor: University of Michigan Press, 1998:99.

张春树(Chun-shu Chang)和骆雪伦(Shelley Hsueh-lun Chang)[①]。他们二人于20世纪60年代后期展开了关于"文学与社会"的长期研究项目 *Literature and Society in Ming-Ch'ing China: Literatures and Dynastic Transition, 1630-1700*(《明清之际中国的文学与社会:文人与朝代转换,1630—1700年》),试图把文学、思想和社会综合起来,利用文学材料对明清之际中国的历史与社会进行分析,讨论的对象涉及李玉、李渔、蒲松龄、洪昇、孔尚任和一些短篇小说的作者。该项研究的成果于1971年成书,李渔是该书第三章讨论的对象[②]。后来在修订该书的过程中,大大加重了各章分量,其中有两章扩展成书,关于李渔的部分就是《明清时代之社会经济巨变与新文化:李渔时代的社会与文化及其"现代性"》一书。该书1998年由密歇根大学出版,经翻译、改写后,在2008年由上海古籍出版社推出了中文版。该书作者写道,"虽然本书旨不在传记,但由于这是首次对李渔的生平和思想进行全面的历史的研究,因此,如果说这是中外各语言中对李渔最全面的传记式分析,应是当之无愧的。此前关于李渔的研究都是专门做文学方面的学术研究,从文学的角度进行检验,并未考察李渔的生平及其著述的历史和社会背景。"[③]这对于英文原版达500多页、史料翔实的该书来说,是一个公允的评论。也正是因为这是一部结合社会背景对李渔其人其作展开全面分析的著作,自然离不开最直接体现李渔个人兴趣和人生哲学的《闲情偶寄》,"在李渔数量众多的作品当中,最有意思和最有创见的是《闲情偶寄》,从中可以比较全面地看出李渔的理性思维精神。"[④]在该书的第二章探讨了李渔对于

---

① 羽离子论文中称"张春树(Chune-shu Chang)和雪莱(Shelley Hsueh-lun Chang,汉名骆雪伦)",明显将骆雪伦看作是外国汉学家,这是错误的。实际上骆雪伦是中国人,"骆雪伦"即其本来的名字,而非外国汉学家的汉名。具体生平可参见张春树、骆雪伦《明清时代之社会经济巨变与新文化:李渔时代的社会与文化及其"现代性"》一书的作者简介。

② 张春树,骆雪伦. 明清时代之社会经济巨变与新文化:李渔时代的社会与文化及其"现代性"[M]. 王湘云,译. 上海:上海古籍出版社,2008:导言5,注[1]. 羽离子论文称"此书第一卷于1971年写出,Li Yu(《李渔》)是第一卷中的一章"是错误的。

③ 张春树,骆雪伦. 明清时代之社会经济巨变与新文化:李渔时代的社会与文化及其"现代性"[M]. 王湘云,译. 上海:上海古籍出版社,2008:导言7,注[1].

④ 张春树,骆雪伦. 明清时代之社会经济巨变与新文化:李渔时代的社会与文化及其"现代性"[M]. 王湘云,译. 上海:上海古籍出版社,2008:220.

女子及其习技的态度，第五章则专门列出一节来深入探讨以《闲情偶寄》中的内容为主的李渔的生活哲学。

另外，需要注意的是，羽离子在论文中写道："1988 年，美国耶鲁大学出版了艾力森·哈迪克(Alison Hardic)从中文译成英文的 *Craft of Gardens*(《园林匠艺》)，论及李渔的园林理论"，这一说法是错误的。事实上，*Craft of Gardens* 应为 *The Craft of Gardens*，该书的中文译名也不是《园林匠艺》，而是中国人所熟知的《园冶》，作者不是别人，正是中国古代园林史上有名的计成。《园冶》一书始撰于 1631 年，刊行于 1634 年。李渔一生中的第一次造园实践——兴建伊山别业，当在 1646—1648 年间①，而总结了李渔一生造园思想的《闲情偶寄》刊刻于 1671 年。从时间上不难推断，计成在《园冶》一书中是不可能"论及李渔的园林理论"的。羽离子犯此错误，应当是不熟悉《园冶》一书，未对文献信息进行仔细核查，仅从英文书名加以推测所致。② 同样，陈建新在论文中写道："1988 年，美国耶鲁大学出版了艾力森·哈迪克(Alison Hardic)从中文译成英文的 *Craft of Gardens*(《园林匠艺》)，主要介绍的中国古典园林的制作方法，其中较大篇幅介绍的是李渔的造园理论。"③ 这种说法也是错误的。究其根源，应当是受到羽离子论文的误导，因为羽离子的论文《李渔作品在海外的传播及海外的有关研究》可以说是目前关于李渔作品海外传播研究的唯一的一篇论文④，从陈建新的文章中不难看出其得

① 李渔 1646 年回到兰溪，1648 年伊山别业建成。见单锦珩. 李渔全集(第十九卷)：李渔年谱[M]. 杭州：浙江古籍出版社，1991：18-19.

② 羽离子在其论文《李渔作品在海外的传播及海外的有关研究》(四川大学学报(哲学社会科学版)，2001 年第 3 期)中所犯的另一个错误，是将"Shizue Matsuda"译为"美国青年玛楚达"。实际上"Shizue Matsuda"应为日文名"松田静江"的英译。至于"美国青年"这样一个模糊的身份定语，应当是由"Shizue Matsuda"这个名字推断而来。1973 年夏，松田静江在 *Studies in Short Fiction*(《短篇小说研究》)第 10 卷第 3 期上发表了处女作 The Beauty and the Scholar in Li Yu's Short Stories(《李渔短篇故事中的才子佳人》)，其博士论文 Li Yu: His Life and Moral Philosophy as Reflected in His Fiction(《李渔生平及其小说中所反映的伦理观》)五年后在哥伦比亚大学被通过。

③ 陈建新. 李渔造物思想研究[D]. 武汉：武汉理工大学，2010：12.

④ 2009 年华东师范大学罗晓提交了硕士论文《美国汉学界的李渔研究》，但全文在文献爬梳方面仍然主要仰仗于羽离子的论文，且内容上主要以张春树、骆雪伦、韩南和艾利克·亨利的研究成果作为代表成果加以分析评介。

益于羽离子论文处甚多，所以受到其错误的影响也在所难免。

从上面对国外李渔闲情美学研究资料的总结可知，国外对于李渔的研究，主要还是集中于李渔的戏曲、小说创作，而对于其以《闲情偶寄》为核心的生活美学的内容，还基本停留在译介水平，鲜有跳出文本本身所开展的更进一层的研究，即使有相关的研究，也多是零散不成体系的。这固然和李渔的《闲情偶寄》在海外还没有系统、整体地得到介绍有关，更和学术研究的时代背景有关。生活美学研究是近些年来开始在西方兴起的学术思潮，而研究者首先还是从美学理论角度出发、从现实出发，对当前生活中的相关美学现象展开研究。一方面，由于这是新兴的学术热点，研究者的数量还有限，另一方面，由于文化的隔阂与差异，国外学者对于中国古代生活美学思想，本来就接触不多，更遑论展开深入的研究了。

综合上面对国内外不同时期李渔闲情美学研究情况的分析，不难看出，李渔在国外得到的评价远比在国内高，这当然和中国传统道德评价的惯性思维有关。但是，无论是在国外还是国内，人们关于李渔的研究，绝大部分注意力还是停留在他的戏剧、小说理论与创作上，对其园林艺术、美学思想虽也时有涉及，但主要停留在方法介绍、分析层面，且多为零散的单篇论文形式，而对于李渔基于《闲情偶寄》的生活美学思想，却缺乏系统、整体的梳理，更缺乏对其性质的相对准确的认识。本研究正是基于这一现实情况，力图从市民生活指南的角度把握李渔的《闲情偶寄》，对其加以系统解读，归纳、概括李渔的生活美学思想，指出其闲情美学与明清文人闲赏美学之间有着市民审美趣味与士大夫审美趣味的本质差异，并试图指出其对于今天消费社会背景下追求生活美的启示。

三、李渔闲情美学研究的价值、目标与内容

(一)李渔闲情美学研究的学术价值

本书的研究课题以代表市民审美趣味的生活美学思想为指向，对李渔

闲情美学思想展开相关研究，具有较强的开创意义与相应的学术价值。

首先，通过上面对国内外李渔研究情况的分析、总结，我们可以得知，一直以来，对于李渔的学术研究，主要集中于他的戏曲和小说方面，而对于其生活艺术、闲情美学的成就涉猎不多，且研究不够深入。这一方面是囿于文化的隔阂，以及国内在改革开放以前学术研究受传统伦理道德和政治风气影响，另一方面则是因为李渔的闲情美学思想主要见于《闲情偶寄》，尽管此书自成一集，但细究其中内容，其实各部分之间的关系相对松散，不成体系。李渔虽然自我标榜“庙堂智虑，百无一能；泉石经纶，则绰有余裕。惜乎不得自展，而人又不能用之。他年赍志以没，俾造化虚生此人，亦古今一大恨事。故不得已而著为《闲情偶寄》一书，托之空言，稍舒蓄积。”①但实际上占据全书三分之一篇幅的“词曲”“演习”二部，讲的是戏剧美学，而“种植”一部中又有相当一部分是关于植物的典故、随感，内容既有限又零散，要从中展开系统性的研究就相对困难。

正因如此，尽管李渔的作品，尤其是《闲情偶寄》中所包含的生活美学思想，正日益引起学界关注，但目前系统爬梳其作品，理清其闲情生活美学思想的研究可以说还是一片空白。曾经有学者进行过研究，认为“从整体上看，虽然李渔研究已经非常全面而深入，但是李渔美学思想研究只占全部李渔研究的约七分之一”②，而其中关于李渔生活美学思想的研究更是少之又少。关于李渔生活美学的研究，目前国内仅有王永宽、王梅格的《闲适的情趣——〈闲情偶寄〉的生活美学》(2014 年)一书。该书虽然直接以“《闲情偶寄》的生活美学”为书名，但从内容上来看，仍然是按照《闲情偶寄》本身的体例，对李渔在戏剧创作、导演、女性姿容、居室环境、器物工艺、饮食营养、自然生态和身心颐养等方面美学思想的概括介绍。确切地说，该书是从“生活”概论的内涵出发，对《闲情偶寄》一书中相关内容的分析，但并没有对李渔本人的生活美学思想展开讨论。另一本与李渔生活美学思想相关的著作

① 李渔. 与龚芝麓大宗伯[M]∥李渔全集(第一卷)：笠翁一家言文集. 杭州：浙江古籍出版社，1991：162.

② 刘玉梅. 李渔生活审美研究综述——以《闲情偶寄》为考察对象[J]. 阴山学刊. 2010(6)：54-59.

是 2015 年武汉大学出版社出版的陈建新的《李渔造物思想研究》，尽管此书涉及李渔《闲情偶寄》中的生活美学思想，但仅限于造物方面。此外，还有两篇硕士论文①②和一篇以李渔的“世俗美学”为对象展开相关研究的硕士论文③，另有一篇以李渔的造物思想为研究对象的博士论文④和一篇以李渔“生活美趣”为题，却并不以之作为关键词的博士论文⑤。从这一意义上讲，本文以李渔“闲情美学”为对象展开的李渔生活美学思想研究，无疑是具有开创意义的。

其次，对李渔的闲情生活美学展开研究，在当前艺术生活化和生活艺术化的社会大背景下具有很强的现实启示意义。“美学基于特定的历史判断，以社会政治文化或精英艺术理念而大行于世的时代已经一去不复返了。在新的时代，审美首先是一种世俗人情、生活享受，然后方可言及其余。美学家仍以形而上的超越精神论审美，着实陋于论世知人。美学正呼唤一种立足于大众文化立场的现实主义。”⑥在我们已然进入“过剩”社会的今天，人们对生活的要求已经远非“活下去”那么简单，而是要“活得精彩”。“活得精彩”其实是要求一种幸福与快乐的生活，这当中既包括生活之善——“活出意义与价值”，也包括生活之美——“活得舒适与享受”。人们对美好生活的向往，对高品质生活的追求，促使日常生活审美化现象的涌现，而这种对“美好”生活的追求，却又被市场经济下绞尽脑汁销售商品的商人们，经由精美的广告画面，巧妙地偷换成对那些广告所呈现的、精心布置的生活场景中的商品的欲望与渴求。人的需要是有限的，而人的欲望则可以无限膨胀。为了源源不断的利润，商家不断刺激人们对物质的欲望。为了满足这些欲望，人们疲于奔命，最终生活品质非但没有因为拥有了那些机械复制的商品而得到预期的提高，反而越来越不堪重负，逐渐丧失了对美的感知能力，活得

---

① 王淑萍. 试论李渔的生活美学[D]. 广州：暨南大学，2004.

② 钱水悦. 李渔《闲情偶寄》生活美学思想初探[D]. 杭州：浙江大学，2006.

③ 孙艺香. 李渔世俗美学思想研究[D]. 曲阜：曲阜师范大学，2009.

④ 陈建新. 李渔造物思想研究[D]. 武汉：武汉理工大学，2010.

⑤ 刘红娟. 李渔生活美趣研究[D]. 北京：首都师范大学，2012.

⑥ 薛富兴. 生活美学——一种立足于大众文化立场的现实主义思考[J]. 文艺研究. 2003(3)：22-31.

越来越累、越来越不开心。所以，在今天这样人人渴求生活之美却不知何为生活之美的时代，在消费文化打着审美的旗号刺激消费的时代，李渔的生活美学思想以“闲情”为核心，重视通过对现实生活进行自我观照式的体验以获得审美感受，因其对审美感知能力的强调，对审美心胸的重视，无疑是一剂良药，能够让我们明白生活美之根本所在，不系于物而系于心。“一门人文学科而无与于一时代社会公众之精神幸福，真不知何以自处”①，这种对现实的指导性，也是人文学科义不容辞的责任。

最后，从市民审美风尚角度对李渔的《闲情偶寄》展开研究，具有非常重要的学术意义。一直以来，谈到晚明文人的生活艺术、闲赏美学，研究者们总是将李渔与袁宏道、文震亨、张岱等晚明文人的代表人物相提并论。但事实上，李渔的闲情美学与晚明文人群体的闲赏美学虽然都是谈闲，却有着很大的差异：晚明文人追求的“燕闲清赏”是“无事之闲”，而李渔的“闲情”是“忙里偷闲”；晚明文人闲赏的对象是清玩雅事，而李渔闲情审美的对象却是日常之事；晚明文人群体追求的闲是无关实用、逃俗避世之闲，而李渔的闲情美学的落点却恰恰在于“用”：不光要养眼，而且要舒适，不仅要悦目，而且要适体。总的来说，文人士大夫追求的是远离日常烟火气、无关功利的美，而李渔追求的则是不离日常生活、审美与实用兼具的美。李渔的闲情美学与晚明文人的闲赏美学有着本质的差异。他的闲情美学是世俗的，体现着市民阶层混杂的审美趣味。所以，对李渔以《闲情偶寄》为核心的闲情美学思想展开研究，分析、确认其市民审美趣味代表的性质，对于我们重新评价、认识李渔在中国古代美学史上的地位，有着重要的意义。

(二)李渔闲情美学研究的主要内容

本书的研究内容是李渔以“闲情”为途径、“乐”为风格意涵和范畴定位

---

① 薛富兴. 生活美学——一种立足于大众文化立场的现实主义思考[J]. 文艺研究. 2003(3)：22-31.

的生活美学,及其所具有的中国古代社会向近代社会转型时期[①]市民审美趣味代表的性质;主要研究对象是集中体现李渔生活美学思想的《闲情偶寄》,辅以李渔的诗、词、文、小说、戏曲等其他作品,并结合明清时期的同类型作品,归纳总结出李渔闲情美学的要义。研究内容大致分为以下几个部分:

第一,李渔个人的人生经历对其闲情美学思想产生的影响。这一部分是从个人经历和心理动因两方面,对李渔闲情美学思想成型过程加以回溯、分析,指出其形成的现实背景及市民审美趣味这一特性与李渔个人经历之间的关系,并分析其背后的心理成因。

第二,李渔闲情美学思想的特点。这一部分试图以《闲情偶寄》为核心文本,并结合李渔的诗、词、文、戏曲和小说,超越戏曲、居室、园林、养生等具体方面,归纳、总结出李渔闲情美学思想的美学特质。这也是现阶段李渔闲情美学研究中一项具有开创意义的工作。

第三,李渔闲情美学的思想渊源和市民特性。这一部分主要从李渔生活的时代背景和他的价值观成型的青少年时代所在地区的文化风尚两方面分析其闲情美学形成的背景因素;同时更重要的是结合李渔闲情美学思想的特点,分析李渔闲情美学思想的理论来源,指出李渔的闲情美学思想既受到儒家思想的影响,又受到当时流行的心学,尤其是李贽的"童心说"的影响;李渔所秉持的是一种世俗的、市民的自然观,并由此进入到对李渔闲情美学思想与晚明士大夫的生活美学、晚明文人群体闲赏美学的对比研究,论证前者与后者之间存在着大众化和精英化的本质差异,指出李渔的闲情美学与晚明文人"燕闲清赏"的精英美学不同,是他个人的创造。

第四,总结指出李渔闲情美学的时代意义和价值,作出客观公允的评价,指出研究尚待改进之处。

---

① 尽管这种转型到了清代出现了短暂的停滞,直到1840年鸦片战争以后中国才在外来力量的冲击下进入近代,但在晚明时期中国传统的封建社会的结构受到冲击,社会结构出现了一些新的变化,也是不争的事实。

(三)拟解决的关键问题

本研究需要解决的关键问题是,从李渔的著作中归纳、总结出其闲情美学思想的美学特质,并论证其闲情美学所代表的市民趣味。这两点也是本研究的重点和难点所在。

李渔一生著述颇丰,兴趣广泛,他的闲情美学思想集中体现在《闲情偶寄》中。《闲情偶寄》一书内容零散,为了符合大众传播的需要,适应市民阶层的文化消费水平,博而不深,所以要想从中提炼出相对成体系的美学特征,需要作更深入的分析、解读,需要在准确把握李渔原作精髓,不牵强附会、"六经注我"的前提下,以较强的理论勇气和提炼、概括的能力,对李渔的作品进行总结与提炼。

要想论证李渔的闲情美学代表的是市民审美趣味,而非过往研究所一致主张的文人士大夫品位,首先得分析清楚当时的市民趣味是怎样的,并将之与李渔闲情美学的特点来对照。市民阶层是一个结构复杂的阶层。李渔生活的时代,封建社会已经发展到了晚期,社会流动性增强,各阶层之间的界限模糊,审美趣味也出现了融合、互渗的现象。当时的市民趣味本身也是混杂的,不是几条简单的美学特质便可以概括的。在这一点上,除了对当时的市民趣味的构成作分析,清楚地指出其成分的混杂性以外,还要采取对比的办法,将代表文人士大夫精英审美趣味的晚明文人闲赏美学与李渔的闲情美学作比较,指出它们之间存在着本质的差异,从"不是"的角度来反面印证李渔闲情美学的市民审美趣味的性质。

(四)拟采取的研究方法、技术路线

本书的研究主要采用文献研究的方法,通过研究李渔本人的文献、著述和当时的史料、笔记等相关著作,结合当代美学、伦理学、心理学、社会学和历史学相关研究成果,归纳、对比、分析和总结出李渔闲情美学思想的特质,指出其引领市民求"乐"、安顿生活的意义和追求幸福的本质,将散落在《闲情偶寄》中零散的美学思想,加以爬梳、整理、提取和诠释,最终实现对李渔

闲情美学思想的系统和整体研究，并指出其市民审美趣味的特性，进一步确认其在中国美学史上所具有的、此前为研究者所忽视的开创性意义。

技术路线方面，关于具体人物的研究方法大致有三：一、按照时间顺序，梳理人物的生平事迹，从中提取相关内容来加以研究。二、以具体学科现有理论为基础，对人物的思想加以研究。三、根据人物在研究相关方面所取得的成就做专项研究。第一种方式适合对人物进行全方位的扫描式研究，如各种评传等。第二种方式则要求具体学科基础理论的研究已有一定规模并形成一定体系。就本书而言，第一种研究方式失之过宽，第二种研究方式所要求的条件尚不成熟，故而本文将主要采取第三种研究方法，对李渔一生著述、实践活动，以及明清时期生活艺术方面的同类型著作展开讨论，并辅以相关学科研究成果进行分析，知人论世，力求提炼出李渔以“闲情”为核心的生活美学思想，并由此重新评价其在中国古典美学史上的地位。

第二章

李渔闲情美学形成的现实背景和心理动因

李渔生活在明清鼎革的特殊时期。一方面，明朝政治黑暗，政局动荡，科举竞争激烈残酷，文人往往仕进无路，入清后又大多碍于“忠臣不事二主”的观念，不能科举入仕；另一方面，晚明的启蒙思潮的出现使士人群体摆脱了理学对士人思想的桎梏，他们的自我意识逐渐增强，同时社会经济富裕、市民文化繁荣，又造成了他们在现实生活中的身份迷失。就确立社会地位、完成自我认同而言，士人群体既不能在仕途中确立自身社会角色，又不甘于真正隐逸山林，寂寂终老，并且他们深受当时繁荣的社会物质文化的刺激，不甘于无欲无求的朴素日子，而是讲求生活的品质，期冀通过构建自身独特的日常生活风格，以文化的力量代替经济的影响，重新确立自己不可替代的身份地位。是以在晚明形成了文人的独特生活风尚——闲赏美学。但这种表面的风雅、精致之下，掩藏的其实是晚明士人不得其路的无奈与在社会中找不到自身定位的困惑和焦虑。

晚明社会动荡剧烈，在政治、经济各方面因素合力的冲击下，士人群体内部也在发生着各种分化。不管是经济阶层(economic class)还是地位群体

(status group)的社会分层化(social stratification)标准[①]，其实都不能有效地涵括士人这个大的群体。李渔所代表的处在士人群体最下层的士民，碍于其经济状况和家世背景，其生之无奈况味更浓。他们既无祖上荫蔽可以倚靠，必须获得经济收入以撑起家庭重担，所以他们不得不弃儒就商，汲汲于经营，在现实生活中居于市民阶层之列，从而面临着更为突出的身份认同问题。到1644年明清换代之际，李渔已经33岁，可以说，李渔的闲情美学是在明末及清初思想统治尚宽松时，在市民文化背景之下成形的，其成因较之晚明士人闲赏美学更加复杂。

第一节　士民：李渔的生活现实

李渔祖籍浙江兰溪，1611年9月13日出生于江苏如皋。汇集其生活美学的著作《闲情偶寄》成书于1671年[②]，即他60岁时，离1680年他去世尚有近10年时间。这本书可以说是李渔追逐"乐"的毕生经验之总结，从中也可以看到李渔矛盾的一生：他一生都在追求生活的品质，蓄养家班、自娱娱人，追求居室精洁、生活舒适，但他半生潦倒，时时捉襟见肘，入不敷出，穷的时候甚至"衣囊质尽"，要"质簪珥"方能购水仙；他自命"称功颂德，鄙夫之事也，予向耻而勿为"[③]，"每见当途贵游，辄道李生不去口。然渔亦颇知自爱，执经问字而外，未尝以一字仰干"[④]，"贱性硁硁，耻为干谒"[⑤]，却又"终年托

① 巫仁恕. 品味奢华：晚明的消费社会与士大夫[M]. 台北：联经出版公司，2007：18.

② 关于《闲情偶寄》的成书时间，历来有1617年、1671年、1672年的不同说法，目前学者公认的成书时间为康熙十年(1671年)。单锦珩、张春树等人皆持此论。学者朱锦华专文分析此问题，并得出《闲情偶寄》成书于1671年的说法最为可信的结论，见朱锦华.《闲情偶寄》成书时间考辩[J]. 四川师范大学学报(社会科学版)，2003(3)：53-55.

③ 李渔. 龙丘邑宰卢公异政纪略[M]//李渔全集(第一卷)：笠翁一家言文集. 杭州：浙江古籍出版社，1991：144.

④ 李渔. 与卫澹足直指[M]//李渔全集(第一卷)：笠翁一家言文集. 杭州：浙江古籍出版社，1991：160.

⑤ 李渔. 复柯岸初掌科[M]//李渔全集(第一卷)：笠翁一家言文集. 杭州：浙江古籍出版社，1991：204.

钵”[①]，“以草莽贱夫，混迹公卿大夫间，日食王侯之鲭，夜宴三公之府”[②]，游走于高门贵族、大小官员之间，兜售自己的享乐心得。他矛盾的一生，是其所生活的时代与个人经历交互作用的结果，同时也在他的作品中得到了很好的展现。要想充分理解、客观评价李渔的闲情美学，必须对他个人在大时代中的成长经历有所了解。为保证结构的清晰，李渔闲情美学成型的时代背景，则留待第四章探讨其思想渊源时再行展开。

一、鼎革之际：由志存高远到理想幻灭

李渔的父亲李如松在江苏如皋经营药铺，伯父李如椿则是在当地备受推重的“冠带医生”。李渔从小天资聪颖，“髫岁即著神颖之称，于诗赋古文词罔不优赡，每一振笔，漓漇风雨，倏忽千言”[③]，家人对他寄予厚望，伯父李如椿更是对他厚爱有加，外出行医也总是携他同行，所以李渔“自乳发未燥，即游大人之门”[④]。

明朝正德以后，用人唯走科举一途，进入学校成为生员后，不仅能有机会科举入仕，还能享受朝廷规定的减免徭役等一系列优待，所以一般家庭有了一定的财富积累以后，都愿意让子孙后代读书、做官。当时不少官员都出身商贾之家，其中有名者如王世贞、汪道昆、黄省曾、张翰、李梦阳、何良俊、顾宪成、袁宏道兄弟、屠隆等。吴越两地经济富庶，更是由此形成了重读书的风气，“吴为人才渊薮，文字之盛，甲于天下。其人耻为他业，自髫龀以上，皆能诵习举子应主司之试。居庠校中，有白首不自已者。江以南，其俗尽然。每岁大比，棘闱之外林立。京兆裁以解额，隽者百三十五人。故虽方州

---

① 李渔. 与龚芝麓大宗伯[M]//李渔全集(第一卷)：笠翁一家言文集. 杭州：浙江古籍出版社，1991：163.

② 李渔. 复柯岸初掌科[M]//李渔全集(第一卷)：笠翁一家言文集. 杭州：浙江古籍出版社，1991：204.

③ 黄鹤山农.《玉搔头》序[M]//李渔. 李渔全集(第五卷)：笠翁传奇十种(下). 杭州：浙江古籍出版社，1991：215.

④ 李渔. 与陈学山少宰[M]//李渔全集(第一卷)：笠翁一家言文集. 杭州：浙江古籍出版社，1991：165.

大邑，恒不能三四数。”①所以尽管李渔少时家境殷实，在当地算是有名的富庶人家，“家素饶，其园亭罗绮甲邑内”②，但其家人还是希望少有才名、资质出众的李渔能够走科举入仕之路。

少时李渔，家庭富裕，衣食无忧，使得他可以心无旁骛地攻读儒家经典，准备科举，“予襁褓识字，总角成篇，于诗书六艺之文，虽未精穷其义，然皆浅涉一过。”③敏而好学的他才华横溢，久负才名，他自己也踌躇满志。1629 年，李渔的父亲病逝，家道自此中落。

明代中期以后，朝廷严禁外省士子冒籍考试，违者曾遭受过“枷示顺天府前，满日同六人俱发为民，禁锢终身。是时讯治既酷，二生被重创，荷三木，穷冬盛寒，皆濒死而醒”④的严峻惩罚。李渔必须回原籍兰溪应考。但如皋当地有服父母丧，守孝三年的风俗，守孝者三年内不得婚娶、赴考、饮宴，更不能远游，还要谢绝应酬事务，并且考秀才本身不得匿丧，父母死后 27 个月内不能应考。所以李渔在其父去世以后，还在如皋盘桓近三年，才回到兰溪，于 1635 年 24 岁时，应童子试于婺州(今金华)。

李渔的才华在这次应试中得到充分展露，人生初战科场，便以优异的成绩考中秀才，其试卷让当时的浙江提学副使许豸大加赞赏，“予独以五经见拔。吾夫子(指许豸)奖誉过情，取试卷灾梨，另为一帙。每按一部，辄以示人曰：‘吾于婺州得一五经童子，讵非仅事！’予之得播虚名，由昔徂今，为王公大人所拂拭者，人谓自嘲风啸月之曲艺始，不知实自采芹入泮之初，受知于登高一人之说项始。”⑤

得到许豸如此推重，李渔更是对自己的前途充满信心。1637 年，李渔入金华府学，攻读举业，为赴乡试做准备。但 1639 年夏天李渔在杭州应乡试却名落孙山。理想与现实的巨大落差，让李渔难以接受，他将此次科场失利归

① 归有光. 震川先生集[M]. 上海：上海古籍出版社，1981：191.
② 黄鹤山农.《玉搔头》序[M]//李渔. 李渔全集(第五卷)：笠翁传奇十种(下). 杭州：浙江古籍出版社，1991：215.
③ 李渔. 李渔全集(第三卷)：闲情偶寄[M]. 杭州：浙江古籍出版社，1991：26.
④ 沈德符. 万历野获编[M]. 北京：中华书局，1959：374.
⑤ 李渔. 春及堂诗跋[M]//李渔全集(第二卷)：笠翁一家言诗词集. 杭州：浙江古籍出版社，1991：149.

咎于试官不公，并积极准备，打算再战科场。三年后，李渔赴杭州再应乡试，却因为时局动荡不安，兵荒马乱，中途遇警而不得不掉头折返，李渔对此大感无奈，他曾写诗表示自己壮志难酬的焦虑心情：

正尔思家切，归期天作成。
诗书逢丧乱，耕钓俟升平。
帆破风无力，船空浪有声。
中流徒击楫，何计可澄清？①

当时的李渔还不知道，这是明朝举行的最后一次乡试，还没有等到下一个三年，明朝就于1644年灭亡了。

朝代的更迭往往会经历一个较长的过程，后代历史研究者划定的易代时间仅仅是这一过程当中最具标志性的事件所发生的时间点而已。而亲身经历的人们对此的感受则全然不同，他们需要很长的一段时间才能接受改朝换代这一事实，并适应和完成自己身份认同的转化。1644年的标志性事件是大清定都北京，改元顺治，但明福王朱由崧却在南京即位。战争仍在继续。李渔和当时的许多人一样，“初闻鼓鼙喧，避难若尝试。尽曰偶然尔，须臾即平治”②，他们对明朝统治者尚存有幻想，并出于“内诸夏而外夷狄”的大汉族主义思想束缚，对新的满清统治者发自内心地排斥。所以当他受金华府同知许檄彩之邀，客居府中为幕僚时，还将这次受邀入幕看作是一次建功立业的机会，委婉地发出“马上助君唯一臂，仅堪傍执祖生鞭”③的宏愿。然而现实却是惨痛的，“岂知天未厌，烽火日以炽。贼多请益兵，兵多适增厉。兵去贼复来，贼来兵不至。兵括贼所遗，贼享兵之利”，“入山恐不深，愈深愈多祟。内有绿林豪，外有黄巾辈。表里俱受攻，伤腹更伤背。又虑官兵入，

① 李渔.应试中途闻警归[M]//李渔全集(第二卷)：笠翁一家言诗词集.杭州：浙江古籍出版社，1991：94.
② 李渔.甲申纪乱[M]//李渔全集(第二卷)：笠翁一家言诗词集.杭州：浙江古籍出版社，1991：8.
③ 李渔.乱后无家，暂入许司马幕[M]//李渔全集(第二卷)：笠翁一家言诗词集.杭州：浙江古籍出版社，1991：162.

壶浆多所费。贼心犹易厌，兵志更难遂。”①李渔非但没能实现收复故国、建功立业的心愿，以及以马上功勋代替科举入仕的幻想，反而因为身处南明小朝廷作最后抵抗的中心地带，更深刻地体会到乱世的动荡与身不由己的无奈，最终发出“人生贵逢时，世瑞人即瑞。既为乱世民，蜉蝣即同类。难民徒纷纷，天道犹可避”②的喟叹。

从最初的意气风发，到落第后的愤愤不平，再到动荡中乱世立功业的幻想，最终，已到中年的李渔心灰意冷，“自知不是济川材，早弃儒冠辟草莱”③。一方面为避清兵，另一方面也是由于明朝已亡，又不能且不愿为清廷所用，济世无路，1646 年，李渔回到兰溪故里，做他的“人间识字农”④去了。

二、入清之后：隐逸操劳皆无奈

（一）1646—1650 年：无奈的隐逸

1647 年，李渔屏居乡里，尽管“半生长蹙额，今日小开颜。绿买田三亩，青赊水一湾。妻孥容我傲，骚酒放春闲。独喜林泉福，天犹不甚悭”⑤，看似退隐山林自得其乐，但终归怀才不遇，心中抱憾，忍不住在守岁这样一个年岁更迭的特殊时刻，想起自己的未遂之志，发出感叹：“著述年来少，应惭没世称。岂无身后句，难向目前誊。骨立先成鹤，头髡已类僧。每逢除夕酒，感叹易为增。”⑥

① 李渔. 甲申纪乱[M]//李渔全集(第二卷)：笠翁一家言诗词集. 杭州：浙江古籍出版社，1991：8-9.
② 李渔. 甲申纪乱[M]//李渔全集(第二卷)：笠翁一家言诗词集. 杭州：浙江古籍出版社，1991：9.
③ 李渔. 六秩自寿四首(其二)[M]//李渔全集(第二卷)：笠翁一家言诗词集. 杭州：浙江古籍出版社，1991：184.
④ 李渔. 伊山别业成寄同社五首(其五)[M]//李渔全集(第二卷)：笠翁一家言诗词集. 杭州：浙江古籍出版社，1991：166.
⑤ 李渔. 山居杂咏五首(其五)[M]//李渔全集(第二卷)：笠翁一家言诗词集. 杭州：浙江古籍出版社，1991：91.
⑥ 李渔. 丁亥守岁[M]//李渔全集(第二卷)：笠翁一家言诗词集. 杭州：浙江古籍出版社，1991：103.

1648年，经多方筹措，38岁的李渔得偿心愿，买地建园，开始他人生第一次造园实践，建成了伊山别业，有燕又堂、停舸、宛转桥、宛在亭、踏响廊、打果轩、迂径、蟾影口、来泉灶等诸景观，也开始了他人生最惬意的一段时光。

追忆明朝失政以后，大清革命之先，予绝意浮名，不干寸禄，山居避乱，反以无事为荣。夏不谒客，亦无客至，匪止头巾不设，并衫履而废之。或裸处乱荷之中，妻孥觅之不得；或偃卧长松之下，猿鹤过而不知。洗砚石于飞泉，试茗奴以积雪，欲食瓜而瓜生户外，思啖果而果落树头。可谓极人世之奇闻，擅有生之至乐者矣。后此则徙居城市，酬应日纷，虽无利欲熏人，亦觉浮名致累。计我一生，得享列仙之福者，仅有三年。①

这是后来李渔在1671年刊刻出版的《闲情偶寄》中对这段乡居生活的评价。隔了20余年的时光回头看去，一切皆被岁月抹上了朦胧而美好的色彩，尤其是这中间的20余载虽然时有欢娱却始终为经济困窘所扰，奔波劳苦，先前清静无为的山中生活便更显得有如世外桃源一般美好。但当初身在其间时，李渔却未必安于山林生活。

张春树、骆雪伦在《明清时代之社会巨变与新文化：李渔时代的社会与文化及其"现代性"》一书中对这三年的总结是这样的：

李渔这三年无忧无虑的生活，正是现代心理学的术语"暂时出世"的体现，属于年轻人自我认同危机中的症状。现代的研究发现历史上很多著名

① 李渔．李渔全集（第三卷）：闲情偶寄［M］．杭州：浙江古籍出版社，1991：318-319．对于这三年究竟是指哪三年，有着不同的说法。单锦珩在《李渔年谱》中认为这指的应是1647—1649年这段时间（《李渔全集》第十九卷：李渔年谱、李渔交游考、李渔研究资料选辑．杭州：浙江古籍出版社，1991：22．）。而张春树、骆雪伦却认为这三年是指1640—1642这三年（见张春树、骆雪伦．明清时代之社会巨变与新文化：李渔时代的社会与文化及其"现代性"［M］．王湘云，译．上海：上海古籍出版社，2008：36．）。但1642年李渔还在应最后一场乡试——说明他此前两年当是在读书备考，并非"绝意浮名，不干寸禄"，并且引文中写道："后此则徙居城市，酬应日纷，虽无利欲熏人，亦觉浮名致累。计我一生，得享列仙之福者，仅有三年"，与此前写这几年"山居避乱，反以无事为荣"相印证，这三年应当是指他举家迁往杭州去之前在山中避兵乱，兴建伊山别业的这三年，即单锦珩的说法应当更符合实际。然而，不管这三年具体的时间节点如何，此处我们探讨的重点只是这三年乡居生活本身的意义而已，具体时间是哪几年，和我们探讨的问题关系并不分紧密。此处仅交待关于这三年的时间节点有此二说，并指出单说更可取。

的极有创造力的人物都经历过这类认同危机。李渔的行为是以现代心理学家所谓的"social no man's land"("社会的无人之地")这样一种愿望为特征,拒绝已有的社会生活方式,尚未认同成年人的价值,不履行成年人的责任,逃离生活的必需,寻求一种简单、容易的自由生活方式,去过一种无忧无虑的生活。从根本上讲,李渔体验了不求功名,也不去考虑情感、经济及社会的最终后果的那种生活。①

这种说法其实将李渔的避世之举视为他的主动选择,多少有些与实际情况不符。尽管从表面看来,隐居山林的行为是李渔自发的,但我们必须看到在当时的社会环境下,他的选择背后有着深重的无奈:改朝换代之际,无论是舆论环境还是李渔自己,都不能接受出仕为清廷服务;既然功名无望,又兵荒马乱,李渔只得逃入相对安宁的山里去。

按照阿格妮丝·赫勒(Agnes Heller)关于"选择"和"自律"的说法,很明显这里李渔屏居乡里的行为更多的是一种为了自我保存、基于特性的取舍——"选择",而非"当个体在两种替代物之间选择,并为选择的事实、为它的内涵和外貌打上自己个性的印记"的"自律"②。换句话说,如果在太平盛世,李渔作出隐居山林的选择,或许可以说这是一种主动选择,是"自律"的"暂时出世",但这个选择发生在朝代更迭的特殊之际,其中无奈的成分居多,自由的成分少,更谈不上"拒绝已有的社会生活方式,尚未认同成年人的价值,不履行成年人的责任,逃离生活的必需,寻求一种简单、容易的自由生活方式,去过一种无忧无虑的生活"。而且李渔的实际情况刚好与之相反,他在退居山野之前,实际上是致力于科举这一当时主流的社会生活方式,充

---

① 张春树,骆雪伦.明清时代之社会经济巨变与新文化:李渔时代的社会与文化及其"现代性"[M].王湘云,译.上海:上海古籍出版社,2008:37.

② 赫勒.日常生活[M].衣俊卿,译.哈尔滨:黑龙江大学出版社,2010:21-22.

分认同成年人的价值的。①

然而，在李渔身上确实发生着认同的危机，只是这和他隐居山林之间的关系并非如张春树、骆雪伦所说的那样，是前因后果的关系。在笔者看来，事实恰恰相反。李渔当时逃归故里完全是在乱世中为了保全自己和家人的无奈之举，而他自我认同的困惑却是在隐居山林后出现的。时局渐渐稳定，生存已不成问题，才会想到发展，想到自己在这个世界上的位置。动荡时期，一切都是不稳定的，除了军人，社会上的绝大部分人也谈不上寻找个人在社会中的位置。然而一旦时局安定下来，生活如常，人们就要寻找自身在社会中的位置了。李渔此时已年将四十，按照古人"三十而立"的说法，李渔此时已经过了当立之年却仍未有成，心中免不了焦灼。尽管这段时间他的诗文不乏牧歌般田园生活之作，但这惬意背后，依然有着深深的失落。从前面所引诗句"著述年来少，应惭没世称。岂无身后句，难向目前誊"不难看出，他内心深处对于自己空抱才华无处施展的不甘和担心不能身后留名的忧虑。

寻找自我认同的努力，说明李渔对自己的乡野生活，对自己的人生开始进行反思。他从来都不是一个甘于寂寞的人，他喜欢热闹，在意声名，默默无闻、老死山林的生活再惬意也不是他内心真正想要的。又何况田园风光虽美，隐居生活也不乏悠然之时，但总的来说，却是忧虑烦恼的时候居多。"讵意兵燹之后，继以凶荒，八口啼饥"②，李渔自小生活在城市，其治生之具在诗文不在耕种，又遇到兵乱与饥馑，虽然艰难置下产业，却难以维持生计。本来就不甘于终老乡野的他，于是萌生了到城市里去发展自己事业的想法。

顺治六年(1649年)，李渔因为族中公务去了一趟金华，与老友李芝芳会

① 同样，张春树、骆雪伦说"当李渔离开故乡兰溪时，他已经放弃了乱世隐居乡间的儒家理想。他不参加清朝科举，表明他决心走一条'离经叛道的'(deviant)生活之路。我们使用'离经叛道'一词，是因为这条生活道路不同于当时社会上广泛认同的行为。在1644年以后，对于大多数读书人来说，生活的既定目标仍然是学而优则仕，通过科举之途作官从政"(《明清时代之社会经济巨变与新文化：李渔时代的社会与文化及其"现代性"》，56-57)，也是没有将明清鼎革之际的现实情况考虑进去。在当时，不事清廷才是明遗民们更主流的、广泛认同的选择。

② 李渔．卖山券[M]//李渔全集(第一卷)：笠翁一家言文集．杭州：浙江古籍出版社，1991：129.

面。城镇里的新局面和老友的出仕都对他的思想造成了一定冲击，他在《山居杂咏》里写到“为结山林伴，因疏城市交。田耕新买犊，檐美旋诛茅。花绕村为县，林遮屋是巢。此身无别往，久系欲成匏。”①诗中不难看出他对乡居生活的不满，以及对前途的迷茫，担心自己成为孔子所说的匏瓜。于是李渔很快就在1650年前后，变卖伊山别业，举家迁往杭州，“卖赋以糊其口”。

尽管他是由于在乡下生活难以为继才移往城市，但李渔内心并未因此而感到无奈，相反却满心欢喜。他的《辛卯元日》很直接地表达了这种心情：“又从今日始，重返少年场。过岁诸逋缓，行春百事忘。易衣游舞榭，借马系垂杨。肯为贫如洗，翻然失去狂。”②

(二)1650年以后：无奈之闲与忙里偷闲

李渔在杭州居住近10年，1662年移家江宁。1677年正月，举家迁回杭州。1680年，李渔69岁在杭州病逝。他最终在城市的喧闹中走完了人生的旅程，没有再回到山林。李渔追求享受，好谈闲情，但实际上，他的人生从“闲”字的不同角度来理解，呈现出一种有趣的矛盾，可以说既是“无奈之闲”，又“不得其闲”。

1.无奈之闲

此处“闲”取该字在用于价值评判时所持的“无用、与正事无关”之意。在中国古代，儒家思想几乎一直占据主流地位，学而优则仕，通过科举之途做官从政是所有读书人的生活理想和目标。在这个意义上，李渔是一个“闲人”，无论是在明朝还是清代，他始终没能跻身读书人入仕做官的正途，成为游离在外的边缘人。

晚明在思想上是一个解放的、自由的时期，也是一个士人普遍以审美态度面对日常生活的时代。一种思想风潮的形成，总是一定的社会文化土壤孕育的结果，并受到特定历史时期政治伦理、社会风尚等诸方面的影响。晚

---

① 李渔.山居杂咏[M]//李渔全集(第二卷)：笠翁一家言诗词集.杭州：浙江古籍出版，1991：89.
② 李渔.辛卯元日[M]//李渔全集(第二卷)：笠翁一家言诗词集.杭州：浙江古籍出版社，1991：88.

明士人如此普遍地以审美态度流连于现实人生，其下掩藏的是他们在现实社会中因各种阻碍、挫折而产生的痛苦得不到纾解，从而转向个人生活世界的小圈子，寻求释放与自我抚慰的无奈现实。

一直以来，晚明士人群体在各种研究中都被概括为放浪形骸、追求享乐的形象。形成这种现象的成因，固然与晚明城市经济发展、商人地位提高给晚明士人造成的身份认同的困惑，以及明代心学对传统思想造成的冲击有关，但更主要的是，晚明黑暗停滞的政治令士人走投无路。

明朝士人虽然不至于像元朝时那样沦落到“九儒十丐”的地步，但明代遇士甚酷。朱元璋时“贵溪儒士夏伯启叔侄断指不仕，苏州人才姚润、王谟被征不至，皆诛而籍其家”（《明史·刑法志二》），他甚至在刑书《大诰》中设置科目，明文规定“寰中士夫不为君用”，则“诛其身而没其家”。他重视士人的作用，但并不尊重他们的独立人格，一方面加以笼络利用，另一方面却施以高压。同时他深文周纳，制造了大量的文字冤案以树立绝对的皇权。士人无法再以独立的姿态对皇权、政事作出自己的评论。而明代政治从武宗一朝开始显现出黑暗腐败的迹象，党争激烈，宦官弄权，纲纪大坏，政局动荡，人人自危。“吏情物态，日巧一日；文网机阱，日深一日。”①在全身尚且不易的背景下，士“志于道”“以天下为已任”的理想几乎无从谈起。于是晚明士人从主观上，不得不放弃“得君行道”的奢望，淡化政治主体意识，远离国家大事，求全避祸，明哲保身。客观上，晚明科场壅塞，缺官不补，后又开捐纳之途，士人久困场屋，屡试不中，也无从入仕为官，参与政事。因此，晚明士人更多地成为游离于政治之外的“闲”人。

李渔的具体情况又有所不同。他在 1635 年中童子试，1639 年乡试不第，1642 年再次参加乡试，却在赴试途中因战乱而折返，1644 年明朝即告灭亡。事实上，李渔只能算是“士民”，处在“士”和“民”的交界点，他是士人阶层的最低层，虽然享有一定特权，但尚未有功名和官职在身。这个时候的他，还没有资格在官场上明哲保身，主动作出将自己置于“闲”处的选择。他

① 袁宏道，何湘潭，钱伯城，笺校．袁宏道集笺校［M］．上海：上海古籍出版社，1981：272.

更多的还是胸怀理想,想要施展自己的才华,实现自己的抱负。他一心想要走科举之路,然而晚明政治动荡、舞弊事件频发,客观现实使得他没有机会跻身官场,不得不成为一个彻底的"闲人"。

清朝建立之初,虽然很快恢复了科举制度,但政权的合法性得到天下认同尚需时日。儒家讲"忠君",对于奉行儒家文化的士人群体而言,他们既为前朝士人,再仕新朝便是不忠。与此同时,清代政权又是由满人所建立,传统的"内诸夏而外夷狄"的思想和民族优越感,又进一步强化了易代之初士人群体对清政权的反感与不认同。在这样的情形下,很多由明入清的士人都将自身认同为明代遗民而非清朝子民,拒绝在清朝为官从政。李渔虽然在明代就没能入仕,但自小受到儒家文化浸淫,加之满清统治者的残暴,都使得他不愿意再走科举之途,当清朝的官。他并不像真正的遗民那样旗帜鲜明地宣称自己忠于明朝,甚至宁可去当和尚或道士,以示自己不承认新朝的决心,但他也以不参加科举考试来维护自己的道德自觉。因此,在清代,李渔是主动选择了不走科举为官之途,作一个游离于主流文化之外的"闲人""山人"。

不管是在明末还是清初,主流文化所认同的读书人理当走科举之途为官从政。从这一意义上来讲,李渔始终是处在边缘的"闲人"。但这种"闲"的背后其实是有志难酬的无奈,是一种在有限选择中作出的取舍,这当中所包含的自由是非常有限的,所以说,李渔的"闲"是一种"无奈之闲"。他在为张诗宜像作的赞中写道:"不得志而娱情闺阁,固有似乎画眉之敞;使得志而殚心功业,焉知不作埋轮之纲?"[①]这其实也是李渔无奈的夫子自道。

2. 忙里偷闲

"闲"的另一层基本意义是"闲暇"。从这个层面上来看,李渔其实又不闲,他是一个忙人,他为生计奔波劳苦,经营世俗生活。但他在求得自我生存、完成个体再生产的同时,又努力地追求着从烟火人生中暂时抽离的闲暇与闲情,以超越自己的特性,成为一个个性的存在。

① 李渔. 张诗宜像赞[M]//李渔全集(第一卷):笠翁一家言文集. 杭州:浙江古籍出版社,1991:111.

尽管现代研究者通常将李渔作为晚明文人的一个典型代表，将他的生活美学著作《闲情偶寄》作为晚明闲赏美学文本的代表之作。事实上，认真分析李渔的生活境遇，对比《闲情偶寄》和晚明闲赏美学文本，不难发现，李渔之“闲”与晚明文人“闲赏”之“闲”有着极大差异。李渔之“闲”是忙里偷闲，是在经营世俗事务之中的短暂喘息；而晚明文人群体的“闲赏”却是“无事之闲”，追求的是绝俗、脱俗，与世俗事务相隔绝。

古代士人的人生正道有两条：进则仕，退则隐。明清时由于社会经济的发展，很多人家都有能力把孩子送去读书。进入仕途的门槛降低，使得很多人都往这条道上挤，社会中士人数量庞大，仕进甚难。士人地位尴尬，生命价值难以在仕途功名上得到确认和体现，加之商品经济冲击、社会变化剧烈引起他们对身份认同的焦虑，于是很多士人选择了“闲隐”一路。所谓“闲隐”，王鸿泰作了较清晰的解释：

如果“隐”相对于“仕”，反映出政治环境中（无论自愿或被迫）的抉择，“闲”则标识出对这种生活理想的性质的界定。此处的闲隐并非如传统生活那般，采取一种全然退出、逃离政治舞台与社会生活的姿态，或者让其生活处于一种极简单、朴实的层次。事实上，明清时期的闲隐生活，固有疏离政治参与的意识，但与其说这是主动断念后的决然撤离，不如说是因为个人的参政之途被阻塞，乃不得不另避人生出路，进而藉此蹊径，重新确认个人的生命价值。另一方面，在实际生活中，明清的闲隐生活，并非消极性地抗拒物质文化的发展，它不是简单地以“朴素”对抗“繁华”（或者以“原始”对抗“文明”），事实上，它是在发展一种“闲雅”的生活模式，创造出极为、丰富的生活形式及相关论述。它在建立一套新的生活美学，一种优“雅”的生活文化，且以此自我标榜，以此对抗世俗的世界，进而试图以此新的生活美学来参与社会文化的竞争，以此确认其社会地位，证实其存在的优越性。①

所以晚明文人群体的“闲隐”，更多的不是与仕途相对的“不为官”，而是

① 王鸿泰. 明清士人的生活经营与雅俗的辩证[EB/OL]. 美国哥伦比亚大学东亚系.（2002-10-25）. http://tci.ncl.edu.tw/cgi-bin/gs32/gsweb.cgi? o=dnclret&s=id=%22RF10001527001%22.&searchmode=basic&tcihsspage=tcisearch_opt2_search.

逃避实务经营以示“绝俗”的“不问事”。“显”是兼济天下，以天下苍生为己任，“隐”则独善其身，在财富功名之外，经营自己的个人生活空间、趣味与价值意义。而这种既“无虑现实”又不在山林的闲隐，需要有基本的生活来源和一定的经济基础作为保障，所以明清士人喜置田产，有了田产收租以后，才能既有稳定的经济来源，又不必亲力亲为，汲汲于俗务。

仆有饘粥之田，可取租四百余石，以其半赡城中妻孥，以其半为村中及舟中资粮。岁有银租近百金，以十分之二付城中妻孥作蔬具，以强半给予游玩度支。又沙市有一宅，社友苏直指曾诺以直，若得此，再治田数百亩。仆于穷人中，亦足以豪矣。支派既定，但饭来张口，有若神鸦，何俟仆仆更求人乎！①

袁小修虽自称穷人，但也自知“仆于穷人中，亦足以豪矣”。他拥有足够的生活资本，可以不事生产经营，不必“仆仆更求人”，能够保持自己内心的独立与完整。他的这种生活可以说是晚明闲赏美学的代表群体的典型生活方式。所以，晚明士人的闲赏美学追求的是一种静态的闲，“心无驰猎之劳，身无牵臂之役，避俗逃名，顺时安处。世称曰闲。”②“所谓闲者，不徇利，不求名，澹然无营，俯仰自足之谓也”③，这种闲往往远离一般性的社会活动场域；这种静态的闲，最大限度地脱离了社会价值系统，让生命、生活尽可能远离尘世纷扰，将之置于一种幽寂甚至孤绝的境地。

而李渔的“闲”显然与此有着本质的差异。他汲汲于利益，奔走于达官贵人之门，艰难地与盗版他作品的人作斗争，维护自己的权利和利益。“我亦牵牛星，终年苦行役。家隔数千里，欲归归不得。”“伤哉八口饥，驱之离家国。”④除了在山中避乱那几年，他的生活始终是嘈杂、忙碌的，他不光“仆仆更求人”，而且他所求的、所服务的，正是清高的士人群体所不屑的对象：达

① 袁中道．后汎凫记[M]//珂雪斋集．钱伯城，点校．上海：上海古籍出版社，1989：667.

② 高濂．燕闲清赏笺序[M]//遵生八笺．北京：人民卫生出版社，1993：502.

③ 谢肇淛．五杂组[M]．上海：上海书店出版社，2001：261.

④ 李渔．七夕感怀为何鸣九渡江作[M]//李渔全集(第二卷)：笠翁一家言诗词集．杭州：浙江古籍出版社，1991：17.

官显贵和普罗大众。他攀附那些权贵，从他们那里寻求资助，也借以提升自己的名气。而他的戏曲小说，都是写给普通人看的，他考虑他们的文化层次，重视他们的欣赏习惯，所以他填词独先结构，认为传奇是"昔人以代木铎，因愚夫愚妇识字知书者少，劝使为善，诫使勿恶，其道无由，故设此种文词，借优人说法与大众齐听"①。这两种人，都是晚明文人所要避之以示自己不流俗的。

所以，李渔的"闲"固然也有很多文人化的风雅内容，他自己也在《闲情偶寄》中提到"雅"，并批判"俗"，但其"雅"的性质与程度已经与晚明文人群体所尊奉的"雅"文化有了很大差距。中郎、小修之流的"闲"，是凡伯伦笔下"有闲阶级"的"闲"，可以与保存自我的努力完全无关，成为他们在主流价值崇尚的为官入仕之外，确认自身价值、寻求在社会上的地位的途径。对于他们来说，"'闲'并非生活里时间的剩余价值，却要细心去把握，仔细去珍视的"②，闲就是他们的生活。而对于李渔来说，他绝非一个真正意义上的"有闲阶级"，他必须担负起一大家子人的生活，为了谋生四处奔走。尽管他努力在不如意的人生中通过"闲情"来获得瞬间的超越，他的"闲情"渗透到日常生活的方方面面，但他的生活从总体上来说并非闲适惬意，"闲"之于他，正是"生活里时间的剩余价值"，是忙碌的烟火人生中的片刻偷闲。

第二节　李渔闲情美学形成的心理动因

美和美感都具有社会性。审美主体作为社会、历史的存在，其审美意识必然受到所处的时代、民族、阶级、社会政治经济状况、文化等多方面的影响，审美活动在具体的社会历史环境中展开，整个社会的政治状况、物质生产水平、文化氛围都会对具体的审美活动造成影响。与此同时，审美活动又受到审美主体个人的审美趣味、审美感知力和审美冲动的影响，体现出因人

① 李渔. 李渔全集(第三卷)：闲情偶寄. [M]. 杭州：浙江古籍出版社，1991：5.

② 毛文芳. 晚明闲赏美学[M]. 台北：学生书局，2000：36.

而异的个体性特征。李渔的闲情美学同样也是受到客观和主观、社会和个人两方面因素的影响与制约而形成的。

一、外部现实因素的影响

(一)国破家亡、人生失路带来的幻灭感

李渔一生写了很多喜剧,被埃里克·亨利(Eric Henry)[①]视为"也许是中国一个最有名的、专注于创作喜剧的剧作家"[②],后世研究者也多把他与著名的法国喜剧作家莫里哀相提并论,但李渔的一生,却是悲剧的一生。

李渔少有才名,名动乡里,"髫岁即著神颖之称,于诗赋古文词罔不优赡,每一振笔,漓漇风雨,倏忽千言。当途贵游与四方名硕,咸以得交笠翁为快。"[③]初入科场即中秀才,并获主考官浙江提学副使许豸大加赞赏,赞之为"五经童子"。彼时的李渔意气风发,自视甚高,尽管在接下来的乡试中铩羽而归,却并未因此而真正放弃自己的人生抱负。即使是在顺治初年清兵未至金华、兰溪时,他仍然胸怀理想,"谈说时务,欢然无所忤。时李子方少壮,为任侠,意气倾其坐人。"[④]他期望明朝能够复国,自己还能重新出仕为官,大展宏图。

1645 年 6 月到 1646 年 8 月,金华地区完成明清朝代更替。李渔亲眼见证了清军在江南进一步取得胜利和南明军队的节节败退,也目睹了明朝将

---

① 罗晓在华东师范大学 2009 年硕士论文《美国汉学界的李渔研究》中将 Eric Henry 之名译为"欧·亨利",这一译法在学术界并不常见,且容易引起误会,使人将之与另一位美国文坛巨擘欧·亨利相混淆,故本书从《李渔全集》第二十卷《现代国内外学者论文精选 李渔研究论著论述论文索引》中的译法,将其译为"埃里克·亨利"。

② HENRY E P. Chinese Amusement: the lively plays of Li Yü [M]. Hamden: The Shoe String Press, 1980:4.

③ 黄鹤山农.《玉搔头》序[M]//李渔. 李渔全集(第五卷):笠翁传奇十种(下). 杭州:浙江古籍出版社,1991:215.

④ 丁澎.《笠翁诗集》序[M]//李渔. 李渔全集(第二卷):笠翁一家言诗词集. 杭州:浙江古籍出版社,1991:3.

领复国无能，却对民众大肆烧杀抢掠，降清后又更加肆无忌惮地对这一地区加以破坏。李渔在明朝本来就处于精英阶层的边缘，从来没有真正参与过国家政治生活，担负起经世治国的重任，因此他对朝廷的归属感本来就不强。他经历动乱，看到明朝军队的无能与凶残，在对现实感到震惊的同时，也对明朝政权的正义性产生了怀疑，他对明朝的忠诚和儒家经世之道的信仰均遭受了重创。尽管并不能突破“忠臣不事二主”的观念限制，李渔也只是消极地不参与科举，不进入清朝的政治体系，却也并不参与反清复明的活动。

对于李渔来讲，这段时光是非常痛苦的、充满人生幻灭感的。李渔此前的人生有清晰的目标与方向，尽管科举之途坎坷，但李渔对自身的才华充满信心，因此在他自己的认知里，前途仍然是光明的，乡试失利不过是在实现理想的途中难以避免的波折而已。但是改朝换代令他的希望破灭了，人生突然失去了方向。原本他可以靠入仕为官来确认自己在社会中的位置，实现自己的人生价值。但现在这条路却断掉了。对于对自己有着很高期许的李渔而言，人生失路的现实令他的内心充满了彷徨、无助与焦虑感。

赵汀阳在《论可能生活》中曾经指出：“关于幸福的问题实际上是关于生活方式的问题，即需要研究的是，什么样的生活方式是有意义的。显然，有意义的生活必定引起幸福感。”①可以说，幸福感与人存在的意义息息相关，有了意义，才有了生命的充实感，才能感觉到自身的存在价值。李渔在明清鼎革之前，生活的意义就是读书做官，通过功业来实现自身的价值。而国破家亡的现实令他既丧失了原来一直追求的生活的意义，也丧失了满足生存需要的物质条件，从而在精神生活和物质生活两方面都经受着痛苦的煎熬。

儒家思想特别重视安身立命之道，李泽厚曾经把“立命”解释为“建立自己生命的意义”②。对于饱读诗书，从小就为了仕途积极准备，深受儒家思想影响的李渔而言，这种意义已经内化成一种发自内心的、近乎本能的要求。

① 赵汀阳. 论可能生活[M]. 北京：中国人民大学出版社，2010：20.

② 李泽厚. 实用理性与乐感文化[M]. 北京：生活·读书·新知三联书店，2008：97.

他不光要活在这世界上，还要寻找自身存在的价值，寻求生存和生活的意义。在《闲情偶寄》中，“李渔对生活的很多方面都观察入微，经过思虑，并能清晰地表达他的人生哲学，既重视生活的艺术，又强调幸福的原则。事实上，李渔试图为受战争折磨而理想破灭的一代人重新确定生活的意义。”[①]通过写作《闲情偶寄》，李渔一方面试图引导大众提升审美品味，从一味求新、盲目追逐时尚的歧路上回到对美的追求上来，另一方面他将自己在不如意的现实人生中寻找幸福的种种努力展示给世人，为普通人指明一条可行的幸福之路，那就是通过改变外在环境和内在心态，去超越外在环境对生存状态的制约，去实现平凡人追求的那种简单幸福。在这本书中，李渔通过自己的闲情美学，为自己确立了大众精神导师的地位。他适俗而不媚俗，却又绝对不脱俗。按照韩南的说法，这是李渔的“自我之书”，在这本书里，李渔展现出求乐求美的生活态度，那是他在经历时代巨变的阵痛之后，对人生意义何在的问题重新给出的答案。《闲情偶寄》是他个人重新理解生活的意义后的文字呈现，更是他确认自身存在的意义和价值的途径。

(二)社会生活同一性破碎造成的撕裂感

明代中后期，城市经济发展迅速，传统社会生活的同一性逐渐丧失，城市生活与乡村生活出现了断裂，以商业和消费为中心的城市开始有了与传统的以农耕文化为主导的社会生活截然不同的文化取向，浮华、游冶、奢靡等风气在城市中出现并弥漫开来。

与此同时，随着经济发展速度的加快，经济收入开始出现差别，由此出现阶层的分化，各阶层的生活同一性也开始瓦解。尽管当时时局尚未发生动荡，但社会生活内部已经发生了复杂的裂变。传统社会中，每个人的社会角色、地位具有相对的稳定性，而在社会变化剧烈的明朝中后期，这种相对稳定性被打破，各阶层的人都在重新寻找自己的定位。一方面士人群体受

---

① 张春树，骆雪伦. 明清时代之社会经济巨变与新文化：李渔时代的社会与文化及其“现代性”[M]. 王湘云，译. 上海：上海古籍出版社，2008：67.

到这种文化冲突和断裂的影响，身份地位和文化影响都受到经济地位的威胁，产生了严重的身份焦虑；另一方面士人群体内部的同一性也丧失了，随着经济收入的差别也出现了生活方式的分流，并由此产生了群体内部的分化。

由于有祖产或者通过仕进、经商、置产等途径而生活富裕的一部分士人，很快开始追随城市商贾和贵族喜奢华、爱享受的生活方式，另一部分经济状况较差的士人则艰难维生，生活困窘，还不得不眼睁睁地看着士人群体的文化影响力受到冲击，体会着士人群体的身份优越感丧失殆尽，从而面临更加强烈的身份焦虑。

面对生活世界的分裂，作为一般思想世界普遍接受的知识和原则，曾经在社会生活中居于统治地位的传统伦理规范渐渐失去了其有效性，原有的伦理同一性也被打破。但这种思想相对于现实的落后，往往需要较长的时间才能被普遍意识到。如果要建立起新的能够有效指导现实生活的思想，则需要更加漫长的一段时间。在新旧交替的这段时间里，士人群体作为文化的建设者、承载者和传播者，率先并且最为深沉地感受到这种思想世界与社会生活之间的冲突与断裂。“一些敏锐的士人却发现，在真实的社会生活中，知识无法解释各种异于往常的现象，思想无以回应秩序的种种变动，士人所拥有的资源无以诊断和疗救这种变化万端的国家与社会。这时出现的结果是，一面更高地倡导着拯救的理想主义，一面在实行极端的实用主义，思想与策略发生背离，却没有根本的药方。主流的知识、思想与信仰世界仍然在平庸和圆熟的套话与教条中延续。”[①]这种理想与现实、思想与策略之间的分裂，使士人们茫然无措，身心被撕扯、割裂开来，难以得到二者和谐的快乐与宁静。

这样的身心割裂感在以李渔为代表的士民身上体现得尤为突出。属于士人群体最底层的“士民”，准确地说，其实是处于“士”和“民”两个阶层的交

① 葛兆光．中国思想史(第二卷)：七世纪至十九世纪中国的知识、思想与信仰[M]．上海：复旦大学出版社，2007：295．

界处，是社会转型期阶层分化的结果。一方面，他们和“士”一样享有一定的特权，比如免除徭役等；另一方面，他们又尚未中举，离功成名就和取得官职尚有一定距离。“士民”或可上升为真正的“士”，或在现实意义上沦落为“民”。这样一种身份的变更可以同时从两种社会分层化标准的角度来完成：就身份地位而言，端看他是否能中举；就经济阶层而言，士民能否成为士，主要看其家庭经济状况是否允许他不为治生所苦，保持着士人生活方式的纯粹性。对于士民而言，一方面，从文化的角度来说，他们自我认同于“士”这一群体，但是现实中他们却过着“民”的生活；另一方面，从经济状况来看，他们实际上归属于“民”的群体，但心理上却又不能认同这一群体。尤其是到了清代以后，“忠臣不事二主”的价值观念使得他们通过仕进上升到士人群体的可能性彻底断绝。如何确认自己的身份，对于他们来说就更是一个焦灼、无奈却无法回避的问题。

“士”与“民”在文化上的冲突，在一定意义上表现为传统的社会伦理道德与新兴的市民文化之间的差异。士人群体是传统社会伦理道德的代表者和捍卫者，而在新的社会环境下，力量日益壮大的市民阶层在解决生活中遇到的问题时则往往将功利、实用的考量置于首位。李渔喜虚名，逐利益，打秋风，好享乐，而且这“乐”还并非高人韵士之雅乐，而是充满了世俗气息之乐。他尽管有着“士”的身份，却以“民”的方式去生活。正因如此，与李渔同时代的士人们，秉持着“士”的道德标准去审视他的生活，才会得出种种负面的评价。李渔站在“士”与“民”两个群体的交界点上，更深刻地感受着旧的伦理道德规范与新的现实社会生活之间的断裂与脱节。想要弥合这种社会同一性破碎所造成的撕裂感的欲望，成了他创作包括《闲情偶寄》在内的作品时的心理动因之一。

韩南曾经指出，李渔小说创作的一个重要手法就是“倒置”，即通过创作一些有悖“常识”的——主要是社会传统伦理规范的故事，来取得新人耳目的效果。由于韩南的《创造李渔》一书是基于李渔的“假自我”即刻意塑造的自我形象而立论的，所以他把这种颠覆视为一种为吸引受众而刻意求新颖的行为。但事实上，李渔本人也是非常重视创新的，他的闲情美学讲的正是发挥个人的主观能动性去美化生活，通过心态的转换，以“闲情”“慧眼”即与“旧”的日常思维不同的“新”的视角去观照身边世界。他的戏曲、小说中的“倒置”现象，一定意义上正是他对那些传统伦理道德无法解决的现实社会中新问题的呈现。他一方面呈现了这些问题，另一方面也诚实地面对这些问题，并没有站在道德的立场上对其加以鞭挞，也没有着力追求悲剧感的崇高。他的颠覆“其实是在努力推翻一些由于各种原因已经与现实不相符合的‘常识’。他在经验层面上修正人们的常识，虽然很有限而不能上升到形而上的理论层面，但这对普通民众确实是最受用的。”①他不是要批判现实，而是要教会人们顺应现实，这从他小说中的大段议论中不难见出。通过顺应现实，而不是固持那些已经不合时宜的“常识”，才能从那种社会同一性破碎所造成的撕裂与茫然中解脱出来。而这种顺应现实，如果说在他的戏曲、小说中体现为一种通过转换自己的心态去相对被动地顺应，在他的闲情美学中则体现出更强的能动色彩。不仅要通过转换心态去适应不如意的社会，更要以审美的眼光去欣赏现实生活世界，还要积极发挥自己的“智巧”，使身边的世界变得更美，从而能在外部社会的千变万化中，保持自己内心的和谐与愉悦，安顿好自己的心灵。

(三)心学思想带来的寻找自我的冲动

程朱理学在南宋后期开始由边缘走向中心，但与科举仕进之间形成制度化的链接，将这种原本自由的知识和思想转变为政治意识形态的，却是在元代。元仁宗皇庆年间，科举条制施行，朱熹的《四书章句集注》成为参考书，理学开始与政治权力相结合，向着权力话语转变。

到了明代，程朱理学“仍然是权力拥有者建立合法性和合理性的政治意识形态，也依然是一般士人用来与权力进行交换的知识”②，同时儒家思想尤其是理学知识和思想的世俗化程度也越来越高。程朱理学在日渐融入生

① 罗晓. 美国汉学界的李渔研究[D]. 上海：华东师范大学，2009：25.

② 葛兆光. 中国思想史(第二卷)：七世纪至十九世纪中国的知识、思想与信仰[M]. 上海：复旦大学出版社，2007：290.

活，成为一般思想界不加批判地普遍接受的“常识”的同时，也逐渐丧失其深刻的批评性，失去其自由的立场。科举中的士人往往为了高中而迎合统治者的立场，悬置了自身的独立思考能力，理学遂由思想的资源变成了应考的工具。由于思想边界被限定，士人的智慧也受到钳制，只能在划定的范围中讨生活，作训诂、考据、辞章之学，而越来越缺乏终极关怀和超越意识。

僵化的思想跟不上时代的脚步，更何况晚明是那样一个风云变幻的时期。思想与社会现实生活之间的断裂，使得士人们不得不在程朱理学之外试图寻求答案。而彼时思想资源相对封闭，虽然与外面的世界有着往来，却缺乏根本性的外来文化冲击，于是士人们只能在已有的、主流之外的边缘思想资源中去寻找新的“养料”。佛学、陆学遂重新吸引了士人的目光，由此导致心学的盛行和禅悦士风。而其中对整个时代影响最大的、最能回应现实问题的呼唤的，还是心学。

王阳明认为“程朱格物之说，不免求之于外”，他提出“心即理也。天下又有心外之事，心外之理乎”，把理学打成两截的“人欲”与“天理”重新连接起来，使“人心”与“道心”重新合而为一，要“念念致良知”，通过发掘内在心灵自有的灵明，达到道德提升和心思澄明的境界。他的本意是要当时的学人从关注对外在知识的机械追求，转到内心的自我反省上来。

王阳明的“良知”思想中已经包含了两种倾向，并且在他的两个学生那里得到发挥。一种是钱德洪所遵循的突出“知”的理路，承认心灵中有善恶两端，因此人们需通过修习，以“慎独”求“中和”，经“戒惧”求“良知”；另一种则是王畿所说的“心是有善无恶之心，则意亦是有善无恶之意，知亦是有善无恶之知，物亦是有善无恶之物”，彰显“良”的角度。正是因为突出心意之物皆是“有善无恶”，取消了世俗道德中必须存在的是非，所以很容易使人将心灵的一切思想活动都合理化，从自由走向放纵。而这后一种理路，由于正好契合了明朝中后期物质繁荣对人们欲望的刺激，也更彻底地颠覆了束缚人们已久的僵化、苍白的程朱理学，更有利于人们从理学的压抑与约束下解放出来，所以很快便风靡开来。

王畿、王艮以及以“泰州学派”为代表的传人，迅速成了王学的代表，吸引了大批士人，以至于"以后的很多王学极端主义学人，无论是否出自这二王的门下，但都以对当时遵奉的历史传统与社会秩序的抨击和瓦解为目标，他们把俗人与圣人、日常生活与理想境界、世俗情欲与心灵本体彼此打通，肯定日常生活与世俗情人的合理性，把心灵的自然状态当成终极的理想状态，也把世俗民众本身当成圣贤，肯定人的存在价值和生活意义"①。百姓日常生活因此被赋予了正当性。"圣人之道无异于百姓日用"，天性之体不在别处，就在日常生活中，因此所谓的超越也就失去了原有的意义，"心即理"被放大成为心中一切皆为合理，从而取消了善恶、规则的边界。失去了外部"理"的约束，心走向了自我放任，人为心灵的放纵找到了借口，走上随心所欲的自然主义道路。

外在、统一的规范"天理"失去了束缚能力，在心学影响下，士人们返身以求，将目光投向自己的内心。个体存在由此凸显出来，私心得到承认，个人欲望的存在也有了正当的理由。"人尽如此，我亦如此，公亦如此。自朝至暮，自有知识以至今日，均之耕田而求食，买地而求种，架屋而求安，读书而求科第，居官而求尊显，博求风水以求福荫子孙。种种日用，皆为自己身家计虑，无一厘为人谋者。"②道德的约束力被消解，所重者唯在一个"真"字，"市井小夫，身履是事，口便说是事，作生意者但说生意，力田作者但说力田。凿凿有味，真有德之言，令人听之忘厌倦矣。"③"人心妙万物而不测者也。性如明珠，原无尘染。有何睹闻？着何戒慎？平时只是率性，所行纯任自然，便谓之道。"④既然"满街皆圣人""即心即佛，人人是佛"，那么外在的伦理道德准则就失去了意义，彼岸的终极意义也失去了其地位。

士人们一方面在心学思想的浸润中得到了解放，发现了个体的自我，另一方面也因此而更加局促地感受到自我内心的冲突，以及自我与社会的冲突。他们内心更加强烈地感受到自我的存在，在现有的社会体系中却又难

① 葛兆光.中国思想史(第二卷)：七世纪至十九世纪中国的知识、思想与信仰[M].上海：复旦大学出版社，2007：317.

② 李贽.焚书·续焚书[M].北京：中华书局，2009：30.

③ 李贽.焚书·续焚书[M].北京：中华书局，2009：30.

④ 黄宗羲.明儒学案[M].台北：明文书局，1991：703.

以确认自己的地位、身份与角色，于是急需一个合适的途径去纾解内心的这种冲突与矛盾，以及因此产生的躁动不安的情绪，也需要通过一个合适的途径在体制之外去确认自己的存在。晚明士人往往寄情生活审美，通过对一种文人化的生活艺术的建构，来完成自己的自我认同。晚明小品文运动及小品文中反映出来的晚明文人闲赏美学，正是晚明精英阶层文人群体情感的自我表现，他们通过展示自身风雅、脱俗的审美趣味划分出与市民阶层之间的"楚河汉界"，以彰显文化优越性的方式来捍卫士人群体的身份和地位。

李渔作为士人群体最底层的一员，处于精英阶层与平民阶层的夹缝之间，他所承载的这种冲突与撕扯就更加强烈。"三袁"、屠长卿等人还可以保留文人的清骨，流连生活之美，清心乐志，寻得内心的宁静。而李渔却面临沉重的生活压力，无法拥有这样的悠然与闲适，甚至连"清骨"这道文人确认自身存在价值的最后防线也不得不丧失，"朝扣富儿门，暮随肥马尘。残杯与冷炙，到处潜悲辛"①。因此，他内心分裂的程度、其痛苦与无奈，也就更加深重。他同样也需要自我认同，并将这种认同后的自我展现给世人。李渔非但无意划出自己和大众之间的鸿沟，反而力图引导大众提升审美品位，过上自己那种既不脱离烟火人生，又有一定审美情趣的生活。他更多地将自己归属于市民群体，同时适俗而不媚俗，不流俗却也不脱俗，塑造出自己大众鉴赏家和大众引导者的形象。

二、内在需要的驱动

审美是人的一种内在需要。生命对美的冲动与渴求与生俱来，"审美经验揭示了人类与世界的最深刻和亲密的关系，他需要美，是因为他需要感到他存在于世界。"②在审美当中，人摆脱了实用、功利的目的与现实条件的束缚，获得了心灵的自由。当人处在实用、功利的现实考量之中时，他与世界

① 杜甫. 奉赠韦左丞丈二十二韵[M]//钱谦益. 钱注杜诗. 上海：上海古籍出版社，1979：1.

② 杜夫海纳. 美学与哲学[M]. 孙非，译. 北京：中国社会科学出版社，1985：3.

之间隔着“目的”，他为这目的所制约，始终是不自由的；当人以审美的眼光去看世界时，人与万物融为一体，水流花开，自在圆成，人超越了分别智，超越了主客二分的“寻常看待事物的方法”，获得了审美的解放与愉悦。

审美活动既是个体的精神活动，又是人类的文化活动。个人的审美趣味、审美能力以及主动、自觉的审美追求，既受到个体审美天资的影响，又受到个体所处的社会文化环境的影响，因而呈现出个体性的差异。每个人的家庭出身、阶级地位、文化教养、社会职业、生活方式、人生阅历等，都会影响到他审美能力、审美趣味和审美冲动。

对于李渔而言，其闲情美学的形成，既是其作为一个普遍意义上的个体所拥有的生理本能层面的自发性审美需要，更是其作为一个拥有浓厚文化底蕴、卓绝审美天资和独到审美情趣的特殊意义上的个体对美的自觉追求与渴望，以及对这种自觉追求与渴望的积累与总结。

（一）纾解现实人生的沉重

审美是人生的避难所，“在这个王国里，审美的创造冲动给人卸去了一切关系的枷锁，使人摆脱了一切称为强制的东西，不论这些强制是身体的，还是道德的”[①]。对于李渔来说，现实生活中充满了有志难伸的无奈、入不敷出的苦恼、不得不收起傲骨和游走于达官贵人之门的悲哀。现实人生如此沉重，唯有在审美活动之中，他才能摆脱现实的种种羁绊，获得短暂的宁静与自由；唯有在审美中，他才能淡忘人生的沉重，得到真正的快乐与慰藉。

予生忧患之中，处落魄之境，自幼至长，自长至老，总无一刻舒眉，惟于制曲填词之顷，非但郁藉以舒，愠为之解，且尝僭作两间最乐之人，觉富贵荣华，其受用不过如此，未有真境之为所欲为，能出幻境纵横之上者：我欲做官，则顷刻之间便臻荣贵；我欲致仕，则转盼之际又入山林；我欲作人间才子，即为杜甫、李白之后身；我欲娶绝代佳人，即作王嫱、西施之元配；我欲成仙作佛，则西天蓬岛即在砚池笔架之前；我欲尽孝输忠，则君治亲年，可跻

① 席勒.审美教育书简[M].张玉能，译.南京：译林出版社，2009：95.

尧、舜、彭篯之上。[①]

《闲情偶寄》中的这一段话，虽然是讲在文艺创作中作者可以尽情展开想象，这种想象能够跨越现实条件的限制，达到随心所欲的地步，但事实上，这也从另一个侧面反映出在审美过程中，李渔摆脱了现实的一切束缚，从一切物质的和精神的强迫中解放出来。“唯有美才会使全世界幸福，而且每个人，只要他体验到了美的魔力，他也就会忘掉自己的局限。”[②]

对李渔来说，审美既是他忘掉自己个体生命局限的温柔乡，又是他努力突破物质困乏、经济拮据的限制，提升人生幸福感的有效途径。他一直致力于在自己所拥有的有限资源之中，在不美好的生活中，通过自身努力经营来求得生活之美。所以他的闲情审美对象不同于晚明文人群体的闲赏审美对象。

晚明文人追求的是一种静观、绝俗的优雅之美，带有很强的精英主义色彩。在“极山水之致”与韵绝雅洁的居处环境中，莳花、种竹、赋诗、听曲、焚香、啜茗、弹琴、取乐鱼鸟、评古董真赝、论山水佳恶，得暇即出游。“凡观寺丘墅有泉石花竹者靡不游，人家有美酒鸣琴者靡不过，有图书歌舞者靡不观。”持着书癖观书，秉着诗肠读诗，遇酒则留连酒乡，舟中看月，江上闲步，花下清尊，灯下雅谑，无时不可，无处不在地过着“闲隐游赏”“览听流玩”的优雅生活。[③] “他们将‘闲雅稽古好古之学’与‘长物’学，进一步与‘焚香、鼓琴、栽花、种竹’等雅事连成一起，整合为一种清心乐志的审美生活观，这种审美的生活观景以古董的欣赏与怀想为主，进一步延伸构筑成具有古典意蕴的优雅生活。”[④]他们是从不如意的现实人生中彻底逃到闲赏的审美生活中去。

而李渔却始终不离现实人生，他的审美对象并非“闲雅好古稽古之学”“焚香、鼓琴、栽花、种竹”等“清玩”“雅事”，而是努力在世俗的生活中通过自

① 李渔.李渔全集(第三卷):闲情偶寄.[M].杭州:浙江古籍出版社,1991:47.
② 席勒.审美教育书简[M].张玉能,译.南京:译林出版社,2009:96.
③ 毛文芳.晚明闲赏美学[M].台北:学生书局,2000:62-63.
④ 毛文芳.晚明闲赏美学[M].台北:学生书局,2000:66.

己的闲情，通过摆脱日常生活中的重复性思维，从实用态度向审美态度转变，充分发挥自己的主观能动性，将烟火人生从无奈的自在状态提升到自由的自为状态。对于他来说，审美并非面对苦难的被动逃避，不是躲在审美的迷梦里以避开残酷的现实，而是要借着自己的慧心，用审美去提升和改善不美好的生活，积极地面对生活，享受生活，努力地从痛苦中绽放出灿烂的花朵来。他的一部《闲情偶寄》，主要讲的是平凡人家日常生活中如何去寻求美。“是集惟《演习》《声容》二种，为显者陶情之事，欲俭不能，然亦节去靡费之半；其余如《居室》《器玩》《饮馔》《种植》《颐养》诸部，皆寓节俭于制度之中，黜奢靡于绳墨之外，富有天下者可行，贫无卓锥者亦可行。盖缘身处极贫之地，知物力之最艰，谬谓天下之贫皆同于我，我所不欲，勿施于人，故不觉其言之似吝也。然靡荡世风，或反因之有裨。”[①]“凡予所言，皆属价廉工省之事，即有所费，亦不及雕镂粉藻之百一。且古语云：‘耕当问奴，织当访婢。’予贫士也，仅识寒酸之事。欲示富贵，而以绮丽胜人，则有从前之旧制在。”[②]“凡人制物，务使人人可备，家家可用，始为布帛菽粟之才，否则售冕旒而沽玉食，难乎其为购者矣。故予所言，务舍高远而求卑近。”[③]他的闲情美学是指导大众如何改变外在环境，超越外在环境对人的生存的制约，通过自己的巧心、慧眼，增强生活的幸福感，因而比起晚明文人群体的闲赏美学而言，更具有现实意义和大众性。

(二)弥合分裂的身心

我们不应该简单地把李渔的闲情美学看成他逃避人生无奈的副产品。事实上，审美的沉醉使人暂时忘却现实的种种烦恼，这只是审美的表层功能。审美一个更重要的功能是，它能使人分裂的内心得到和谐，从而获得身心的完整与圆满。“人不仅有物质的需求，而且有精神的需求。这是人性的完满性。……精神的需求也是多方面的，其中一个重要方面就是人要真正

---

① 李渔．李渔全集(第三卷)：闲情偶寄[M]．杭州：浙江古籍出版社，1991：2.
② 李渔．李渔全集(第三卷)：闲情偶寄[M]．杭州：浙江古籍出版社，1991：157.
③ 李渔．李渔全集(第三卷)：闲情偶寄[M]．杭州：浙江古籍出版社，1991：202.

感受到自己活在这个世界上是有意思的、有味道的。这就是蔡元培说的人在保持生存之外还要‘享受人生’。这个享受不是物质享受,而是精神享受,是精神的满足,精神的愉悦。审美活动给予人的正是这种精神享受。由于审美活动的核心是审美意象(广义的美,即席勒说的‘活的形象’)的生成,所以审美活动可以使摆脱实用功利的和理性逻辑的束缚,获得一种精神的自由。审美活动又可以使人超越个体生命的有限存在和有限意义,获得一种精神的解放。这种自由和解放使人得到一种欢乐,一种享受,因为它使人回到万物一体的精神家园,从而感到自己是一个真正的人。”①李渔作为士民群体的一员,从经济基础上来讲属于市民阶层,不得不为了维持生计而蝇营狗苟;但在内心的伦理、道德等价值观念上,终究无法摆脱士人的文化身份属性的影响,曾经接受过的儒家正统教育使他无法从内心深处毫无芥蒂地接受自己的选择,所以他在1675年送长子将舒、次子将开赴严陵应清朝科举童子试,路过严陵钓台时,才会有词如下:

过严陵,钓台咫尺难登。为舟师,计程遥发,不容先辈留行。仰高山,形容自愧;俯流水,面目堪憎。同执纶竿,共披蓑笠,君名何重我何轻?不自量,将身高比,才识敬先生。相去远,君辞厚禄,我钓虚名。

“再批评,一生友道,高卑已隔千层。君全交未攀衮冕,我累友不恕簪缨。终日抽风,只愁戴月,司天谁奏客为星?美尔足加帝腹,太史受虚惊。知他日,再过此地,有目羞瞠。”②

词中不难见出,李渔内心深处还是推崇、赞同严光不攀衮冕、隐居山林的高士行为,并对自己钓虚名、打秋风、附高门的行为感到羞愧。

美国社会学家乔治·赫伯特·米德(George Herbert Mead)提出社会角色理论,认为生活在社会中的人会在不同的情况下扮演不同的社会角色,他曾经根据角色的存在形式将角色分为理想角色、领悟角色和实践角色。理

① 叶朗. 美学原理[M]. 北京:北京大学出版社,2009:405.

② 李渔. 多丽·过子陵钓台[M]//李渔全集(第二卷):笠翁一家言诗词集. 杭州:浙江古籍出版社,1991:494.

想角色又称期望角色，其意为角色行为的理想化模式。领悟角色，是指人们在理想角色的基础上形成的观念中的角色模式。实践角色，指人表现出的实际行为。[①] 李渔的理想角色是不慕名利、不屑虚名、清高脱俗的传统士人，但他的实践角色践行的却是为了养家糊口，不得不放下自尊，周旋逢迎甚至巴结攀附的市民生活模式。生活在社会转折时代的李渔，备感身心分裂的无奈与痛苦。而这种身心撕裂的尖锐痛苦对他的心理造成了很大的伤害。

根据西格蒙特·弗洛伊德(Sigmund Freud)的人格理论，人格分为超我、自我和本我(即下文引文中所说的“伊底”)三个层次。本我奉行唯乐原则(the pleasure principle)，听从欲望的差遣。自我奉行唯实原则(the reality principle)，协调本能要求与现实社会要求之间的不平衡，对本我的本能活动进行调节和压制，使其不与现实社会的要求相悖，以免产生痛苦与不愉快。然而一旦条件许可，仍然会选择快乐。自我必须尽力调和外界、本我与超我之间的主张和要求，一旦自我无力调和三者，就导致焦虑(anxiety)。超我包括良心、道德律令和自我理想，是“一切道德限制的代表，是追求完美的冲动或人类生活的较高尚行动的主体”[②]。它奉行道德原则，“规定了行为的常模，不管伊底和外界来了何种困难；假使不照着这些常模做，它便惩罚自我，使它产生紧张的情绪，表现为自卑及罪恶之感。”[③]良心与道德律令压制本能，自我理想则将本能的能量全部转移到对至善至美事物的追求上。

尽管弗洛伊德认为艺术家的创作是将他们受压抑的本能以升华的形式宣泄和释放出来，将文艺的功能简单地总结为对受压抑的欲望的一种补偿作用，但他的人格理论却对我们理解审美对于身心分裂的疗救作用很有启发。在审美的过程中，超我施加于自我之上的责难，本能欲望带给自我的压力，都能得到很好的调和与纾解。人能够经此化解自我认同与不认同之间的界限与障碍，在内心整合自我的意识，令心灵走向协调、健康，取得情绪的

① 焦阳. 复合的角色与分裂的人格——刍议当代背景下人格分裂、身心分离现象[J]. 四川戏剧，2011(3)：95-98.

② 弗洛伊德. 精神分析引论新编[M]. 高觉敷，译. 北京：商务印书馆，1987：52.

③ 弗洛伊德. 精神分析引论新编[M]. 高觉敷，译. 北京：商务印书馆，1987：61.

升华、内心的平衡及精神的超越。可以说，审美之于李渔，最大的效益正在于此。通过审美，他超越了自然、功利和道德的境界，而进入审美的自由境界。而他的闲情美学，正是在他感受到审美对于人性完满的神奇效力后，一种下意识的对这种审美经验的总结与概括。他曾经由此感受幸福，便也想将此道推演开来，惠及他人。这实际上也是他基于士的文化身份属性，试图教化天下的一种知识分子的担当，是他完成自我身份建构的手段与途径之一。

(三)完成自我身份的建构

对于李渔来说，除了审美可以让他暂时从现实人生的狼狈当中解脱出来，在生活的重负下得到心灵的慰藉与愉悦，并使身心冲突得到缓解之外，其闲情美学的作用，还有一个更重要的方面，就是让他确认自身的价值，完成自我身份的建构。

儒家有"太上有立德，其次有立功，其次有立言，虽久不废，此之谓不朽"(《左传・襄公十四年》)的"三不朽"说。对于李渔而言，既已弃儒就商，又游走高门，做清客帮闲，"立德"便成奢望；明清易代，旧臣不仕新朝，"立功"也成泡影；余下便只剩"立言"一道，这不仅关乎李渔的生计，更关乎他能否在社会价值体系中确立自己的位置，这一点对于怀才不遇、空负壮志的李渔来说尤为重要。从他 1647 年所作诗"著述年来少，应惭没世称。岂无身后句，难向目前誊。骨立先成鹤，头髡已类僧。每逢除夕酒，感叹易为增"[①]中，不难看出李渔已经明白，对于他来说，要想不辜负自己的才华，在世上留下自己的声名，唯有著书立说一途。李渔尽管自称"终日抽风，只愁戴月"，实际上他的主业始终是写作与编辑出版。通过写作，他塑造了自己的文人形象，他以创作戏曲、小说等通俗文学作品而闻名，并借此谋取利润，养家糊口；同时他也写作了纵论史事、直抒己见的《笠翁论古》，畅谈自己填词心得、见解

① 李渔. 丁亥守岁[M]// 李渔全集(第二卷)：笠翁一家言诗词集. 杭州：浙江古籍出版社，1991：103.

的《窥词管见》，并编辑出版了诸如《古今史略》《资治新书》等以历史、政治为主题的作品。此外，他还有《千古奇闻》这样的具有强烈道德教化色彩的关于妇女的历史读物，品位高雅的《尺牍初征》，普及声律的蒙童教材《笠翁对韵》，和《芥子园画传》这样至今仍在专业领域被尊为经典的传世之作。

总体而言，李渔的写作是立言以求不朽，那么具体到《闲情偶寄》的写作，或者说李渔闲情美学思想的建构与表达，则更多地体现出晚明以来士民群体身份的迷失，以及他们想要走出这种迷失，建构我群身份认同的努力。

前面曾经说过，明代中后期，古代中国在封建农业社会背景下人人各守其分、各得其宜的身份等级与地位认同制度受到经济力量的冲击，社会秩序和精英阶层的身份制度被动摇。自马克思·韦伯(Max Weber)以来的社会学传统，认为“经济阶层”(economic class)并不只是社会分层化(social stratification)的唯一衡量标准；而通过教育或文化建立起威望的“地位群体”(status group)，他们的特权具体化在法律与经济上，在近代早期的社会里，这类群体比经济阶层来得更为重要。[①] 到了明代中后期，两种衡量社会阶层高低的标准并存，经济实力正在迅速取代文化影响，成为影响社会分层的更有力的标准。

突出的表现就是当时士商相混，商人可以“以赀得官”，而且门槛极低，“近年补官之价甚廉，不分良贱，纳银四十两，即得冠带，称义官。且任差遣，因缘为奸利。故皂隶、奴仆、乞丐、无赖之徒，皆轻资假贷以纳，凡僭拟豪横之事，皆其所为。”[②]

除了以财富谋求提升政治地位以外，时人还争相通过仿效上级阶层的消费行为彰显自己的身份，“右族以侈靡争雄长，燕穷水陆，宇尽雕镂，臧获多至千指，厮养舆服至陵轹士类”[③]。

不光商人阶层，甚至市井小民的政治地位、社会地位都可能因财富而获得提升；即使是没有财力改变自身地位的普通平民，因为追逐时尚、附庸风

① 巫仁恕.品味奢华:晚明的消费社会与士大夫[M].台北:联经出版公司,2007:18.
② 王锜.寓圃杂记[M].北京:中华书局,1984:40.
③ 巫仁恕.品位奢华:晚明的消费社会与士大夫[M].台北:联经出版公司,2007:57.

雅，在服饰、言说方式等外在表现上与文人的距离也越来越小。明代初期等级森严的服制到了永乐以后已形同虚设，明代中后期服饰上的僭礼越分是常事。象征天地之方圆的方巾、峨冠本是士绅服饰，在晚明时却出现了“满城文运转，遍地是方巾”的现象，“下至台舆厮役之贱，俨然周弁章甫之华”。[①]市井小民不仅穿得像士人，言语方式也着意效仿。据《万历野获编》记载，小唱解释他们被逐的原因时，说的是“敝道中人人修洁，无奈新进言官风闻言事，以致被逐出城待罪，今公论已明矣”。原本身为士人而同榜第，方可称“年兄弟”，但晚明时宦官也以选入内廷的时间，而以“年兄”“年弟”互称，甚至还与同一年登科的士人以“同年”相称，令其“惭怒无策，竟以计避之”。教坊小姬说起家人入宫充乐工之事时，讲的也是“若遇内廷大朝会时，即奴家辈，亦率敝同寅走马待漏，赞襄大礼，无刻不在天颜左右也”，令作者沈德符听后“俯首胡卢不能已”。[②]

与此同时，绝大多数文人却因为科举壅塞，难以靠文化取得政治地位。既然不能入仕做官，又不善耕种，往往只能依托祖产度日，或者靠经商来维生。对于受儒家文化浸淫最深的他们而言，弃儒就商，既是一种身份和地位的下降，同时也造成了理想角色与现实角色之间的分裂。服饰时尚、言说方式上的模仿、僭拟之风，又使得他们失去了作为地位群体的外在标志，“冠服所以章身”的效用已然失去，这又进一步加强了他们的身份焦虑与认同危机。

巫仁恕曾经分析指出，晚明时流行服饰“有不少是士大夫，尤其是下层士人积极地、刻意地创造新的服饰时尚”[③]，“士人在面对其他社会阶层争相模仿其服饰的情形下，使原有社会身份与地位的象征渐受挑战下，于是便开始更积极地重新塑造自己的形象。他们不断更新自己的衣冠装饰，以取代原有官方的服制。”[④]之前的礼制是以一整套规范来从法律法规上“明尊卑、

---

① 陈宝良. 明代社会生活史[M]. 北京：中国社会科学出版社，2004：202.

② 沈德符. 万历野获编[M]. 北京：中华书局，1959：676-677.

③ 巫仁恕. 品味奢华：晚明的消费社会与士大夫[M]. 台北：联经出版公司，2007：138.

④ 巫仁恕. 品味奢华：晚明的消费社会与士大夫[M]. 台北：联经出版公司，2007：155.

别贵贱”,冠服制度是其中重要的区别社会等级的方式。当这种人为的规定在商品经济发展、人的欲望膨胀的情况下失去其约束效力时,士人们就自己设计不同于社会其他人群的服饰,以突出自身的独特地位。这实际上是从文化、品位的角度来表示身份,区别等级,重塑自我形象,寻求自我身份认同,努力确认自己的地位。晚明文人不事生产、无关实际的闲赏美学是如此。李渔的闲情美学,则是这种心态的另一种表现与反映。

对于李渔来讲,要完成自我身份的构建,首先得让他自身的身心分裂作出合理的解释。一方面,李渔久负才名,社会和他本人都对他期以非仕则隐的、标准的传统士大夫的理想角色;现实中,李渔却不得不为了生计从事经营,让姬妾组成家班娱乐他人,为高门贵族作帮闲,走着与传统文人身份严重不符,为士林所不齿的一条路。面对士人他是自卑的,面对没有文化的普通市民他又有一种优越感。在文人的价值理想与市民的生活现实之间,他如何构建自我,又在何处安放他的自我?

过去我们常常将“自我”理解为一种在成年后相对固定的角色。但事实上,当代人格心理学研究中,客体关系理论学家已经提出了多个自我观点。依照心理学家希金斯(E. Troy Higgins)的观点,人的自我可以分为真实自我、理想自我与应该自我①。当真实自我与理想自我之间不能统一时,就会导致长期的失望和不满。而根据另一位当代研究者罗伊·鲍迈斯特(Roy Baumeister)的观点,人类许多“寻找自己”的事件,其实就是追求有意义生活的伪装。我们的能力是自我(或者说意义)最恰当的定义:寻找目标,朝目标努力,调整行为,获得自尊感。② 结合上述理论来分析李渔的遭遇,不难看出真实自我与理想自我分裂后,他内心的撕裂感,以及他想要弥合这种分裂,同时重新构建完整自我的心理动因。

审美可以弥合李渔内心的分裂,但不能平息他内心的冲突与自责,他必

① 弗里德曼,舒斯塔克. 人格心理学:经典理论和当代研究[M]. 许燕,王芳,等,译. 北京:机械工业出版社,2016:117.

② 弗里德曼,舒斯塔克. 人格心理学:经典理论和当代研究[M]. 许燕,王芳,等,译. 北京:机械工业出版社,2016:117-118.

须重新调整自己的理想自我，让世人更让自己认同他的自我身份构建。他既不可能回避他的市民生活，同时也不甘于泯然众生，最终，他以自己的才华、性情，给出了自己的答案：他要向自己和世人证明，即使他过着市民的日子，但他仍然有着士人的情怀，且有士人的担当。即使是市民的烟火人生，他也要过出士人的文化情趣来，并且以知识分子的担当，去向普罗大众普及生活中应有的态度、趣味和方式，以另一种方式推行教化，完成“士以天下为己任”的使命。

前面说过，市民审美趣味主要体现在市民阶层的日常生活中。作为市民阶层总体而言，可以说日常生活就是他们生活的整个场域。他们更多的是被各种欲望驱使，自发和自在地存在、生活着，为日常生活的惯性推动着往前，重复性思维、重复性实践、实用主义在他们的生活中占据着绝对重要的地位，反思的自觉存在对于他们来说几乎是不可能的事情。李渔通过自己的闲情美学，一方面，向自身确认并向世人展示，自己并非一介俗人，他具有文人的品位与情趣；另一方面，他也要借《闲情偶寄》一书的推行，履行士人教化天下的责任。

明代心学思想流行，王艮曾经提出过一个有名的观点：“大丈夫存不忍之心，而天地万物依于己，故出则必为帝王师，处则必为天下万世师，不为帝者师，失其本矣，处不为天下万世师，遗其末矣。”李渔一方面把著书立说当成赢得身前身后名的手段，另一方面也是要通过《闲情偶寄》一书，传播自己的生活美学思想，引导普通市民在生活中经营与追求美。他以这样的方式证明自己虽“处”而“为天下万世师”，虽然有清客帮闲的行为，但还不失为一个“大丈夫”“雅人”。

通过《闲情偶寄》，李渔建构的是一个引导大众、规正风俗、“为天下师”的士人“大丈夫”形象。在《闲情偶寄》中，他这样介绍自己的创作初衷：“风俗之靡，日甚一日。究其日甚之故，则以喜新而尚异也。新异不诡于法，但须新之有道，异之有方。有道有方，总期不失情理之正。以索隐行怪之俗，而责其全返中庸，必不得之数也。不若以有道之新，易无道之新，以有方之异变无方之异，庶彼乐于从事，而吾点缀太平之念为不虚矣。是集所载，皆极新、极异之谈，然无一不轨于正道，其可告无罪于世者此耳。”[①]李渔在这里谈到风俗之靡，并指出其弊不在“喜新而尚异”，而在于离开基本的准则，盲目求新求异，所以他的结论是理当喜新尚异，但应有道有方。那么什么是他所说的“道”“方”——基本准则呢？李渔提出了“情理之正”。这个情理，主要是指相衬、得体、适宜，强调的是一种协调的美感。《闲情偶寄》正是感于时人盲目追逐时髦，一味求新，却不顾所求是否与自己相宜，是否适合自己，所以要导人以“有道之新”“有方之异”，也就是要将世人对生活品质的追求，由肤浅而偏离本质的“喜新”“尚异”，导向对有品格、符合自己的“新”“异”的讲求上面来，从而在本质上实现生活质量的提高，增添生活的舒适度、愉悦感，而不是停留在对物的庸俗追逐上。可以说李渔做的就是要通过教导大众如何在日常生活中追求美，提升他们的审美品格和生活品质，而最终起到“规正风俗”的作用。正如他在《闲情偶寄》的“凡例·一期警惕人心”中说的“风俗之靡，犹于人心之坏，正俗必先正心”[②]。这并不完全是他往自己脸上贴金，或者如以往许多研究者所认为那样，是他为《闲情偶寄》这样一部教人得乐之书寻找一些伦理道德上的立足之处，而是他确实寄望于自己的作品能实现这样的“正心正俗”的作用，也反映出他试图构建的自我身份。

同时，李渔通过自己的闲情美学，还要构建一个“雅人”的形象，强化自己身上的文雅色彩，突出自己的文化属性。李渔在《闲情偶寄》里教人求美、得乐，将自己追求适体、适心的毕生心得公之于众，但这些明显能提升人们生活质量、具有市场销路的器物设计，除了笺简之外，李渔却并不直接参与生产经营。柯平在《都是性灵食色：明清文人生活考》中曾说，李渔发明的暖椅，“东西确实是好东西，加上造价低廉，如果能够批量生产投放市场，所获得收益，想必要比他为赚钱而编的那些乱七八糟的杂书强多了。然而遗憾的是，17 世纪中叶的中国还远不是一个商品社会。因此，尽管他具有超众的经商头脑，也只能在书房窗下搁着，暴殄天物，而无法让它在南京乃至全国

① 李渔. 李渔全集(第三卷)：闲情偶寄[M]. 杭州：浙江古籍出版社，1991：2.
② 李渔. 李渔全集(第三卷)：闲情偶寄[M]. 杭州：浙江古籍出版社，1991：2.

的各大商场里卖疯卖火。"[①]这种说法显然与历史不符,事实上从各种明清史料中不难见出,明代中后期商业已经十分发达,甚至开始出现流行时尚,一些研究者甚至认为,当时中国社会已经具有了消费社会的特征。彼时名人效应也已经开始在商品消费中显现,陈继儒的眉公糕、眉公布、眉公椅、眉公巾乃至眉公马桶在当时流传一时。以李渔当时的名气,若果真要批量生产自己设计的诸如凉机、暖椅、笠翁香印等,不怕不大卖。

之所以不这样做,背后有着耐人寻味的心理因素。不是因为当时不是商品社会,而是李渔的内心仍然是以文人自许的,他更看重自己的文化属性。尽管为了生计放下自尊,叩门随马,但他心底总还有一些文人的矜持,就算从商做的也是文化生意。设计、创造这些器物是文人的趣味,无伤大雅,但如果自己制售,则是彻头彻尾将自己降为商贾、百工之流了。所以,在自己的创造中,他只将笺简投入生产、经营,做了韵事笺 8 种、织锦笺 10 种,因为这是韵事雅物,是文化事业;他谈到自己允许八闽工师魏兰如、王孟明在《闲情偶寄》告成后使用自己的创意时也说道,"自不操斤,但善于指使,轻财尚友,雅人也"。[②]

所以,李渔的闲情美学背后有着复杂的心理动因。一方面,审美是他借以避开现实人生不如意的温柔梦乡,另一方面,审美也是他疗救自己身心分裂的有效途径。在这个过程中,他重新得到身心和谐,并体验到审美愉悦。他将自己的审美体验、审美心得和工艺审美的发明创造公之于众,既构建自己的风雅形象,同时也将自己树立为大众的生活导师。尽管仍然有着文人文化属性与市民生活方式的矛盾,但他通过《闲情偶寄》和闲情美学,确实在士人群体和市民群体的交汇点上,为自己找到一个清晰、确定的自我形象,完成了自我身份的建构。

---

① 柯平.都是性灵食色:明清文人生活考[M].重庆:重庆出版社,2006:19.

② 李渔.李渔全集(第三卷):闲情偶寄[M].杭州:浙江古籍出版社,1991:214.

第三章
李渔闲情美学的特点

李渔在《闲情偶寄》中提出了其闲情美学的几个主要标准，分别可以概括为新奇、经济、实用、自然，并指出追求生活之美的目的是为了得乐，即在现实生活世界中求得人生的幸福感。其中，新奇是李渔闲情美学最低的审美层次，经济实用是第二层次，自然是李渔闲情美学的最高审美层次，包含所有感官审美在内的"乐"则是李渔闲情美学的美学追求。李渔闲情美学的四大标准、三大层次、一个追求，彼此交织，相互作用，使得李渔闲情美学成为一个有机、丰富的整体。

第一节　李渔闲情美学的主要观点

一、追求新奇，化俗为雅

李渔闲情美学首先高举以新奇为美的大旗。李渔厌恶一成不变的生活，在他看来，新奇是获得美的重要条件。通过一定的改变，打破习以为常的日常生活的惯性，由新鲜感带来审美吸引力，最终获得一定的审美愉悦。同时，具有文化品格的他，也不像普通市民阶层那样盲目求新，一味跟风，而是提出“新之有道”，要求化俗为雅。

（一）新奇

李渔闲情美学以新奇为尚，表现在以下两个方面：

第一，他标榜自己的思想之新奇，是前人之所无，并以此为傲。

在李渔《闲情偶寄》及其他作品当中，时常可以见到他对自己作品内容新颖和独创性的强调。“所言八事无一事不新，所著万言无一言稍故者，以鼎新之盛世，应有一二未睹之事、未闻之言以扩耳目，犹之美厦告成，非残朱剩碧所能涂饰榱楹者也。”①他自诩“不佞半世操觚，不攘他人一字，空疏自愧者有之，诞妄贻讥者有之，至于剿窠袭臼，嚼前人唾余，而谬谓舌花新发者，则不特自信其无，而海内名贤，亦尽知其不屑有也”，并以极大的自信评价自己《闲情偶寄》一书内容的新颖，“以较邺架名编则不足，以角奚囊旧著则有余。阅是编者，请由始迄终验其是新是旧。如觅得一语为他书所现载，人口所既言者，则作者非他，即武库之穿窬，词场之大盗也。”②

李渔在《闲情偶寄》“凡例 · 一戒网罗旧集”中提到，著述应当分开，写作者应当提出自己的观点。“鄙见则谓著则成著，述则成述，不应首鼠二端。宁捉襟肘以露贫，不借裘马以彰富。有则还吾故有，无则安其本无，不载旧本之一言，以补新书之偶缺，不借前人之只字，以证后事之不经。”③他自矜“渔自解觅梨枣以来，谬以作者自许。鸿文大篇，非吾敢道；若诗歌词曲以及稗官野史，则实有微长。不效美妇一颦，不拾名流一唾，当世耳目，为我一新。使数十年来，无一湖上笠翁，不知为世人减几许谈锋，增多少瞌睡？”④李渔以新奇为美，以《闲情偶寄》里的内容全是自己新颖的原创、首创，非他人所旧有而骄傲。

① 李渔. 李渔全集(第三卷)：闲情偶寄[M]. 杭州：浙江古籍出版社，1991：1.
② 李渔. 李渔全集(第三卷)：闲情偶寄[M]. 杭州：浙江古籍出版社，1991：3.
③ 李渔. 李渔全集(第三卷)：闲情偶寄[M]. 杭州：浙江古籍出版社，1991：3-4.
④ 李渔. 与陈学山少宰[M]//李渔全集(第一卷)：笠翁一家言文集. 杭州：浙江古籍出版社，1991：164.

李渔对新奇的推崇,在他的其他著作当中也时时可见。他写诗赞美自己的女儿淑昭“总欲新其制,不屑居篱藩”,同时还不忘自我赞美,“汝父亦犹是,从未步邯郸”①。他的小说、戏曲,更是讲尽人间奇事。李渔被韩南誉为“倒置能手”,正因为他的小说、戏曲当中的很多故事都是有违常理的,比如《生我楼》讲述了收养父亲和母亲的故事,这与通常的收养儿子或女儿相反;《奈何天》讲愚蠢丑陋、身有秽气的男子,连娶两个美妻,第三娶有意寻个相貌普通的,却也阴差阳错再得佳人,并且家庭和睦,儿子成才,自己长寿;常人道同性相嫉,妻妾争风,可《怜香伴》里的两个女子却惺惺相惜,甚至为此而费尽心思,一心要共事一夫,李渔自己也评论此出“传奇十部九相思,道是情痴尚未痴。独有此奇人未传,特翻情局愧填词”②。李渔本人对新奇的推重,影响着他对生活之美的评判。

第二,李渔认为生活之美的一个重要来源,就在于新奇。

“‘人惟求旧,物惟求新。’新也者,天下事物之美称也。”③他不光对填词要求新,“戛戛乎陈言务去”,诗赋古文宜变,“变则新,不变则腐;变则活,不变则板”④。他设计的居室内的便面窗,要在窗外墙上置板,不时更换板上之物,以求眼前为之一新。李渔主张生活应不断创新,实际是想要通过主动制造变化来获得新鲜感,使人从习以为常的审美疲劳中解脱出来,因“新”而对对象加以重新审视,以此求得审美的愉悦。正如他在讲到居室时所说的那样,“幽斋陈设,妙在日异月新”,“居家所需之物,惟房舍不可动移,此外皆当活变。何也?眼界关乎心境,人欲活泼其心,先活泼其眼。”⑤

然而“新”并非李渔闲情美学的首要追求。他认为“新”首先得符合美的标准,所以,他一方面提倡求新,另一方面也对盲目求新的世风加以抨击。在李渔眼里,“新”与“旧”之间没有绝对的高下之分,他并不一味地薄古厚

① 李渔.怀阿倩沈因伯暨吾女淑昭(其二)[M]//李渔全集(第二卷):笠翁一家言诗词集.杭州:浙江古籍出版社,1991:15.

② 李渔.怜香伴[M]//李渔全集(第四卷):笠翁传奇十种(上).杭州:浙江古籍出版社,1991:110.

③ 李渔.李渔全集(第三卷):闲情偶寄[M].杭州:浙江古籍出版社,1991:9.

④ 李渔.李渔全集(第三卷):闲情偶寄[M].杭州:浙江古籍出版社,1991:70.

⑤ 李渔.李渔全集(第三卷):闲情偶寄[M].杭州:浙江古籍出版社,1991:231.

今。比新旧更重要的是，是否符合审美的原则。在必要的时候，如果一边是“新”而不美，另一边是虽“旧”而美，他甚至主张复古。他对于当时的舞台服装的新变提出批评，认为旧时妇女服装“上体凤鸟，下体云霞”的定制和男子头巾的软翅纱帽，都是虽旧却美，不应改变的，“予非能创新，但能复古”①。与此同时，“新”还必须服从于“适用”。“梳之为物，则越旧越精。‘人惟求旧，物惟求新’。古语虽然，非为论梳而设。”②

而且，李渔认为“新”与“旧”之间的关系是辩证的，二者在一定条件下可以相互转化。他在“屏轴”一节谈到十年之前屏轴之制仅有巾条、斗方及横批三种，近年换为合锦，“使大小长短以至零星小幅，皆可配合用之，亦可谓善变者矣。然此制一出，天下争趋，所见皆然，转盼又觉陈腐，反不若巾条、斗方诸式，以多时不见为新矣，故体制更宜稍变。”③

李渔关于“新”的观点对于生活在当今社会日常生活审美化时代的人而言，尤其具有值得深入思考的价值和借鉴意义。可以说李渔做的就是要通过教导大众如何在日常生活中追求美，从而提升他们的审美品格和生活品质，最终起到“规正风俗”的作用。作为一名受儒家“士以天下为己任”思想浸淫多年，曾经有过的参政梦想已告破灭的落魄文人，以另一种方式来践行自己“天下士”的抱负和知识分子的担当。李渔意识到时人对物质的追求已经偏离了正常的轨道，影响他们消费行为的不是实际的需要，而是心底的物欲与社会上的攀比之风。盲目求新不仅使世风浇薄，也使人离生活幸福之路越来越远，所以他才要导之以有方、有道之新，授之以生活美的标准。而结合晚明时期社会经济繁荣，流行时尚开始形成的时代背景，李渔对盲目逐新之弊端的预见与批判，便具有突出的前瞻性，难能可贵。④

---

① 李渔. 李渔全集(第三卷)：闲情偶寄[M]. 杭州：浙江古籍出版社，1991：103-104.

② 李渔. 李渔全集(第三卷)：闲情偶寄[M]. 杭州：浙江古籍出版社，1991：120.

③ 李渔. 李渔全集(第三卷)：闲情偶寄[M]. 杭州：浙江古籍出版社，1991：219.

④ 以巫仁恕为代表的台湾学者认为晚明时期中国已经进入了消费社会，此论点是否恰当，尚有待商榷，但晚明时中国社会出现了消费主义的苗头，却是不争的事实。

(二)化俗为雅

正是基于“新之有道,异之有方。有道有方,总期不失情理之正”的立场,李渔提出要化俗为雅,并形成了“俗雅”的审美追求。

雅与俗,是一对古老而重要的审美范畴。雅俗之分,原本是指文化教养的程度,后来被用来表达审美意趣与审美境界上的两种不同取向。雅指高雅别致,典雅庄重,超凡脱俗;俗则指通俗浅显、质朴粗犷、自然本色等。

雅俗之分最早可以追溯到先秦时期礼乐制度的建立。“从西周末年到春秋时期,以审美和艺术实践活动为基础,在礼乐教化观念与以天人合一的和谐意识为基本内容的审美意趣和审美理想导引下所形成的以‘尚雅’精神为主流的美学思想,为中国美学雅俗观的形成奠定了基础。”①雅乐代表平和温雅、节奏完美的音乐,可以令人血气平和,节制欲望。而俗乐则是那些民间创作、直接反映大众思想情感的音乐。以孔子为首的儒家学者,由于看重礼乐的教化作用,所以尚雅贬俗,隆雅鄙俗,造成了雅、俗的对峙与冲突,并由此生发出“雅正”的审美理想,将“雅”与“正”画上等号。“由此,对‘雅’的审美追求也就成了一种主导倾向,体现着以朝廷与士大夫文人审美情趣为正统的,以恪守现实文化秩序和规范为旨归的主流意识形态,和以士人意识及其独立道德人格完善为基本的美学精神导向,并形成隆雅弃俗的审美取向。这样,在中国美学史上,就有了对‘雅正’审美理想的追求。”②在我国古代很长一段时间内,“雅”成为士大夫阶层的审美追求,“俗”的审美情趣则受到批判。

而生活中的现实却是,尽管士大夫阶层大力崇雅,但来自更广阔的社会生活的“俗”文艺却因其“俗”而拥有强大的生命力和广泛的影响力,并且深受人们的喜爱:魏文侯听新乐则不知倦;乐府民歌引发作家拟乐府的热潮。很多原来“俗”的民间文艺形式,因其鲜活的感染力、丰富的表现形式与内

① 曹顺庆,李天道.雅论与雅俗之辩[M].南昌:百花洲文艺出版社,2005:12.
② 曹顺庆,李天道.雅论与雅俗之辩[M].南昌:百花洲文艺出版社,2005:19.

容，让文人雅士也不得不折服于其美，于是加以模拟、改进，最后成了为文人士大夫所普遍接受的新的“雅”的形式。

雅与俗之间是相互转化的，民间的俗文化一直为上层的雅文化提供着丰富的滋养。一直以来，尽管雅俗分殊，“雅正”在整个中国古代封建社会的绝大部分时期都代表着最高审美追求，但始终有另一种认为雅俗可相通，主张化俗为雅、以俗归雅的声音存在。这种声音到了明代中后期显得更加突出。

明代中后期由于社会经济的飞速发展，社会结构出现变化，森严的封建等级制度受到经济力量的冲击而摇摇欲坠。心学流行，思想枷锁被打碎，人的欲望得到肯定，文人雅士的情趣迅速俗化，普通民众又因经济的繁荣、财力的增强而不断进行社会仿效，社会各阶层的审美趣味融合特征突出，雅俗之间原本泾渭分明的界限变得模糊。

这一时期的士大夫文人仍然提倡“雅”，但其“雅”的趣味已逐步偏离原本“正”的轨道。他们不但不排斥强烈的欲望，反而以此为荣。袁宏道提出有名的“五真乐”说，“真乐有五，不可不知。目极世间之色，耳极世间之声，身极世间之鲜，口极世间之谭，一快活也。堂前列鼎，堂后度曲，宾客满席，男女交舄，烛气薰天，珠翠委地，金钱不足，继以田土，二快活也。箧中藏万卷书，书皆珍异。宅畔置一馆，馆中约真正同心友十余人，人中立一识见极高，如司马迁、罗贯中、关汉卿者为主，分曹部署，各成一书，远文唐宋酸儒之陋，近完一代未竟之篇，三快活也。千金买一舟，舟中置鼓吹一部，妓妾数人，游闲数人，泛家浮宅，不知老之将至，四快活也。然人生受用至此，不及十年，家资田地荡尽矣。然后一身狼狈，朝不谋夕，托钵歌妓之院，分餐孤老之盘，往来乡亲，恬不知耻，五快活也。士有此一者，生可无愧，死可不朽矣。若只幽闲无事，挨排度日，此最世间不紧要人，不可为训。”[①]五乐中除了第三种快活是文人专属，其他几乐都与市民追求的快乐或生活方式无异。

张岱那篇同样有名的《自为墓志铭》也毫不掩饰对欲望的张扬，“少为纨

① 袁宏道，何湘潭，钱伯城笺校[M]. 袁宏道集笺校上海：上海古籍出版社，2008：205-206.

绔子弟，极爱繁华，好精舍，好美婢，好娈童，好鲜衣，好美食，好骏马，好华灯，好烟火，好梨园，好鼓吹，好古董，好花鸟，兼以茶淫橘虐，书蠹诗魔”①。尽管当时文人仍然讲雅俗，但二者的内涵与意蕴已与前代有了很大分别。这个时候的“雅”“俗”可以说是代表着审美趣味精致化程度的两端。文人士大夫因其深厚的文化素养，有着更高的艺术水平，也有更精致的审美趣味。而缺乏文化的普通民众的喜好则受自然欲望和时代风尚的影响。正是基于这样一种现实情景，李渔闲情美学形成了自身“俗雅”的审美趣味。

首先，李渔强调“新”与“美”的差异，他提倡“新”必须满足“美”和“实用”两个标准。其中“美”实际上代表着一种对审美品位的要求，是基于精英立场的“雅”的要求，而“实用”则带有明显的讲实际、重得失的“俗”的特征。但是李渔的雅又与袁宏道、张岱等人的雅不同。就像李渔所处的士民群体处于士大夫与市民两个阶层之间的交汇地带一样，他虽然有着比一般市民高出许多的审美品位，但离袁、张等人所代表那种精致的士大夫审美趣味相去甚远。张岱不仅能品出茶的产地，水的出处，甚至连所饮之茶采摘的季节也能说出②，冒襄与董小宛辨识品赏各色名香，酒后捧出数十种色香味俱美的花果露解酲消渴③，这些都离普通人的生活非常遥远。而李渔却始终扎根于现实人生，他所提倡的“雅”则是一种地道的俗雅，是在普通人的日常生活水准之上追求可能的、充满人间烟火气的审美愉悦。

其次，李渔很重视对大众审美趣味的提升，批判鄙俗。“人之一生，他病可以有，俗不可有”④，他提出“变俗为雅”。“人谓变俗为雅，犹之点铁成金，惟具山林经济者能此，乌可责之一切？予曰：垒雪成狮，伐竹为马，三尺童子皆优为之，岂童子亦抱经济乎？有耳目即有聪明，有心思即有智巧，但苦自画为愚，未尝竭思穷虑以试之耳。”⑤他虽然认为填词最风雅豪宕，但也说填词最健人脾胃，认为戏曲文字要适宜搬演，浅显比文雅更重要。他认为科诨

① 张岱. 自为墓志铭[M]//娜嬛文集. 北京：故宫出版社，2012：229.
② 张岱. 闵老子茶[M]//朱剑芒. 美化文学名著丛刊. 上海：上海书店，1982：22.
③ 冒襄. 影梅庵忆语[M]//朱剑芒. 美化文学名著丛刊. 上海：上海书店，1982：11-15.
④ 李渔. 李渔全集(第三卷)：闲情偶寄[M]. 杭州：浙江古籍出版社，1991：201.
⑤ 李渔. 李渔全集(第三卷)：闲情偶寄[M]. 杭州：浙江古籍出版社，1991：202.

之妙，“在于近俗，而所忌者又在于太俗”[①]。从《闲情偶寄》的适用范围到具体的戏曲欣赏、居室陈设，他始终追求“雅俗同欢，贤愚共赏”[②]。从这些他笔端流出的观点中，不难见出，他努力在俗与雅之间找到一个临界点，提升大众的审美品位。尽管如此，要想实现这一点，他却首先得考虑普通人即“俗”“愚”之辈的经济能力、生活状况和认识水平，势必受到“俗”的掣肘。他的闲情美学所提倡的“雅”是一种俗雅，离市民大众更近。

二、讲求经济实用

李渔尽管注重在生活中寻美得乐，但他并不是靠消费、攀比来获得虚幻的快乐，而是因地制宜，在有限的物质基础上勉力为之。正如他在谈到器物制作时所说，“止将原有之物，加以举手之劳，即可变无益为有裨。昔人点铁成金，所点者不必是铁，所成者亦未必皆金，但能使不值钱者变而值钱，即是神仙妙术。”[③]他的闲情美学第二个重要的特征就是讲求经济实用。

李渔的整部《闲情偶寄》，尽管教人追求生活的快乐，但始终清楚地表达着这样一个观点：生活的美与乐并不依赖于物质，贫穷不是凑合过日子的理由，比占有物质更重要的是对生活、对美与乐的热情。他的《闲情偶寄》正是这样一部教人在有限的物质基础上追求生活品质的书。

李渔的《闲情偶寄》“凡例·一期崇尚俭朴”中提到，“创立新制，最忌导人以奢。奢则贫者难行，而使富贵之家日流于侈，是败坏风俗之书，非扶持名教之书也。是集惟《演习》《声容》二种，为显者陶情之事，欲俭不能，然亦节去靡费之半；其余如《居室》《器玩》《饮馔》《种植》《颐养》诸部，皆寓节俭于制度之中，黜奢靡于绳墨之外，富有天下者可行，贫无卓锥者亦可行。盖缘身处极贫之地，知物力之最艰，谬谓天下之贫皆同于我，我所不欲，勿施于

---

① 李渔．李渔全集(第三卷)：闲情偶寄[M]．杭州：浙江古籍出版社，1991：56.
② 李渔．李渔全集(第三卷)：闲情偶寄[M]．杭州：浙江古籍出版社，1991：55.
③ 李渔．李渔全集(第三卷)：闲情偶寄[M]．杭州：浙江古籍出版社，1991：218.

人，故不觉其言之似吝也。然靡荡世风，或反因之有裨。”[1]表面看来，李渔是在为自己所撰的《闲情偶寄》一书张目，寻求文化、风教上的合理性，证其为“扶持名教之书”“靡荡世风，或反因之有裨”。事实上，本则透露出李渔《闲情偶寄》一书及其闲情美学的平民指向。虽然他的闲情美学所讲的寻美得乐之法，“富有天下者可行，贫无卓锥者亦可行”，但一定得考虑到贫者物力之所能及，即所谓“创立新制，最忌导人以奢。奢则贫者难行”。所以，尽管李渔奔走于高门大户、显者高官，行打秋风的帮闲之事，但他这部《闲情偶寄》，却实实在在是一部教普通市民如何在生活中保有一份对美好的追求，并通过一些所费不多、匠心独运的小窍门、小技巧，来增添生活美感的实用生活美学之书，具有很强的亲民性。

（一）经济

李渔闲情美学所重的“经济”，是取“经济”一词的形容词意，即“耗费少而收益多”。其经济的第一重表现是省钱耐用。李渔主张用砖铺地而不用三合土甃地，原因之一就在于，“砖可挪移，而甃成之土不可挪移，日后改迁，遂成弃物。”[2]窗棂明透、玲珑都是次要，“具首重者，止在一字之坚，坚而后论工拙……总其大纲，则有二语：宜简不宜繁，宜自然不宜雕斫。凡事物之理，简斯可继，繁则难久，顺其性者必坚，戕其体者易坏。”[3]改迁可用和用得长久，都是为了尽量提高资源的使用效率。李渔还设计了衬于桌面之下的活板，以避冬月围炉之时火气上炎导致桌面台心碎裂。惜物既是为了惜福，也是为了让物的使用时间能够更长，避免重新购置产生新的花费。

李渔主张碑文模仿石刻的样子，但“名虽石，不果用石，用石费多而色不显，不若以木为之。其色亦不仿墨刻之色，墨刻色暗，而远视不甚分明。地用黑漆，字填白粉，若是则值既廉，又使观者耀目”[4]。他肯定吴门像生花，认

---

① 李渔.李渔全集(第三卷)：闲情偶寄[M].杭州：浙江古籍出版社，1991：2.

② 李渔.李渔全集(第三卷)：闲情偶寄[M].杭州：浙江古籍出版社，1991：161.

③ 李渔.李渔全集(第三卷)：闲情偶寄[M].杭州：浙江古籍出版社，1991：164-165.

④ 李渔.李渔全集(第三卷)：闲情偶寄[M].杭州：浙江古籍出版社，1991：191-192.

为其虽非真花，但能肖真，可以重复使用，大大减少了花费，更重要的是纯用通草制成，比绒绢花价格便宜了许多。

经济的第二重表现是一物多用，即在不增加额外开支的前提下，能满足多种功能需求或同时满足多人对单一功能的需求。如李渔设计的屈曲体系栏，“此物最坚，而又省费”，一窗之设，内外不同，兼收“桃花浪”和“浪里梅”的视觉审美效果，“是以一物幻为二物，又未尝于平等材料之外，另费一钱。凡予所为，强半皆若是也。”[①]他设计的便面窗，如果另制纱窗一扇，绘以灯色花鸟，晚上屋里点灯，从外看就是一盏扇面灯，白日室外光彩相照，从屋内望去也能收观灯之效。他设计的“活檐”，充分考虑到“贫士之家，房舍宽而余地少，欲作深檐以障风雨，则苦于暗；欲置长牖以受光明，则虑在阴”[②]，所以他设计了阴晴两便，正撑便遮雨，反撑是利采光的“活檐”。

更典型的节约行为当推李渔设计的壁内藏灯之法，在墙壁上凿一小孔，邻屋用灯而光射此房，则可借光读书。“彼行彼事，我读我书，是一灯也，而备全家之用，又使目力不竭于焚膏，较之瓦灯，其利奚止十倍？”[③]

李渔的诸多器物设计，尤值一提的是暖椅。李渔将太师椅之制稍作改动，前后置门，下设抽屉置炭贮灰，上设扶手匣以代几案并收纳文具，匣面嵌砚，则下方热气既可暖身，又可温砚。若在灰上置香，又可代薰笼之用。倦时可当床，外出游玩时，加以柱杠，覆以衣顶，就成了暖轿。一物可兼椅、案、砚、炉、薰笼、床和轿之七用，功能之多，极尽其用，即使放到科技和工业设计发达的今天来看，也并不落后。

经济的第三重表现是就地取材，善加利用，把已有器物、材料的作用发挥到极致，这是事物效能上的节约、不浪费。李渔非常强调物尽其用，“一事有一事之需，一物有一物之用”[④]。在《闲情偶寄》中不止一次提到“牛溲马

① 李渔. 李渔全集(第三卷)：闲情偶寄[M]. 杭州：浙江古籍出版社，1991：168.
② 李渔. 李渔全集(第三卷)：闲情偶寄[M]. 杭州：浙江古籍出版社，1991：157.
③ 李渔. 李渔全集(第三卷)：闲情偶寄[M]. 杭州：浙江古籍出版社，1991：187.
④ 李渔. 李渔全集(第三卷)：闲情偶寄[M]. 杭州：浙江古籍出版社，1991：203.

渤，尽入药笼”[①]，“收牛溲马渤入药笼，用之得宜，其价值反在参苓之上”[②]。他利用自己的慧心巧思，化腐朽为神奇。夏日雨水淹死的梅树，做柴火都不宜，他却顺其本来，不加斧凿，制成梅窗。造物时的竹头木屑，他信手拾来，挑选其中长不逾寸、宽不过指，一头极薄，一头稍厚者，施以油漆，就成了补救桌腿长短不一、平衡桌子的桌撒。余下的边角料，则可制成置于花瓶中以固定花枝的花撒，“总之不费一钱，与桌撒一同拾取，弃于彼者复收于此。斯编一出，世间宁复有弃物乎？”[③]“是以一物幻为二物，又未尝于平等材料之外，另费一钱。凡予所为，强半者皆若是也。”[④]

在李渔看来，“经济”的这一要求并不完全是出于财力的考虑，其中也有审美的考量。“土木之事，最忌奢靡，匪特庶民之家，当崇俭朴，即王公大人，亦当以此为尚。盖居室之制贵精不贵丽，贵新奇大雅，不贵纤巧烂漫。凡人止好富丽者，非好富丽，因其不能创异标新，舍富丽而无所见长，只得以此塞责。”[⑤]反过来说，他认为审美虽然必须要依托于具体的事物，审美观照必须要有对象，但审美并不依赖于物，不纯粹由物质的外形、数量和价值所决定，而更多地仰仗人自身的审美能力和审美品位。

(二)实用

“实用”是指事物有实际使用价值。无论是人是物，李渔非常看重其实际使用价值，这既体现在他设计器物时充分考虑使用是否方便、易行等，更体现在他对人、物的价值评判当中。

李渔认为在自己的诸多著作中，《闲情偶寄》一书最有价值，其原因就在于其具有很强的实用性。“从前杂刻，新则新矣，犹是一岁一生之草，非百年一伐之木。草之青也可爱，枯则可焚；木即不堪为栋为梁，然欲刈而薪之，则人有不忍于心者矣。故知是集也者，其初出则为乍生之草，即其既陈既腐，

① 李渔. 李渔全集(第三卷)：闲情偶寄[M]. 杭州：浙江古籍出版社，1991：178.
② 李渔. 李渔全集(第三卷)：闲情偶寄[M]. 杭州：浙江古籍出版社，1991：161.
③ 李渔. 李渔全集(第三卷)：闲情偶寄[M]. 杭州：浙江古籍出版社，1991：219.
④ 李渔. 李渔全集(第三卷)：闲情偶寄[M]. 杭州：浙江古籍出版社，1991：168.
⑤ 李渔. 李渔全集(第三卷)：闲情偶寄[M]. 杭州：浙江古籍出版社，1991：157.

犹可比于不忍为薪之木，以其可斫可雕而适于用也。”①

在李渔看来，“吾谓技无大小，贵在能精；才乏纤洪，利于善用；能精善用，虽寸长尺短亦可成名。否则才夸八斗，胸号五车，为文仅称点鬼之谈，著书惟供覆瓿之用，虽多亦奚以为？”②尽管此处是讲填词，但也可以看出李渔对待才华的一种态度。这种态度不同于传统文人仅以文章为“经国之大事，不朽之伟业”，重视文学的政治教化作用，轻视其审美娱乐功能，而是认为“技无大小”“才乏纤洪”，对文章之外的各种被视为小道、末业的技艺的价值和作用都予以肯定和重视，体现出早期商业社会所萌生的平等精神和实用态度。他没有立足于传统的基于伦理道德的社会性价值判断标准，而是以是否能够发挥实际作用作为价值判断标准。在他看来，如果写出来的东西做不到“有用”，纯粹只是个人才情的一种展示，那么即使才高八斗、学富五车，也没有任何意义。而所谓“有用”也没有高下之别，只要能用，都有其价值，都能“成名”，这种以是否“有用”“成名”作为价值判断标准的做法，带有强烈的个人功利色彩，具有现实性和世俗性。

李渔非常重视实用，无论是自己设计的器物，还是自己提倡的一整套闲情美学，他都绝不纸上谈兵，徒求美观，而是要“适用美观均收其利”③。李渔认为，美固然重要，但实用却是它的前提，如果一个事物只是外表好看而不实用，则没有意义。正是基于首先考虑事物的实用属性的想法，李渔才会对世人“于求田问舍之事，则性命以之，而寝处晏息之地，莫不务从苟简”表示不解和不满，他认为这是由于寝处晏息之地“以其只有已见，而无人见故也”④。从这里可以见出李渔的生活态度：追求自适，不慕虚荣，对于他而言，事物首先是拿来用的，其实用属性比审美属性更重要。或者说，审美属性必须依附于实用属性。

所以，对于女子之足，当时的文人一味以小为美，李渔却有不同看法。

---

① 李渔.李渔全集(第三卷)：闲情偶寄[M].杭州：浙江古籍出版社，1991：3.
② 李渔.李渔全集(第三卷)：闲情偶寄[M].杭州：浙江古籍出版社，1991：1.
③ 李渔.李渔全集(第三卷)：闲情偶寄[M].杭州：浙江古籍出版社，1991：214.
④ 李渔.李渔全集(第三卷)：闲情偶寄[M].杭州：浙江古籍出版社，1991：208.

他认为虽然女子之脚以小为美，但如果影响到行走，则谈不上美与不美，因为脚首先是用来走路的，“造物生人以足，欲其行也”，所以当以“不受脚小之累，兼收脚小之用”[①]为美。他将事物的实用属性放到首要地位，对当时文人雅士过分看重器物的文化意义的做法表示不赞同，“置物但取其适用，何必幽渺其说，必至理穷义尽而后止哉！”[②]

李渔对事物实用性的考量，在可用、适用两个层面展开。

李渔首先考虑的是发挥事物实用属性的可能程度，即事物在多大程度上“可用”，是否能为尽可能多的人所用。李渔认为，世间没有废物，“一事有一事之需，一物备一物之用。”[③]世间万物皆有其用，关键在于你是否能认识到它的用处并善加利用。“凡予所言，皆贵贱咸宜之事，既不详绣户而略衡门，亦不私贫家而遗富室。”[④]他的《闲情偶寄》一方面从内容上说是教人实际的、具备可操作性的在生活中追求美好、获取快乐的方法，另一方面从应用的范围上来讲，也具有很强的实用性。“凡人制物，务使人人可备，家家可用，始为布帛菽粟之才，否则售冕旒而沽玉食，难乎其为购者矣。故予所言，务舍高远而求卑近。”[⑤]此段可谓道出李渔《闲情偶寄》一书的宗旨：要使对生活美的追求“人人可备，家家可用”，而非仅供高门大族、文人雅士观赏把玩的风雅清供。

除此之外，李渔更看重事物的“适用”，即不光要发挥事物的实用属性，还要将这种实用属性发挥到极致，同时与人的舒适、方便结合起来。他以荷花为四命之最，正因为其“种植之利”，其余诸花只在花期可观，而荷花从荷钱出水之日便有无限风致，到花谢时莲蓬亭亭独立，犹似未开之花，可堪玩赏，更兼叶有清香，花有异馥，莲实与藕可口，即使霜中败叶，也能备经年裹物之用。“是芙蕖也者，无一时一刻，不适耳目之观；无一物一丝，不备家常之用也。有五谷之实，而不有其名；兼百花之长，而各去其短。种植之利，有

① 李渔．李渔全集（第三卷）：闲情偶寄[M]．杭州：浙江古籍出版社，1991：113.
② 李渔．李渔全集（第三卷）：闲情偶寄[M]．杭州：浙江古籍出版社，1991：212.
③ 李渔．李渔全集（第三卷）：闲情偶寄[M]．杭州：浙江古籍出版社，1991：202.
④ 李渔．李渔全集（第三卷）：闲情偶寄[M]．杭州：浙江古籍出版社，1991：133.
⑤ 李渔．李渔全集（第三卷）：闲情偶寄[M]．杭州：浙江古籍出版社，1991：202.

大于此者乎？予四命之中，此命为最。”[①]他推崇黑色衣物，认为其“大胜于古”“可为一定不移之法”，正是因为黑色衣物适用范围广，无论富贵老少，肤色黑白，服之皆宜，而且又耐污，“宜于体而适于用”[②]，“衣色之妙未有过于此者。后来即有所变，亦皆举一废百，不能事事咸宜”[③]。

李渔在橱柜里设置搁板，且要求“板勿太宽，或及进身之半，或三分之一”[④]。设板已是灵活两便之法，用则加之，不用则去之，而“板勿太宽”则进一步保证了对橱柜内空间的充分利用。实际上，无论活板、死板，都是将橱柜内空间进行横向切分，切分后每一层内部空间的高度仍然是固定不变的，而器物的高度却往往参差不齐。层高必须满足所收纳物品中最高之物的高度，这样一来，对于同一层内收纳的极矮之物而言，上段空间就仍然没有得到利用，成了一种浪费。李渔将活板的宽度改成只占进深二分之一或者三分之一，则是对橱柜内部空间又进行了一次纵向的分割。相当于一层之内，有一部分空间又可以被再度切分，于是高大之物置于活板之外的空间，矮小之物则置于板上，空间的利用率进一步加大了。同样一个橱柜，在空间的利用上就多出很多种组合方式来，能够很好地保证“因物设板”，最大限度地利用空间，收纳物品。在橱柜搁板的设计上，可以见出李渔造物的一个最主要的思想，就是要实用；不但要能满足实际使用的需求，而且要好用，最好能满足不同情境下的不同使用需求，将物品的使用效率发挥到极致，真正做到物尽其用。

三、以自然为审美最高标准

李渔闲情美学中提出的美的最高标准是“自然”。他认为女子眼波流转“勉强自然之中，即有贵贱妍媸之别”[⑤]。小脚女子走路，“直则易动，曲即难

① 李渔.李渔全集(第三卷)：闲情偶寄[M].杭州：浙江古籍出版社，1991：287-288.
② 李渔.李渔全集(第三卷)：闲情偶寄[M].杭州：浙江古籍出版社，1991：134.
③ 李渔.李渔全集(第三卷)：闲情偶寄[M].杭州：浙江古籍出版社，1991：134-135.
④ 李渔.李渔全集(第三卷)：闲情偶寄[M].杭州：浙江古籍出版社，1991：211.
⑤ 李渔.李渔全集(第三卷)：闲情偶寄[M].杭州：浙江古籍出版社，1991：112.

行；正则自然，歪即勉强。直而正者，非止美观便走，亦少秽气。大约秽气之生，皆勉强造作之所致也。”①他虽然重视自然，以自然为美，却又并不因此而轻视人力。因为“自然”实际上包括两个层面的意思，一方面指物质世界非人为的本来面貌，即“自然界”，另一方面又指没有人工雕饰痕迹、风格浑然天成的美学效果。从非人为的本然状态意义层面而言，物质世界都是“自然”的，但从审美的角度来说，这种“自然”是一种粗糙的、原始的自然，没有美学意义上的“自然”之美，甚至根本就是不美的。正因现实生活中并非一切都恰到好处，所以李渔的闲情美学才要教人通过“人工”的巧心慧思，将粗糙、原始的自然之物加以改造，使之呈现出符合“自然”审美要求的美的新貌。可见，李渔闲情美学对自然之美的追求体现在两个层次：一是要尊重对象本来的物性与发展规律，“顺其自然”；二是发挥人的主观能动性，积极动用人的聪明智巧，用“人工”改造对象，使之达到“妙肖自然”、有若“天工”的美学高度。

（一）顺其自然

李渔在谈到词曲中的科诨时，专门亮出了“贵自然”的观点，认为一部戏中科诨虽然必不可少，但并非有意为之，而是要根据剧情发展的实际情况，顺其自然地加入，“妙在水到渠成，天机自露”，“贵自然，不贵勉强”②，不能为了博观者一笑而刻意加入。在讲戏曲格局讲到结尾的时候，他指出，“但其会合之故，须要自然而然，水到渠成，非由车戽。最忌无因而至，突如其来，与勉强生情，拉成一处，令观者识其有心如此，与恕其无可奈何者，皆非此道中绝技，因有包括之痕也。”③总的来说，就是在戏曲的剧本创作时，要尊重故事本来的发展脉络，要使得情节的发展、对白的展开合情合理，不能将娱乐效果置于审美效果之上。

在讲到女子习歌舞时，他说到丝不如竹，竹不如肉，因为这三者“渐近自然”，一种比一种更接近天然。在教导女子歌舞时，他指出要“因材而施，无

① 李渔. 李渔全集（第三卷）：闲情偶寄[M]. 杭州：浙江古籍出版社，1991：114.
② 李渔. 李渔全集（第三卷）：闲情偶寄[M]. 杭州：浙江古籍出版社，1991：59.
③ 李渔. 李渔全集（第三卷）：闲情偶寄[M]. 杭州：浙江古籍出版社，1991：63、64.

拂其天然之性"[①]，根据女子自身的嗓音、性情、体态，加以调教。在他最看重的女子之"态"方面，他认为"态"之可贵与难得，正在于其"是物而非物，无形似有形"，没有实体，所以无法施以人力，"态自天生，非可强造。强造之态，不能饰美，止能愈增其陋。"[②]不仅如此，"态"甚至于对李渔这样一个有着敏锐的审美感知能力，又有很高才华的人来说，也只能"心能知之，口实不能言之"。李渔虽然提到诸多妇女修饰美容之法，却独独于"态"这一项，只能举例让读者自己去体会，同时勉强给出"与有态者同居"这样一种"或能为其所化"，至于效果自己都没什么信心的改进方法。而这种熏陶感染的方法本身，除了安排二人同居以外，余下之事皆非人力可以干预，效果也非人力可以把控，纯然是在二者相处过程中"自然"展开的。

因为以自然为美，李渔常常谈到"顺性"。"性"就是事物自身的本性，即"自然"的表现。他认为窗栏之制"总其大纲，则有二语：宜简不宜繁，宜自然不宜雕斫。凡事物之理，简斯可继，繁则难久，顺其性者必坚，戕其体者易坏"[③]。即使要施以刀斧，也要"但取其简者、坚者、自然者变之，事事以雕镂为戒，则人工渐去，而天巧自呈矣"[④]。李渔讲造园时要借景营造，利用自然之景来装饰园林和窗口风景。庭院设计要因地制宜，尊重地块的自然面貌，善加利用，高者造屋，卑者建楼，低处叠山，高处浚池。这些都是尊重事物的本来面貌，顺其自然之性而为之。

李渔的许多设计之中，"暖椅"最显其巧，但李渔却偏偏将"梅窗"引为"生平制作之佳，当以此为第一"[⑤]，究其原因，是因为"梅窗"之制中将人力因素降至最低，除了稍加整理以便糊纸和缀以假花之外，利用雨水淹死的梅树，"取老干之近直者，顺其本来，不加斧凿"，"其盘曲之一面，则匪特尽全其天，不稍戕斫，并疏枝细梗而留之"。从这里也可以见出李渔在造物的过程中对"自然"这一审美范畴的推崇。他重视美，但他认为最美的是仿若天成，

---

① 李渔. 李渔全集(第三卷)：闲情偶寄[M]. 杭州：浙江古籍出版社，1991：150.
② 李渔. 李渔全集(第三卷)：闲情偶寄[M]. 杭州：浙江古籍出版社，1991：116.
③ 李渔. 李渔全集(第三卷)：闲情偶寄[M]. 杭州：浙江古籍出版社，1991：165.
④ 李渔. 李渔全集(第三卷)：闲情偶寄[M]. 杭州：浙江古籍出版社，1991：166.
⑤ 李渔. 李渔全集(第三卷)：闲情偶寄[M]. 杭州：浙江古籍出版社，1991：172.

无人工之痕迹，而有天然之妙趣，用最少的人力介入，使物品兼收合规律性与合目的性之利。

在饮食美学中，他推崇食物的本味，也就是食物未加人工调味之前的自然味道。他说“声音之道，丝不如竹，竹不如肉，为其渐近自然。吾谓饮食之道，脍不如肉，肉不如蔬，亦以其渐近自然也。”[①]蔬食之美，美在清、芳馥、松脆、鲜，这几个标准其实都是对食材本身的口感、香气、味道，即食材的自然本味所作的评价。尤其在谈到“鲜”时，他常常将其与“孤行”并举。所谓“孤行”，即不与他物相伴，不以他味相和。笋只以白水煮，略蘸酱油，充分品尝本身的自然之味。山药“孤行并用，无所不宜，并油盐酱醋不设，亦能自呈其美，乃蔬食中之通材也”[②]，更是完完全全品尝山药本身的味道了。

尽管重淡雅，厌俗艳，认为玫瑰色红似村妇艳妆，而蔷薇花露香气最佳，因其“妙在似花非花，是露非露，有其芬芳，而无其气息”[③]，但李渔却认为玫瑰与蜡梅“气味相孚，皆造浓艳之极致，殆不留余地待人者矣。人谓过犹不及，当务适中，然资性所在，一往而深，求为适中，不可得也”[④]。他总是以事物的本性为贵，把“物性”的“自然”置于“适中”“淡雅”之上。虽然玫瑰与蜡梅香气太浓，不符合淡雅清香的嗅觉审美标准，但李渔却认为不必苛求。

在顺性与求雅之间这种毫不犹豫的取舍，在“声容部”中谈到女子习技的问题时也同样得到体现。李渔认为，丝竹之音固然美妙，但首先应当看主人是否喜好丝竹，能够欣赏。因为“此种声音，学之最难，听之亦最不易。凡令姬妾学此者，当先自问其能弹与否。主人知音，始可令琴瑟在御，不则弹者铿然，听者茫然，强束官骸以俟其阕，是非悦耳之音，乃苦人之具也，习之何为？凡人买姬置妾，总为自娱。已所悦者，导之使习；已所不悦，戒令勿为，是真能自娱者也。”[⑤]姬妾习技，主要是为了娱悦主人，所以主人应当以自己的审美偏好而非时尚流行来决定是否要姬妾学丝竹。比起附庸风雅来

① 李渔. 李渔全集(第三卷)：闲情偶寄[M]. 杭州：浙江古籍出版社，1991：235.
② 李渔. 李渔全集(第三卷)：闲情偶寄[M]. 杭州：浙江古籍出版社，1991：239.
③ 李渔. 李渔全集(第三卷)：闲情偶寄[M]. 杭州：浙江古籍出版社，1991：123-124.
④ 李渔. 李渔全集(第三卷)：闲情偶寄[M]. 杭州：浙江古籍出版社，1991：262.
⑤ 李渔. 李渔全集(第三卷)：闲情偶寄[M]. 杭州：浙江古籍出版社，1991：147.

说，尊重自己的真实喜好，愉快地欣赏俗要好得多。是以昆曲虽好，但终究太雅、太冷，弋阳、四平等腔虽俗，但也不妨观之。

李渔认为居室内器物的陈设要忌排偶，但这种避忌并非处处皆然，而是应尊重器物本来的特性。“所忌乎排偶者，谓其有意使然，如左置一物，右无一物以配之，必求一色相俱同者与之相并，是则非偶而是偶，所当急忌者矣。若夫天生一对，地生一双，如雌雄二剑，鸳鸯二壶，本来原在一处者，而我必欲分开，避排偶之迹，则亦矫揉执滞，大失物理人情之正矣。”①由此可见李渔推崇的是“顺其本来”的“天然”效果，不成对的不应刻意相配，本来成双也不应为避排偶而刻意分开，尊重、顺应器物本身的特性，让其自然而然。

李渔闲情美学的核心观念“乐”也是基于对人避苦求乐的自然本性的尊重。他重视享乐，尊重人的生理欲望，这是人作为高级动物的自然本性的体现。李渔强调生活应顺应“人情”，“古之大贤择言而发，其所以不拂人情，而数为论者，以惟所原有，不能强使之无耳……人处得为之地，不买一二姬妾自娱，是素富贵而行乎贫贱矣。王道本乎人情，焉用此矫清矫俭者为哉？”②即使是养生时为了不伤害身体而对欲望加以节制，也要在尊重人的欲望的基础上进行。这是对人作为生物的自然本性的一种顺势而为。他主张节制色欲但不杜情绝欲，因为情欲是人的自然欲望，这是在抽象层面上的顺应自然，同时在谈到如何享受情欲又不伤身时，主张应顺应四季而动，这是更具体层面上的顺应自然。“人有喜怒哀乐，天有春夏秋冬。春之为令，即天地交欢之候，阴阳肆乐之时也……然当春行乐，每易过情，必留一线之余春，以度将来之酷夏……然予所言，皆防已甚之词也；若使杜情而绝欲，是天地皆春而我独秋，焉用此不情之物，而作人中灾异乎？”③李渔认为自然的最高境界是天人合一，人心与物候相感，所以春天人心喜悦。同时人欲也是自然，虽然需有节制，但只是“防已甚”，而不必“杜情绝欲”，否则便是“天地皆春而我独秋”，有违自然了。他还一反养生家们为全身长寿禁忌诸多的做法，认

① 李渔.李渔全集(第三卷)：闲情偶寄[M].杭州：浙江古籍出版社，1991：231.
② 李渔.李渔全集(第三卷)：闲情偶寄[M].杭州：浙江古籍出版社，1991：108.
③ 李渔.李渔全集(第三卷)：闲情偶寄[M].杭州：浙江古籍出版社，1991：317-318.

为喜欢吃的东西就多吃，不喜欢吃的就少吃，即使《本草》中或医师认为不当吃之物，只要自己喜欢，不仅可以吃，还可以当药治病。

(二)妙肖自然

李渔所推崇的自然是美的自然，也就是经得起人的审美眼光挑选的，合规律性与合目的性的有机统一。现实生活里的众多事物，往往是杂多、混乱、无秩序的，能同时满足合规律性与合目的性的很少。所以，这个时候就需要通过人的心思与智巧，对原始的物品加以改造，使其既符合客观事物本身的规律性，又符合主体善的目的性，成为美的对象。他的闲情美学正是基于生活中有太多不美之处，需要我们以人的心思智巧，从心理体认和物理空间两方面加以美化而构建的。

李渔虽然推崇自然，但并不因此完全否定人力，要求无为。相反，他提倡“有为”，通过人的积极介入，使对象成为美的。就像他自己所说的那样，“老子之学，避世无为之学也；笠翁之学，家居有事之学也”[①]。“有事”就是“有为”，不是被动适应，而是主动改造。李渔的闲情美学当中很多地方都牵涉到美化生活环境的问题。“美化”就是通过人力参与，改变自己生存的物理空间中的具体事物中合规律性与合目的性对峙的状态。而这种“美化”，这种主动改造的关键在于要“妙肖自然”，使合目的性不露痕迹地与合规律性结合在一起。

李渔并不排斥通过人工手段达到貌似自然的效果，不排斥所谓“为伪”，但前提是这种“伪”要比未经人力的本然之“真”更符合美的规律。比如他认为女鞋高底之制不应取消，高底虽属“作伪”，但确实能收到使脚形秀美的视觉效果。“鞋用高底，使小者愈小，瘦者越瘦，可谓制之尽美又尽善者矣”，“有之则大者亦小，无之则小者亦大”，“有底则指尖向下，而秃者疑尖，无底则指尖向上，而尖者似秃”，所以“高底不宜尽去，只在减捐其料而已”[②]。

---

① 李渔. 李渔全集(第三卷)：闲情偶寄[M]. 杭州：浙江古籍出版社，1991：339.

② 李渔. 李渔全集(第三卷)：闲情偶寄[M]. 杭州：浙江古籍出版社，1991：137-138.

在“盥栉”一节中，李渔指出“无怪今人善变，变之诚是也。但其变之之形，只顾趋新，不求合理；只求变相，不顾失真”[①]。这段话很直接地说出了当时的风气，人人求新，于是求变，而且是肤浅的为了变化而变化，这其实是因为当时已经出现了流行时尚，而时尚本身是非理性的。李渔所要做的就是矫正流弊，教人以求新求变的审美品格。他认为女子发型不妨日新月异，但是要“当然应有”“形色相类”，“为理之所有”。即使是发型上的装饰，不妨光怪陆离，但也要“位置得宜……若其中应有此物者”[②]。所谓“理之所有”“当然应有”指的就是合规律性的“真”，即要自然，不要一看就知道是假的。“全用自然，毫无造作”，讲的不是不做，而是不能失真，要妙肖自然。所以云肩要“与衣同色，近观则有，远视若无”，“更须里外合一”，束腰之带要“带藏衣内，则虽有若无，似腰肢本细，非有物缩之使细也”[③]，其实都是在追求一种不露人工痕迹，宛若天成的“自然”之境界。

同样，在谈到界墙的时候，李渔也说到垒墙之物，乱石最妙，石子次之，因为“有圆无方，似执一见，虽属天工，而近于人力故耳”[④]。虽然石子是天然生成的，却偏偏没有天然之趣，看起来像人工所为，不具备自然之物那种朴实、多变的美感。

李渔的“床令生花”，“妙在鼻受花香，俨若身眠树下，不知其为妆造也者”[⑤]。保持筵席灯火辉煌的暗提线索法，要求抽索剪灯之人都藏于厅堂之外，“或隔绛纱，或悬翠箔，但使内见外，而外不见内，则人工不露而天巧可施矣”[⑥]。讲的都是要“妙肖自然”，以人力对事物加以改造，使之符合美的规律，但是又必须不露痕迹，达到浑然天成的效果。这里追求的还是“天然浑成”。他对自己创设的暖椅所用扶手匣的锁钥设计非常得意，自诩道：“予于

① 李渔. 李渔全集(第三卷)：闲情偶寄[M]. 杭州：浙江古籍出版社，1991：121.
② 李渔. 李渔全集(第三卷)：闲情偶寄[M]. 杭州：浙江古籍出版社，1991：121-122.
③ 李渔. 李渔全集(第三卷)：闲情偶寄[M]. 杭州：浙江古籍出版社，1991：135-136.
④ 李渔. 李渔全集(第三卷)：闲情偶寄[M]. 杭州：浙江古籍出版社，1991：182.
⑤ 李渔. 李渔全集(第三卷)：闲情偶寄[M]. 杭州：浙江古籍出版社，1991：208.
⑥ 李渔. 李渔全集(第三卷)：闲情偶寄[M]. 杭州：浙江古籍出版社，1991：226.

此一物也，纯用天工，未施人巧，若有鬼物伺乎其中，乞灵于我，为开生面者。"[①]其实"设计"便是"人巧"，只是这巧妙合天然，全无痕迹，堪追"天工"罢了。

"妙肖自然"可以说是李渔闲情美学的最高准则，也是整部《闲情偶寄》的指导思想，因为他的闲情美学就是要教人如何在个体生活的有限性中追求美，这种"追求"本身就是人的主观能动性的发挥与体现。李渔以"自然"作为美的最高标准，教人运用闲情、慧眼、巧思，充分发挥自己的想象力和创造力，去改变环境，使之既符合美的规律，又不露人工的斧凿痕迹，达到"自然"的审美标准，"妙肖自然"。

第二节　乐：李渔闲情美学的追求

晚明时期整个社会弥漫着一种张扬欲望、追求享乐之风，无论是市民阶层还是士大夫、贵族阶层，概莫能外。李渔的闲情美学有一个很重要的特点就是重视行乐，"人生百年，贵能行乐"[②]。可以说，一部《闲情偶寄》是围绕人生之"乐"而构建的。前面"词曲""演习""声容""居室""饮馔"五部是讲具体生活场景之乐，而最后的"颐养部"则是讲生活态度、生活方式之乐。

按照学者张法的说法，"中国型的美感'乐'成了《闲情偶寄》一以贯之的基础。中国美学的美感是一个整合性的乐，这个整合性的乐，从远古到宋，都是以神圣性（礼）和艺术性（文）为主要内容，宋代以后，一方面士大夫发展出一种高风绝尘的'出淤泥而不染'的纯洁之美，另一方面市民趣味扬起了乐的世俗一面，这两方面的乐经历几百年的相互斗争、相互解构、相互渗透，不断地整合。《闲情偶寄》就是这一相互渗透和相互融合的一个成果。让人们在生活中去发现美，去得到乐。这里的乐，是紧贴着日常生活的，要把日

① 李渔．李渔全集（第三卷）：闲情偶寄[M]．杭州：浙江古籍出版社，1991：214．

② 李渔．家石庵棣芝兰并茂图赞[M]//李渔全集（第一卷）：笠翁一家言文集．杭州：浙江古籍出版社，1991：119．

常生活的每一部分都变成快乐，让人们享受生活，体验快乐。正因为与生活连在一起，中国美学中作为整合性的乐，在这里是以快感为主的，并在快感中得到统一。……在日常生活中获得乐，是《闲情偶寄》的一大主题。"①

李渔所讲的"求乐"，主要分为两个方面：一是较浅层次的，依赖物质对象引发的身体感官的舒适、愉快，即感官之乐。二是更高层次的，通过心态转换与自我调节，积极、开朗、达观地看待生活，取得身心和谐的满足与怡悦感，即内心安乐。这两者合到一起，最终想要达到的，是一种愉悦的生活状态，即幸福感。

一、感官之乐

李渔闲情美学追求的感官享乐，主要是指在日常活动中体验到自己的生活或心理需求得到了满足，具体体现在以下几方面：以视觉、味觉为主，兼顾嗅觉和听觉等人体基本感官的直接满足，以及适体——人在日常生活物理空间中所获得的身体上的轻松自在的满足与愉悦。这一部分也是李渔闲情美学中美感的核心层次。

---

① 张法.中国美学史上的体系性著作研究[M].北京：北京大学出版社，2008：277.由于《闲情偶寄》内容涉及面广，不少条目的内容又只是粗涉一过，历来相关研究均很少从体系上进行铺演，而基本上停留在按其所讲的几部分内容分而述之的做法上。张法提出《闲情偶寄》是以个人生活之乐的逻辑来结构的体系，这一说法颇值得关注。另外，学者黄强在其著《李渔研究》中的《李渔与养生文化》一文中指出："《闲情偶寄》八部无一不是李渔养生理论的组成部分。……'闲情偶寄'这一书名也透露全书各部均为养生怡情所设，区别在于"颐养部"总论养生，专论养生，而其他各部分论养生者必备的专门知识。"他所依据的是李渔在"颐养部""行乐第一"中所说"至于悦色娱声、眠花藉柳、构堂建厦、啸月嘲风诸乐事，他人欲得，所患无资，业有其资，何求不遂?"以及同部中提到"灌园之乐""藉饮食养生"，器玩部所言之物是追求闲适情趣不可或缺之物。（黄强.李渔研究[M].杭州：浙江古籍出版社，1996：114）但并未以此为基本范畴加以推演和阐释。乐当然可以养生，李渔确乎也将行乐作为养生的首要之方，但并不能由此推导出李渔前面所讲的一切求乐之术最终都是为养生服务。反过来说，健康的身体、长久的寿命也可以说成是快乐生活不可或缺的条件，而且李渔的养生之术本身是一种"快乐疗法"。还有一点应当注意的是，李渔所说的那句话，是在《富人行乐之法》之下而说的，只针对富人而不针对贵人、贫贱之人等《闲情偶寄》的其他目标受众群体。而且以李渔惯于张扬其事的作风，若全书皆为养生所写，没有理由不在开篇指出。所以，二说相较，张法的观点更符合实际。

(一)悦目:视觉的满足

视觉是人的审美活动最直接诉诸的感官。人对美的感知首先就来自视觉感受。李渔非常重视视觉的美感。在“词曲部”中,他谈到戏场恶套,首先讲的就是“衣冠恶习”。他认为妇人的衣服要轻柔,才能衬托出女性的袅娜体态和温柔气质,“妇人之服贵在轻柔,而近日舞衣,其坚硬有如盔甲。云肩大且厚,面夹两层之外,又以销金锦缎围之。其下体前后二幅,名曰‘遮羞’者,必以硬布裱骨而为之,此战场所用之物,名为‘纸甲’者是也,歌台舞榭之上,胡为乎来哉?易以轻软之衣,使得随身环绕,似不容已。”①对于男子头巾,他推崇软翅纱帽,因其“极美观瞻”②,并为时下剧目舍此不用而深感到惋惜。

在专门讨论女性外貌的“声容部”中,李渔更是将自己对女性外观的视觉审美心得一一道来。“妇人妩媚多端,毕竟以色为主”③,他赞同中国古代的审美观念,认为女子肤白为美,对女子肤色改善的可能性进行了详细的分析。并在后面的“修容第二”里从洗脸、化妆、服饰色彩搭配等方面提出了美化女子肌肤视觉效果的方法。

李渔对女性外貌的审美观念,除肤白之外,眼要“细而长”,“善动而黑白分明”④,眉除了要浓淡得宜,更要“曲”,“即不能酷肖远山,尽如新月,亦须稍带月形,略存山意,或弯其上而不弯其下,或细其外而不细其中,皆可自施人力。最忌平空一抹,有如太白经天;又忌两笔斜冲,俨然倒书八字。”⑤

李渔认为,女子带来的视觉审美快感是全方位、多层次的,不仅要面目姣好,还要身姿窈窕,“手以挥弦,使其指节累累,几类弯弓之决拾;手以品箫,如其臂形攘攘,几同伐竹之斧斤;抱枕携衾,观之兴索;捧卮进酒,受者眉

① 李渔.李渔全集(第三卷):闲情偶寄[M].杭州:浙江古籍出版社,1991:103.
② 李渔.李渔全集(第三卷):闲情偶寄[M].杭州:浙江古籍出版社,1991:104.
③ 李渔.李渔全集(第三卷):闲情偶寄[M].杭州:浙江古籍出版社,1991:109.
④ 李渔.李渔全集(第三卷):闲情偶寄[M].杭州:浙江古籍出版社,1991:111.
⑤ 李渔.李渔全集(第三卷):闲情偶寄[M].杭州:浙江古籍出版社,1991:112.

攒，亦大失开门见山之初着矣。”[①]至于当时文人看重的小脚，李渔则认为，光小还不够，得“尽美而思善，使脚小而不受脚小之累，兼收脚小之用”，不能因脚小而难行，也不能因脚小而致秽，“瘦欲无形，越看越生怜惜，此用之在日者也。柔若无骨，愈亲愈耐抚摩，此用之在夜者也。”[②]

面目、身材之美属于静态的有形之美，尚属美感的较低层次，而更高层次的女性美是“媚态”。这一媚态并非特指妩媚、娇媚，而是指女性身上内在无形却能通过言行举止让人感受到的女性化的风度、仪态与气质，这是一种动态的美。李渔在“态度”一节里举了两个关于“态”的典型例子。前一例记他代贵人相妾时遇见的一个女子，在命其抬头时“初不即抬，及强而后可，先以眼光一瞬，似于看人而实非看人，瞬毕复定而后抬，俟人看毕，复以眼光一瞬而后俯，此即‘态’也”[③]，这里讲的是女性之娇羞。后一例则记春游遇雨时，一年三十许的缟衣贫妇，“人皆趋入亭中，彼独徘徊檐下，以中无隙地故也；人皆抖擞衣衫，虑其太湿，彼独听其自然，以檐下雨侵，抖之无益，徒现丑态故也。”雨将停而复作，众人出而复入，她先立亭中，却“绝无骄人之色”，反而为后入者振衣，“姿态百出，竟若天集众丑，以形一人之媚者”，这里讲的是从容之态。

在李渔看来，女性之美，最在其态。“颜色虽美，是一物也，乌足移人？加之以态，则物而尤矣。”此处讲的即是相貌、身形的静态之美与气质的动态之美的差别。前者是有形的，后者是无形的；前者如画，有眼即可见，而后者无形，在行动中自然展现，需要用眼去看，更需要用心去欣赏。“态之为物，不特能使美者愈美，艳者愈艳，且能使老者少而媸者妍，无情之事变为有情，使人暗受笼络而不觉者。女子一有媚态，三四分姿色，便可抵过六七分。……态度之于颜色，犹不止于以少敌多，且能以无而敌有也。今之女子，每有状貌姿容一无可取，而能令人思之不倦，甚至舍命相从者，皆‘态’之一字

① 李渔. 李渔全集(第三卷):闲情偶寄[M]. 杭州:浙江古籍出版社，1991:113.
② 李渔. 李渔全集(第三卷):闲情偶寄[M]. 杭州:浙江古籍出版社，1991:113-114.
③ 李渔. 李渔全集(第三卷):闲情偶寄[M]. 杭州:浙江古籍出版社，1991:116.

之为祟也。是知选貌选姿，总不如选态一着之为要。”①

李渔在谈到妇人读书习字时，不是要求其“共枕论文”“自制自歌”之用，而是更推重女子读书习字的情景所带来的视觉审美效果。“无论学成之后受益无穷，即其初学之时，先有裨于观者：只须案摊书本，手捏柔毫，坐于绿窗翠箔之下，便是一幅画图。班姬续史之容，谢庭咏雪之态，不过如是，何必睹其题咏，较其工拙，而后有闺秀同房之乐哉？”②

同样，在谈到琴、棋、书、画“四艺”时，李渔也以视觉审美效果为先。他认为棋是妇人“断不容已”之技，他专门提到了妇人手谈的审美效用，“但与妇人对垒，无事角胜争雄，宁饶数子而输彼一筹，则有喜无嗔，笑容可掬；若有心使败，非止当下难堪，且阻后来弈兴矣。纤指拈棋，踌躇不下，静观此态，尽勾消魂。必欲胜之，恐天地间无此忍人也。”③

即使是以听觉审美为主的乐器演奏，李渔同样没有忽略视觉上的审美享受，“花前月下，美景良辰，值水阁之生凉，遇绣窗之无事，或夫唱而妻和，或女操而男听，或两声齐发，韵不参差，无论身当其境者俨若神仙，即画成一幅合操图，亦足令观者消魂，而知音男妇之生妒也。”④

李渔甚至不顾乐器演奏本以听觉审美为主的特性，将视觉感受置于听觉效果之上。他不主张女子学习吹奏乐器，认为吹奏的管乐器中，只有洞箫宜于闺阁，笙、管则“非绣窗所应有”，原因在于“妇人奏技，与男子不同，男子所重在声，妇人所重在容：吹笙搦管之时，声则可听，而容不耐看，以其气塞而腮胀也，花容月貌为之改观，是以不应使习。妇人吹箫，非止容颜不改，且能愈增娇媚。何也？按风作调，玉笋为之愈尖；簇口为声，朱唇因而越小。画美人者，常作吹箫图，以其易于见好也。或箫或笛，如使二女并吹，其为声也倍清，其为态也更显，焚香啜茗而领略之，皆能使身不在人间世也。”⑤他认为女子演奏乐器时本身的情态不仅要美，还应配以相应的饰物，使其情境更

---

① 李渔. 李渔全集(第三卷)：闲情偶寄[M]. 杭州：浙江古籍出版社，1991：115-116.
② 李渔. 李渔全集(第三卷)：闲情偶寄[M]. 杭州：浙江古籍出版社，1991：145.
③ 李渔. 李渔全集(第三卷)：闲情偶寄[M]. 杭州：浙江古籍出版社，1991：146.
④ 李渔. 李渔全集(第三卷)：闲情偶寄[M]. 杭州：浙江古籍出版社，1991：48.
⑤ 李渔. 李渔全集(第三卷)：闲情偶寄[M]. 杭州：浙江古籍出版社，1991：149.

加悦目,“吹箫品笛之人,臂上不可无钏。钏又勿使太宽,宽则藏于袖中,不得见矣。”①

除了在对女性的欣赏时注重视觉审美效果以外,在生活的其他方面,李渔也重视视觉感受。他指出“爱精喜洁之士,一物不整齐,即如目中生刺,势必去之而后已”②,即便是绣女唾绒、文人残稿这般可以入诗入画的雅致之物,如果盈庭满地,也能使人不悦,所以房舍要设藏污纳垢之地,以求保持精洁。

在讲到箱笼箧笥时,尽管“前人所制亦云备矣。后之作者,未尝不竭尽心思,图为奇巧,总不出前人之范围;稍出范围即不适用,仅供把玩而已”,但李渔仍觉不足,想方设法要让其更美观。“予于诸物之体,未尝稍更,独怪其枢钮太庸,物而不化,尝为小变其制,亦足改观。法无他长,惟使有之若无,不见枢钮之迹而已。”③将锁钥机关隐藏起来,是为了使其看起来更加美观,这里追求的也是视觉的审美效果。

(二)爽口:味觉的满足

台湾学者巫仁恕曾经研究过明代饮膳书籍,认为从明代饮膳书籍分类中可以看出,“这类书籍着墨于烧制菜肴的部分占全书的比重很小,而主要的内容多是记载食物的加工技艺……可以想见这类书籍对味觉感官的敏感度不高,对食物味道的感官要求也不会太高。”④明中叶以后的相关饮膳书籍对味觉感官的描述更为敏感,“到了明末清初李渔的著作,对味觉感官的描述相当深入,远远超过前人。”⑤李渔的美食理论,主要集中在他的“器玩部”“饮馔部”和“颐养部”三部分里,从食具、味道和养生的角度,对饮食文化进行了探讨。

---

① 李渔.李渔全集(第三卷):闲情偶寄[M].杭州:浙江古籍出版社,1991:149.
② 李渔.李渔全集(第三卷):闲情偶寄[M].杭州:浙江古籍出版社,1991:163.
③ 李渔.李渔全集(第三卷):闲情偶寄[M].杭州:浙江古籍出版社,1991:213.
④ 巫仁恕.品味奢华:晚明的消费社会与士大夫[M].台北:联经出版公司,2007:277.
⑤ 巫仁恕.品味奢华:晚明的消费社会与士大夫[M].台北:联经出版公司,2007:282.

1. 鲜

今天人们品尝食物时，常常把“鲜”作为一个非常重要的评判标准。而“鲜”成为饮食审美的一个基本概念，正是得益于李渔。

中国饮食文化研究专家赵荣光把李渔视作中国饮食史上里程碑式的人物，“把‘鲜’作为基本味型来认定，便是其在中国饮食文化领域突出的成就之一。”①根据赵荣光的研究，“李渔在“饮馔部”中使用‘鲜’字达三十六处，其中称物料质地时鲜九处，其他二处，特指鲜味则为二十五处，所占比例为百分之七十。”②在李渔之前，中国的美食评语往往笼统地“甘鲜”并举，而李渔则将“鲜”与泛指适口美味的“甘”进行了区别，在味觉的分类上更加精细化、复杂化和深刻化。他提出的“鲜”的概念，成为中国饮食审美中非常重要的一个概念。而后来袁枚在约二万字的《随园食单》中使用“鲜”字达四十余处，很明显是受到了李渔的影响。

李渔对“鲜”味推崇备至，认为蔬菜胜于肉食，就在这个“鲜”味上。“论蔬食之美者，曰清，曰洁，曰芳馥，曰松脆而已矣。不知其至美所在，能居肉食之上者，只在一字之鲜。《记》曰：‘甘受和，白受采。’鲜即甘之所从出也。”他认为食物的鲜味主要来自食材本身的味道，“此种供奉，惟山僧野老躬治园圃者，得以有之，城市之人向卖菜佣求活者，不得与焉。然他种蔬食，不论城市山林，凡宅旁有圃者，旋摘旋烹，亦能时有其乐。至于笋之一物，则断断宜在山林，城市所产者，任尔芳鲜，终是笋之剩义。”尽管此处对于新鲜与鲜美的区分尚欠清晰，但已经将“鲜”与仅指食物可口的“甘”区别开来，提出“一字之鲜”“鲜即甘之所从出也”，是中国饮食文化史上非常了不起的贡献。

李渔在谈到美食时，多处都围绕“鲜”字展开。李渔认为食物当中最鲜美的就是笋，而要充分发挥笋的鲜味，烹饪方法上颇有讲究。“食笋之法多端，不能悉纪，请以两言概之，曰：‘素宜白水，荤用肥猪。’茹斋者食笋，若以他物伴之，香油和之，则陈味夺鲜，而笋之真趣没矣。白煮俟熟，略加酱油；

① 赵荣光. 中国饮食文化史[M]. 上海：上海人民出版社，2006：355.
② 赵荣光. 中国饮食文化史[M]. 上海：上海人民出版社，2006：355-356.

从来至美之物，皆利于孤行，此类是也。以之伴荤，则牛羊鸡鸭等物皆非所宜，独宜于豕，又独宜于肥。肥非欲其腻也，肉之肥者能甘，甘味入笋，则不见其甘，但觉其鲜之至也。烹之既熟，肥肉尽当去之，即汁亦不宜多存，存其半而益以清汤。调和之物，惟醋与酒。此制荤笋之大凡也。笋之为物，不止孤行并用各见其美，凡食物中无论荤素，皆当用作调和。菜中之笋与药中之甘草，同是必需之物，有此则诸味皆鲜，但不当用其渣滓，而用其精液。庖人之善治具者，凡有焯笋之汤，悉留不去，每作一馔，必以和之，食者但知他物之鲜，而不知有所以鲜之者在也。"①

除了笋之外，蔬食中以"鲜"为突出特征的还有蕈。"求至鲜至美之物于笋之外，其惟蕈乎？……世人辨之原有法，苟非有毒，食之最宜。此物素食固佳，伴以少许荤食尤佳，盖蕈之清香有限，而汁之鲜味无穷。"②

虽然认为蔬食以"一字之鲜"而味在肉食之上，但"鲜"同时也是李渔品评肉食的重要标准。"食鱼者首重在鲜，次则及肥，肥而且鲜，鱼之能事毕矣。然二美虽兼，又有所重在一者。如鲟、如鯚、如鲫、如鲤，皆以鲜胜者也，鲜宜清煮作汤；如鳊、如白、如鲥、如鲢，皆以肥胜者也，肥宜厚烹作脍。……鱼之至味在鲜，而鲜之至味又只在初熟离釜之片刻……煮鱼之水忌多，仅足伴鱼而止，水多一口，则鱼淡一分。司厨婢子，所利在汤，常有增而复增，以致鲜味减而又减者，志在厚客，不能不薄待庖人耳。"为了让鱼兼收鲜肥之美，则要注意烹饪技巧，"更有制鱼良法，能使鲜肥迸出，不失天真，迟速咸宜，不虞火候者，则莫妙于蒸。置之镟内，入陈酒、酱油各数盏，覆以瓜姜及蕈笋诸鲜物，紧火蒸之极熟。此则随时早暮，供客咸宜，以鲜味尽在鱼中，并无一物能侵，亦无一气可泄，真上着也。"③

"笋为蔬食之必需，虾为荤食之必需，皆犹甘草之于药也。善治荤食者，以焯虾之汤，和入诸品，则物物皆鲜，亦犹笋汤之利于群蔬。笋可孤行，亦可并用；虾则不能自主，必借他物为君。若以煮熟之虾单盛一簋，非特华筵必

---

① 李渔. 李渔全集(第三卷)：闲情偶寄[M]. 杭州：浙江古籍出版社，1991：235-236.
② 李渔. 李渔全集(第三卷)：闲情偶寄[M]. 杭州：浙江古籍出版社，1991：237.
③ 李渔. 李渔全集(第三卷)：闲情偶寄[M]. 杭州：浙江古籍出版社，1991：253.

无是事，亦且令食者索然。惟醉者糟者，可供匕箸。是虾也者，因人成事之物，然又必不可无之物也。”[1]即使是他视之为命又“绝口不能形容之”的蟹，也以“鲜”称之。

除了使“鲜”这个中国饮食文化审美的一个角度正式成为一种味型以外，李渔对味觉感官的描述还使用了“甘”“肥”（口感与口味）“香”（口味与气味）“腻”等。李渔在谈到野味、家味各有优劣时，能够分辨二者之不同，他说：“野味之逊于家味者，以其不能尽肥；家味之逊于野味者，以其不能有香也。家味之肥，肥于不自觅食而安享其成；野味之香，香于草木为家而行止自若。”[2]尽管无法与张岱记录的闵汶水闻茶而知其产地、水的出处和采摘时间那样精细的品味相比，李渔的味觉体验比前人已丰富很多。

2. 孤行、并用

与“鲜”相关，李渔闲情美学关于味觉审美还有一个重要的概念“孤行”。所谓“孤行”，即是指烹饪时仅此一味，而不与其他食材并用，这是为了突出食材本来的味道。

李渔闲情美学中虽然也对烹饪方法有所涉及，但受当时饮食烹饪技术发展情况和自身生活境遇、财力物力的影响，他对饮食之美的探讨更多的还是和明朝饮膳书籍一样，从食物类别的角度进行，谈论的多是食材本身的味道，而非菜肴的味道[3]，更是极少像袁枚《随园食单》中那样提供各类菜肴考究的烹制手法。也正因如此，他所提到的“鲜”，就往往与“孤行”并举，因为

---

① 李渔. 李渔全集(第三卷)：闲情偶寄[M]. 杭州：浙江古籍出版社，1991：254.

② 李渔. 李渔全集(第三卷)：闲情偶寄[M]. 杭州：浙江古籍出版社，1991：251-252.

③ 巫仁恕的研究表明，明代饮膳书籍尽管在感官描述上趋于细致、敏锐，但主要以食材为主分类，多记载食物的加工技艺，而非以菜肴为主，记载其烹饪技艺。要到了清代，饮膳书籍才更加趋向专业，菜肴比重加大，更注重描述烹饪技术。参见巫仁恕. 品味奢华：晚明的消费社会与士大夫[M]. 台北：联经出版公司，2007：277-289. 同一时期的明代小品文中，描述风俗之奢时往往提到饮食风尚的变化，但其中也主要是强调饮食消费的花销惊人，主要表现在追求珍贵、难得的食材上面。由此不难推断，明代时期中国的饮食烹饪技术还不怎么发达，但当时享乐之风的盛行，人们对饮食之美的追求，已经对烹饪技术提出了更高的要求，并推动其不断向前发展，所以到了清代才能进入经验总结阶段，出现诸如《随园食单》《食宪鸿秘》和《调鼎集》那样对烹饪方式记载详尽的饮膳书籍。袁枚在《随园食单》序言中说自己每于人家中吃到可口的菜肴，必使家厨前往拜师学艺，然后他问其方略，集而存之，才有了《随园食单》一书。似乎也与前面的推断相印证。

只有“孤行”，即不与其他食材同烹，也不多加调料，才能品味出食材天然的鲜味。

李渔认为“从来至美之物，皆利于孤行”，所以笋的吃法之一是“白煮俟熟，略加酱油”，如果单是素食，“以他物伴之，香油和之，则陈味夺鲜，而笋之真趣没矣”[①]。“世间好物，利在孤行，蟹之鲜而肥，甘而腻，白似玉而黄似金，已造色香味三者之至极，更无一物可以上之。和以他味者，犹之以爝火助日，掬水益河，冀其有裨也，不亦难乎？凡食蟹者，只合全其故体，蒸而熟之，贮以冰盘，列之几上，听客自取自食。剖一筐，食一筐，断一螯，食一螯，则气与味纤毫不漏。”[②]孤行，是因为所食之物本身味道已臻于至美，如果佐以他味，非但不会增色，反而会令其本来的美味被遮掩。

李渔之后的美食家多谈到“本味”“真味”，如顾仲《养小录》中提到，“且烹饪燔炙，毕聚辛酸，已失本然之味矣”[③]；朱彝尊《食宪鸿祕》中提到，“不事珍奇，而自有真味”[④]；袁枚《随园食单》中有“余尝谓鸡、猪、鱼、鸭豪杰之士也，各有本味，自成一家，海参、燕窝、庸陋之人也，全无性情，寄人篱下”[⑤]的记载。他们的这些理论，很大程度上都是受到李渔饮食美学中“孤行”理论的影响。

与“孤行”相对应的，还有“并用”的概念。李渔并不一味推崇食物本味，固执于食材的“天然”之味，在他看来，天生的至美之物不妨孤行，但一些本来味道并不突出的食材，则需要与他物相和而行。这同样是他的“顺性”的闲情美学思想的体现。“并用”涉及食材搭配和调味的技巧，牵涉的味道更加复杂，对烹饪技能的要求也更高。比如李渔在谈到笋的时候，就讲到笋“不止孤行并用各见其美，凡食物中无论荤素，皆当用作调和”，“庖人之善治具者，凡有焯笋之汤，悉留不去，每作一馔，必以和之，食者但知他物之鲜，而

① 李渔. 李渔全集(第三卷)：闲情偶寄[M]. 杭州：浙江古籍出版社，1991：236.
② 李渔. 李渔全集(第三卷)：闲情偶寄[M]. 杭州：浙江古籍出版社，1991：256.
③ 巫仁恕. 品味奢华：晚明的消费社会与士大夫[M]. 台北：联经出版公司，2007：298.
④ 巫仁恕. 品味奢华：晚明的消费社会与士大夫[M]. 台北：联经出版公司，2007：299.
⑤ 袁枚. 随园食单[M]. 西安：三秦出版社，2005：31.

不知有所以鲜之者在也。"[①]

鱼的做法则视种类而定，以鲜胜者宜清煮作汤，即"孤行"，以肥胜者则不妨"厚烹作脍"，即"并用"，而制鱼良法，"则莫妙于蒸。置之镟内，入陈酒、酱油各数盏，覆以瓜姜及蕈、笋诸鲜物，紧火蒸之极熟。此则随时早暮，供客咸宜，以鲜味尽在鱼中，并无一物能侵，亦无一气可泄，真上着也。"调料、"鲜物"并行，"能使鲜肥迸出，不失天真，迟速咸宜，不虞火候"[②]。

尽管每一种食材都有其天然本味，但在李渔看来，并非每一种食物都以本味为美，有些食物是必须要与他物并用的。"笋为蔬食之必需，虾为荤食之必需，皆犹甘草之于药也。善治荤食者，以焯虾之汤和入诸品，则物物皆鲜，亦犹笋汤之利于群蔬。笋可孤行，亦可并用；虾则不能自主，必借他物为君。若以煮熟之虾单盛一簋，非特华筵必无是事，亦且令食者索然。惟醉者糟者，可供匕箸。是虾也者，因人成事之物，然又必不可无之物也。"[③]又如蔬食中的芋，"不可无物伴之，盖芋之本身无味，借他物以成其味者也"[④]。

李渔闲情美学中对于味觉感官的追求非常细致，他提出的"孤行""并用"的概念，体现出他对各种食材本来的味道以及施以不同烹制方式后产生的不同味觉效果了解得非常清楚。这一点，在他对瓜、茄、瓠、芋的食用方法的介绍上也展现得很充分，"煮冬瓜、丝瓜忌太生，煮王瓜、甜瓜忌太熟；煮茄、瓠利用酱醋，而不宜于盐；煮芋不可无物伴之，盖芋之本身无味，借他物以成其味者也；山药则孤行并用，无所不宜，并油盐酱醋不设，亦能自呈其美，乃蔬食中之通材也。"[⑤]

此外，李渔闲情美学中对口腹之乐的追求，还体现在他通过别出心裁地改进、创新饮食的制作、烹饪方式，以获得更好的感官体验上。他以陆上的清鲜蔬食蕈、莼作羹，再加上水中的鲜美之物蟹黄、鱼肋，发明出"四美羹"，

① 李渔. 李渔全集(第三卷)：闲情偶寄[M]. 杭州：浙江古籍出版社，1991：235-236.
② 李渔. 李渔全集(第三卷)：闲情偶寄[M]. 杭州：浙江古籍出版社，1991：253.
③ 李渔. 李渔全集(第三卷)：闲情偶寄[M]. 杭州：浙江古籍出版社，1991：254.
④ 李渔. 李渔全集(第三卷)：闲情偶寄[M]. 杭州：浙江古籍出版社，1991：239.
⑤ 李渔. 李渔全集(第三卷)：闲情偶寄[M]. 杭州：浙江古籍出版社，1991：239.

“座客食而甘之，曰：‘今而后，无下箸处矣！’”①。

就连米饭这样平常的食物，李渔也追求审美效果，加以花露，使其在米香之外，更添花香，普通的米饭便变得精美不凡起来。“予尝授意小妇，预设花露一盏，俟饭之初熟而浇之。浇过稍闭，拌匀而后入碗。……露以蔷薇、香橼、桂花三种为上，勿用玫瑰，以玫瑰之香，食者易辩，知非谷性所有。蔷薇、香橼、桂花三种，与谷性之香者相若，使人难辩，故用之。”②

李渔创制了“五香面”与“八珍面”，五香膳己，八珍饷客。“五香面”是以椒末、芝麻屑拌入面粉当中，然后用酱、醋、焯笋或煮蕈煮虾之鲜汁和之，除此之外，不再用水，然后再揉制擀切成手工面条。这样一来，调料的味道就直接融于面中，而不像寻常汤面，味道都在汤里，面条则不甚入味。用来待客的“八珍面”就更为讲究，将极精的鸡、鱼、虾之肉，与鲜笋、香蕈、芝麻、花椒一起研磨成极细之末，和入面中，和“五香面”一样用酱、醋、鲜汁调之，之所以只名“八珍”，是因为“酱醋亦用，而不列数内者，以家常日用之物，不得名之以珍也”。而不管“五香”还是“八珍”，拌面时都还要加上鸡蛋清，但因为这种做法为当时常见，不足为奇，所以李渔将其与自己的创造判然分开，既彰显自己的独创成分，同时也表示自己无心抄袭。③

尽管李渔在谈到饮食审美时，更多的是从味觉的角度进行，但他也谈到了饮具（酒具、茶具）以及饮食与养生之间的关系，并且注意到了饮食审美有色、香、味三个角度，“蟹之鲜而肥，甘而腻，白似玉而黄似金，已造色香味三者之至极，更无一物可以上之。”④他也注意到食物在视觉上的美感会增强人享用食物时的愉悦感。这一点在他的《蟹赋》中得到了充分展现：“至其锦绣填胸，珠玑满腹；未餍人心，先饱予目。无异黄卷之初开，若有赤文之可读。油腻而甜，味甘而馥。含之如饮琼膏，嚼之似餐金粟。”⑤他赞美荔枝外形可爱，“外若鳞肝，内如凤卵……莹同冰雪之肤，娇若芙蓉之面。吹弹得破，只

① 李渔. 李渔全集（第三卷）：闲情偶寄[M]. 杭州：浙江古籍出版社，1991：237.
② 李渔. 李渔全集（第三卷）：闲情偶寄[M]. 杭州：浙江古籍出版社，1991：243.
③ 李渔. 李渔全集（第三卷）：闲情偶寄[M]. 杭州：浙江古籍出版社，1991：245-246.
④ 李渔. 李渔全集（第三卷）：闲情偶寄[M]. 杭州：浙江古籍出版社，1991：256.
⑤ 李渔. 蟹赋[M]//李渔全集（第一卷）：笠翁一家言文集. 杭州：浙江古籍出版社，1991：18.

因嫩至十分；光滑如油，似欲凝成一片。”[①]在形容“易食难名”的荔枝之味时，将其分别与交梨、火枣、蜜、藕、梨、橘、李、桃、杏、梅相比较，从正反两方面以甜、脆、甘、松、清与涩、浊、酸等味道加以形容。

此外，李渔还注意到食物材质不同会造成咀嚼口感的差异，认为“粉食之耐咀嚼者，蕨为上，绿豆次之。欲绿豆粉之耐嚼，当稍以蕨粉和之。”[②]在《真定梨赋》中，李渔指出梨的“五美”与“四恶”，其中列举了“汁多、皮薄”和“有渣、多核”的口感。[③] 他重视咀嚼食物的快感，将其视为饮食味觉审美的标准之一，但同时他也注重享受咀嚼快感时的仪态，“凡物入口而不能即下，不即下而又使人咀之有味，嚼之无声者，斯为妙品。吾遍索饮食中，惟得此二物。绿豆粉为汤，蕨粉为下汤之饭，可称二耐，齿牙遇此，殆亦所谓劳而不怨者哉！”[④]

在谈到吃蟹时，他还提到食趣的问题，认为“凡治他具，皆可人任其劳，我享其逸，独蟹与瓜子、菱角三种，必须自任其劳。旋剥旋食则有味，人剥而我食之，不特味同嚼蜡，且似不成其为蟹与瓜子、菱角，而别是一物者。此与好香必须自焚，好茶必须自斟，僮仆虽多，不能任其力者，同出一理。讲饮食清供之道者，皆不可不知也”[⑤]。

对味的追求，除了口味的讲究，也包括嗅觉审美对气味的体验。《闲情偶寄》的“声容部”中专设“薰陶”一节，里面强调香气熏染在女性审美中不可或缺的作用，“美人之体香不可使之或无耳”[⑥]，从香露、香皂到香茶甚至香果，为富贵人家和贫家都找到了替美人添香的可行之法。

(三)悦耳：听觉的满足

李渔也注意到了声音之美，在《闲情偶寄》里随处可见他对听觉之美的

① 李渔．荔枝赋[M]//李渔全集(第一卷)：笠翁一家言文集．杭州：浙江古籍出版社，1991：20.
② 李渔．李渔全集(第三卷)：闲情偶寄[M]．杭州：浙江古籍出版社，1991：246.
③ 李渔．真定梨赋[M]//李渔全集(第一卷)：笠翁一家言文集．杭州：浙江古籍出版社，1991：26.
④ 李渔．李渔全集(第三卷)：闲情偶寄[M]．杭州：浙江古籍出版社，1991：246-247.
⑤ 李渔．李渔全集(第三卷)：闲情偶寄[M]．杭州：浙江古籍出版社，1991：256.
⑥ 李渔．李渔全集(第三卷)：闲情偶寄[M]．杭州：浙江古籍出版社，1991：124.

重视与营造。

李渔认为,"'平仄仄平平仄仄,仄平平仄仄平平'二语,乃千古作文之通诀,无一语一字可废声音者也。"[①]在"词曲部"里,他专门列出了"音律第三"。他认为"串旧作新,终是填词末着。只求文字好,音律正,即牌名旧杀,终觉新奇可喜。如以极新极美之名,而填以庸腐乖张之曲,谁其好之?善恶在实,不在名也"[②],明确指出,戏曲之美,音律是一个很重要的因素。

音律之正,一方面,是对戏曲艺术形式规律的遵守。"夫作诗填词同一理也,未有沈休文诗韵以前,大同小异之韵,或可叶入诗中;既有此书,即三百篇之风人复作,亦当俯就范围。李白诗仙,杜甫诗圣,其才岂出沈约下,未闻以才思纵横而跃出韵外,况其他乎?……词家绳墨,只在《谱》《韵》二书,合谱合韵,方可言才,不则八斗难克升合,五车不敌片纸,虽多虽富,亦奚以为?"[③]所以,他提出要"恪守词韵""凛遵曲谱"。

另一方面,李渔重视音律,考虑得更多的则是戏剧的实际听觉效果。在讲到"鱼模当分"时,他说:"无论一曲数音,听到歇脚处觉其散漫无归,即我辈置之案头自作文字读,亦觉字句聱牙,声韵逆耳。"[④]在讲到"廉监宜避"时,他指出:"侵寻、监咸、廉纤三韵,同属闭口之音,而侵寻一韵,较之监咸、廉纤独觉稍异。每至收音处,侵寻闭口,而其音犹带清亮,至监咸、廉纤二韵则微有不同。此二韵者,以作急板小曲则可,若填悠扬大套之词,则宜避之。"[⑤]他对这三韵之间的"稍异""微有不同"区分得非常清楚,而"廉监宜避"却不辟"侵寻"的原因,正在于"侵寻"虽与"监咸""廉纤"同为闭口音,却犹带清亮。作为视觉和听觉艺术结合的戏曲表演,"听"是一个很重要的因素,听得清楚直接关系到对戏曲故事内容的理解与把握,对戏曲文词的欣赏,更关系到词句本身的音韵美感。清亮之音,既容易听清,又有音乐一唱三叹的美感,而"监咸""廉纤"则无此优势,只能起到押韵的效果,"悦耳"之效稍差,要尽量

① 李渔.李渔全集(第三卷):闲情偶寄[M].杭州:浙江古籍出版社,1991:45.
② 李渔.李渔全集(第三卷):闲情偶寄[M].杭州:浙江古籍出版社,1991:33.
③ 李渔.李渔全集(第三卷):闲情偶寄[M].杭州:浙江古籍出版社,1991:32-33.
④ 李渔.李渔全集(第三卷):闲情偶寄[M].杭州:浙江古籍出版社,1991:34.
⑤ 李渔.李渔全集(第三卷):闲情偶寄[M].杭州:浙江古籍出版社,1991:35.

避免使用。

因为尊重戏曲体裁自身的特殊性，李渔重视戏曲的搬演，既重表演更重演唱。在“拗句难好”中，他说，“新造之句，一字聱牙，非止念不顺口，且令人不解其意。”[①]这里的“念不顺口”是从表演者的角度来说的，然而表演与欣赏实际上是戏曲传播过程中不可分割的两方面，表演者“念不顺口”，从声音的角度来看，则欣赏者听来必然缺乏音韵和谐的美感；从内容的角度来说，这一新句必然有异于日常表达，这种句子的使用，最终会影响到欣赏者对内容的理解，即“不明其义，不辩其声”[②]。在他看来，新奇虽然重要，但不能以牺牲易于理解和音韵美感为代价，所以“凡作倔强聱牙之句，不合自造新言，只当引用成语”[③]，他认为“读之溜亮”[④]是戏曲审美标准当中很重要的一条。

李渔认为戏曲应当“慎用上声”。因为上声用在词曲演唱中，声音太低，用于宾白，声音又太高，所以用的时候要特别当心，幽静之词可用，发扬之曲则不宜，而且幽静之词中也只能偶用、间用，不可连用，“盖曲到上声字，不求低而自低，不低则此字唱不出口。如十数字高而忽有一字之低，亦觉抑扬有致；若重复数字皆低，则不特无音，且无曲矣。至于发扬之曲，每到吃紧关头，即当用阴字，而易以阳字尚不发调，况为上声之极细者乎？”[⑤]虽然这里是从戏曲表演的角度来谈，但同样是基于要唱来清亮、悦耳而言。

戏曲有填词，也有宾白，都要遵循戏曲艺术作为一种综合艺术，必须兼顾视觉与听觉的特性。在“宾白第四”里面，李渔同样有对悦耳、动听的要求，所列第一条便是“声务铿锵”：“宾白之学，首务铿锵。一句聱牙，俾听者耳中生棘；数言清亮，使观者倦处生神。世人但以音韵二字用之曲中，不知宾白之文，更宜调声协律。”[⑥]所谓能够“使观者倦处生神”的“清亮”，正是指宾白要清楚、明澈、悦耳、动听。“‘平仄仄平平仄仄，仄平平仄仄平平’二语，

---

① 李渔. 李渔全集(第三卷)：闲情偶寄[M]. 杭州：浙江古籍出版社，1991：37.
② 李渔. 李渔全集(第三卷)：闲情偶寄[M]. 杭州：浙江古籍出版社，1991：37.
③ 李渔. 李渔全集(第三卷)：闲情偶寄[M]. 杭州：浙江古籍出版社，1991：37.
④ 李渔. 李渔全集(第三卷)：闲情偶寄[M]. 杭州：浙江古籍出版社，1991：38.
⑤ 李渔. 李渔全集(第三卷)：闲情偶寄[M]. 杭州：浙江古籍出版社，1991：40.
⑥ 李渔. 李渔全集(第三卷)：闲情偶寄[M]. 杭州：浙江古籍出版社，1991：45.

乃千古作文之通诀，无一语一字可废声音者也。如上句末一字用平，则下句末一字定宜用仄，连用二平，则声带喑哑，不能耸听；下句末一字用仄，则接此一句之上句，其末一字定宜用平，连用二仄，则音类咆哮，不能悦耳。此言通篇之大较，非逐句逐字皆然也。能以作四六平仄之法，用于宾白之中，则字字铿锵，人人乐听，有'金声掷地'之评矣。"[①]宾白之所以"首务铿锵"，正是为了"耸听""悦耳"，以期达到"人人乐听""金声掷地"之效果。

由于对声音之美的重视，李渔在"授曲第三"中专门强调了"调熟字音"的重要性。"调平仄，别阴阳，学歌之首务也。""独有必不可少之一事，较阴阳平仄为稍难，又不得因其难而忽视者，则为'出口''收音'二诀窍。世间有一字，即有一字之头，所谓出口者是也。有一字，即有一字之尾，所谓收音者是也。尾后又有余音，收煞此字，方能了局。"李渔以"箫"字为例，分析说，"本音为箫，其出口之字头与收音之字尾，并不是'箫'。若出口作'箫'，收音作'箫'，其中间一段正音并不是'箫'，而反为别一字之音矣。且出口作'箫'，其音一泄而尽，曲之缓者，如何接得下板？故必有一字为之头，以备出口之用，有一字为之尾，以为收音之用，又有一字为余音，以备煞板之用。字头为何？'西'字是也。字尾为何？'夭'字是也。尾后余音为何？'乌'字是也。字字皆然，不能枚纪。"[②]将字音分为出口、收音、余音，很明显是为了演唱的时候唱词能与曲调起伏相协调，造成跌宕的听觉效果。

李渔欣赏提琴的声音，他认为，"提琴较之弦索，形愈小而声愈清，度清曲者必不可少。提琴之音，即绝少美人之音也，春容柔媚，婉转断续，无一不肖。即使清曲不度，止令善歌二人，一吹洞箫，一挟提琴，暗谱悠扬之曲，使隔花间柳者听之，俨然一绝代佳人，不觉动怜香惜玉之思也。"[③]"丝竹之最易学者，莫过于提琴，事半功倍，悦耳娱神。"[④]这其实是从提琴的声音带给人的独特听觉审美感受上来说的。

① 李渔. 李渔全集(第三卷):闲情偶寄[M]. 杭州:浙江古籍出版社,1991:45.
② 李渔. 李渔全集(第三卷):闲情偶寄[M]. 杭州:浙江古籍出版社,1991:92-93.
③ 李渔. 李渔全集(第三卷):闲情偶寄[M]. 杭州:浙江古籍出版社,1991:148-149.
④ 李渔. 李渔全集(第三卷):闲情偶寄[M]. 杭州:浙江古籍出版社,1991:149.

李渔对鸟鸣之美大加赞赏，认为花鸟是造物恩赐，对世人独好女色，不懂得赏花听鸟之趣表示不解，他以花鸟的“一人知己”自诩，认为“花鸟二物，造物生之以媚人者也。既产娇花嫩蕊以代美人，又病其不能解语，复生群鸟以佐之。……世人不知，目为蠢然一物，常有奇花过目而莫之睹，鸣禽悦耳而莫之闻者。……予则不然。每值花柳争妍之日，飞禽斗巧之时，必致谢洪钧，归功造物，无饮不奠，有食必陈，若善士信妪之佞佛者。夜则后花而眠，朝则先鸟而起，惟恐一声一色之偶遗也。及至莺老花残，辄怏怏如有所失。是我之一生，可谓不负花鸟，而花鸟得予，亦所称‘一人知己，死可无恨’者乎?”①正是因为懂得欣赏鸟鸣之美，所以李渔认为，柳树之美不但在柳条垂荡袅娜的视觉审美效应，更兼纳蝉集鸟的听觉审美效果，炎炎长夏，有高柳、蝉鸣、鸟啼相伴，才不觉其苦。

因为对鸟鸣之美感受深刻，李渔甚至认为种树不仅是为了取绿荫之利，翠盖之美，更是为悦耳计。他认为听觉之美有着视觉之美所无法比拟的优越性，视觉之美必须要对象在自己视野之中时才能感受得到，而听觉之美则不受限制，无处不在。尤其鸟鸣，更是宜于睡时。此处李渔实际上已经认识到视觉和听觉作为人体信息接收的两种渠道，在信息接收特点上的差异，说明他对视听之美的体验与思考达到了一定的深度。

李渔对鸟鸣声的欣赏非常细致，他甚至能听出一天之中不同时辰鸟音的差别，并能分辨出其中细微的审美效果上的差异。“鸟音宜晓听，人皆知之；而其独宜于晓之故，人则未之察也。鸟之防弋，无时不然。卯辰以后，是人皆起，人起而鸟不自安矣。虎患之念一生，虽欲鸣而不得，鸣亦必无好音，此其不宜于昼也。晓则是人未起，即有起者，数亦寥寥，鸟无防患之心，自能毕其能事。且扪舌一夜，技痒于心，至此皆思调弄，所谓‘不鸣则已，一鸣惊人’者是已，此其独宜于晓也。”②

即使是在以视觉审美为主的屋舍居室中，李渔也没有忘记对声音之美

① 李渔. 李渔全集(第三卷)：闲情偶寄[M]. 杭州：浙江古籍出版社，1991：329-330.
② 李渔. 李渔全集(第三卷)：闲情偶寄[M]. 杭州：浙江古籍出版社，1991：304-305.

善加利用。在“居室部”里，他谈到，做石洞时“洞中宜空少许，贮水其中而故作漏隙，使涓滴之声从上而下，旦夕皆然。置身其中者，有不六月寒生，而谓真居幽谷者，吾不信也。”[①]在厅壁装饰时，他也没有仅仅满足于视觉的美观，而是进一步加入听觉的元素，在壁画花树上通过插架织网的方式，蓄以鹦鹉、画眉等鸣声可爱的禽鸟，造成妙肖山林的效果，“此声方歇，彼喙复开；翠羽初收，丹睛复转。因禽鸟之善鸣善啄，觉花树之亦动亦摇；流水不鸣而似鸣，高山是寂而非寂。”[②]

(四)适体：体感的满足

“适”是李渔闲情美学中一个重要的概念，主要体现在《闲情偶寄》的“居室”和“器物”两部分内容中。前文所讲的“适用”是从“适合使用”的角度来谈，落脚点在“用”上。而此处的“适体”，则主要是强调事物、方法在使用时达到的使身体和心理舒适的效果，在人与物理空间的交互中，充分满足人的需求，减少人的劳碌，获得安逸、愉悦的体验。李渔所追求的“适体”类似于今天工艺设计中，力求使器物的使用方式适合人体的自然形态，以便人在使用时，身体和精神不需要主动适应，从而减少因使用工具造成疲劳的人体工学理念。

“屋室”“器物”二部是李渔创造力发挥得最突出的部分。他所做的种种设计都是为了“适用美观俱收其利”，不但要美，而且要方便，让人感受舒适。李渔认为径妙于迂，但曲折之致虽美，却不方便，所以在故作迂途以获得视觉审美感受的同时，要另造一门以便于家人奔走。[③] 他设计的活檐，一物两用，不但是图经济，更主要的是为了让居住在屋里的贫士能在居室空间有限的情况下，兼享阳光与干爽，无论晴雨，都住得舒适。为了既保持居室精洁，又减少因小便而频频往来溷厕与居室之间的腿脚之累，他想出在墙上穴孔嵌以小竹的办法，“使遗在内而流于外，秽气罔闻，有若未尝溺者，无论阴晴

---

① 李渔. 李渔全集(第三卷)：闲情偶寄[M]. 杭州：浙江古籍出版社，1991：200.
② 李渔. 李渔全集(第三卷)：闲情偶寄[M]. 杭州：浙江古籍出版社，1991：185.
③ 李渔. 李渔全集(第三卷)：闲情偶寄[M]. 杭州：浙江古籍出版社，1991：158.

寒暑，可以不出户庭。”[1]他还改造了马桶，只是由于害怕步“眉公马桶”的后尘，所以不愿取以示人，更不敢笔之于书。

李渔设计板内嵌窗的湖舫式窗格，也是为了晴雨兼收其利，既能遮风避雨，又能保证船内光线充足，还能在晴日坐享湖光山色，充分考虑了晴雨两种天气条件下船内之人的不同需求，将其整合到“便面窗外推板装花式”的设计之中，总以在不同条件下均能保证乘船者感受舒适为宜。他认为几案必须设抽屉，不光便于收纳，宜于整洁，更重要的是能“容懒”，“书室之地，无论远近迂捷，总以举足为烦，若抽替一设，则凡卒急所需之物尽纳其中，非特取之如寄，且若有神物俟乎其中，以听主人之命者”[2]，既可少走路，省却奔走之劳，又能随取随得，尽享方便之利。

最能体现“适体”的，则是李渔创制的凉杌和暖椅。凉杌主要是基于温度影响人的肤觉，从而影响人体舒适感而设计。盛夏酷热难当，于是李渔设计了这种可以使人体温度降低的坐具。杌面中空，上覆薄瓦，其中贮水，靠水温与体温、室温的温差，以物理的热学传导原理来降温，降低臀部温度，取得局部的凉爽，以达到适体的目的。暖椅则除了调节体周温度以外，还能使人安逸：前后置门便于仆人进火，上设扶手匣便于案头工作，匣内又有抽屉归置笔砚书本等所需之物，椅形宽大，累了可就椅而睡，扶手匣既是书案又可作饭桌，饥了可据案而食，人一旦坐上去以后，几乎不需挪动就能解决多种需求，既温暖又省事、省心。扶手匣上还设砚台，这样火气不仅可以暖身，又能暖砚，省了研磨之工。炭上加灰置香，坐在上面不仅温暖，还有芳香，不需焚香之劳，又收芬芳之效，加以柱杠、覆以衣顶，则游山访友时不仅肩舆可省，还能抵御风寒，成了可眠之暖轿，使得出门在外也能如在家一般温暖舒适。这一设计对人的行为和环境的复杂性考虑得极为周全，最大限度地满足了“适体”的要求，充分体现出李渔的设计“以人为本”的思想。

李渔对“适体”的重视，还体现在他对床和帐的讲究上。他批评时人“于

① 李渔. 李渔全集(第三卷)：闲情偶寄[M]. 杭州：浙江古籍出版社，1991：163-164.
② 李渔. 李渔全集(第三卷)：闲情偶寄[M]. 杭州：浙江古籍出版社，1991：203.

求田问舍，则性命以之，而寝处晏息之地，莫不务从苟简，以其只有己见，而无人见故也”，认为床、帐尽管别人见不着，但自己见得着，而且天天用得着，是“半生相共之物”，所以应当重视。这其实正是对床、帐予以“适体”的考量，因为床、帐是否“适体”直接关乎睡眠的质量和睡眠的体验。所以他提出“床令生花，帐使有骨，帐宜加锁，床要着裙”四法。他在床帐内设托板，以放置香花、香果和香料等诸香物，又用彩色绫罗制物以掩饰其形，以达到“黄昏嗅味，其味直入梦境”，“鼻受花香，俨若身眠树下”的效果，通过对居室空间内气味的设计，使“适体”有了更多的内容和更丰富的层次，进一步增添了入睡、梦醒时的愉悦感，提升睡眠质量。“若是，则身非身也，蝶也，飞眠宿食尽在花间；人非人也，仙也，行起坐卧无非乐境。予尝于梦酣睡足，将觉未觉之时，忽嗅蜡梅之香，咽喉齿颊尽带幽芬，似从脏腑中出，不觉身轻欲举，谓此身必不复在人间世矣。既醒，语妻孥曰：‘我辈何人，遽有此乐，得无折尽平生之福乎？’”这一设计带来的满足感达到使人忘形、飘飘欲仙的地步，“适体”的效果可谓登峰造极。之所以“帐使有骨”，不只是为了使帐体端正，更加美观，也是因为如果帐在床外，帐形美观，却不避蚊，使得身体受罪。所以仍然是基于“适体”之上再求美观的设计。“帐宜加锁”则是为了隔蚊，纯然是基于身体舒适的考虑了。“床要着裙”，虽是为了美观，裙污而帐不污，但也考虑到换洗的方便，仍然是省力省事之法。① 他考虑到剔灯者剪高处之灯“不胜其劳”的麻烦和剔灯时灯烛上下闪烁影响座中人视觉感受，因此发明了铁制长烛剪和暗提线索法，“以节其劳”，并且指出铁制长烛剪务为极细，因为“粗则重而难举”，或者以坚木为身，止于近灯煤处为铁，以减轻烛剪重量，便于持剪者操作；线索须预编字号，系以小牌，便于抽索者识认。② 这些都是为了减少人的劳累，使人舒适、安逸，并且充分考虑工具使用情境的复杂性。

---

① 李渔. 李渔全集（第三卷）：闲情偶寄[M]. 杭州：浙江古籍出版社，1991：208-211.
② 李渔. 李渔全集（第三卷）：闲情偶寄[M]. 杭州：浙江古籍出版社，1991：225-227.

二、养生之乐

李渔在“颐养部”开篇便标举“行乐第一”，并指出“兹论养生之法，而以行乐先之”①。他认为身心的满足、乐观的心态，能使人保持愉快的情绪，起到颐养天年、延年益寿之用。现代医学研究已经证明“病由心生”的古话并非虚言，“现代医学研究表明，76％的生理疾病都是情绪性疾病。这说明绝大多数的生理疾病都是由心理原因引起的。”②李渔在 300 多年前就能认识到情绪和心态对于身体健康的影响，非常难得。

李渔本人对于“乐”概念的使用没有进行清晰的划分，常常将身体欲望的满足和内心的安乐混为一谈，“行乐之事多端，未可执一而论。……即袒裼裸裎，如厕便溺，种种秽亵之事，处之得宜，亦各有其乐。苟能见景生情，逢场作戏，即可悲可涕之事，亦变欢娱。如其应事寡才，养生无术，即征歌选舞之场，亦生悲戚。”③这是受到中国传统理论形态的影响。张法曾经指出，西方理论是由逻辑性概念群构成的实体性体系，中国理论是一种零散和不成体系的形态，是虚实相生的气体型体系。“中国型的理论体系则是以理论要领联系具体实例作为自己的主要特征”，“由于中国的概念本就是互动型的，已经出现的概念与没有出现的概念形成一种互动和张力，因此，已呈的概念话语（实）是与未显的概念话语（虚）一道构成体系……已显概念的后面还有未显部分……后面有与之相关的意外之意。”④当我们研究中国古代学术时，必须要注意其与西方学术体系的不同，否则就会因为用实体性的体系来看虚实相生的体系而忽视其体系中虚的部分。李渔的“乐”的概念的使用，虽然笼统，但对于他使用这一概念所联系的具体实例，我们不能忽视“乐”这一“实”的概念背后“虚”的一面，即他没有明确表述，甚至可能并未清

① 李渔. 李渔全集（第三卷）：闲情偶寄［M］. 杭州：浙江古籍出版社，1991：309.

② 姚会民. 病由心生［M］. 天津：天津科学技术出版社，2008：1.

③ 李渔. 李渔全集（第三卷）：闲情偶寄［M］. 杭州：浙江古籍出版社，1991：321-322.

④ 张法. 中国美学史上的体系性著作研究［M］. 北京：北京大学出版社，2008：7.

楚意识到其差异，却在具体例证中呈现出来“乐”的不同层次和类型。

李渔追求的乐，是物质上的感官享乐，更是心灵上的快乐，即一种身心舒泰、愉悦之感。他常常在两种不同层面的意义上使用“乐”这个概念。前文所讲悦目、爽口、动听、适体等，是通过身体的各种感觉器官与物质世界交互所体验到的身外之乐，即舒适、快乐的感受，这种“乐”要依赖物质条件来达成；“颐养部”所讲的乐则包括身心两方面，既有前述的欲望满足之乐，更有内心之乐，即通过豁达、乐观的人生态度，保持愉快的心情和良好的心理状态，实现内心的安乐。后一种“乐”主要靠主观的心态转换来实现，而基本不依赖外物，即所谓“乐不在外而在心，心以为乐，则是境皆乐，心以为苦，则无境不苦。”①在“富人行乐之法”一节中，也可以看出他所提倡的“乐以养生”的“乐”不同于感官享乐。他谈到“财为行乐之资”，此处的“乐”是指基于物质的享乐。后面又谈到财多则有思运、善防之累，是以“劝富人行乐，必先劝之分财”②，此处的“乐”则指内心安乐。

李渔的养生理论主要建立在“乐”的基础上。他的整部“颐养部”讲的都是如何顺性适意、保持乐观心态与良好情绪，保持身体的最佳状态，以此来求得颐养天年，长命百岁。他的养生之乐主要通过以下两个方面表现出来：

（一）养生方法的实施过程是愉快的

他的养生方法是快乐的，他的养生术主张“行乐第一”，任何违背自己的欲望、牺牲自己的快乐的养生之法，即使公认行之有效，他也是弃而不取的。

李渔对《食物本草》这本在中国传统文化中有着重要地位、当时被奉为“养生家必需之物”的书不屑一顾，认为“翻阅一过，即当置之”。如果“留匕箸之旁，日备考核，宜食之食则食之，否则相戒勿用，吾恐所好非所食，所食非所好……则饮食之事亦太苦矣”，不仅苦，还可能致病，“尝有性不宜食而口偏嗜之，因惑《本草》之言，遂以疑虑致疾者。”他主张“食色，性也，欲藉饮

① 李渔.李渔全集(第三卷)：闲情偶寄[M].杭州：浙江古籍出版社，1991：310.
② 李渔.李渔全集(第三卷)：闲情偶寄[M].杭州：浙江古籍出版社，1991：311.

食养生，则以不离乎性者近似。”[①]同样，对于当时盛行的道教养生之法，因为“安生之计，惟赖坐功”，李渔认为此法太苦，弃而不行。

在李渔看来，要想养生，活得健康长久，首先就要乐，要开心。在生理欲望的层面而言，就是所有需求都能适时得到满足，并因此而感觉快意。“倦极而眠，犹饥之得食，渴之得饮，养生之计，未有善于此者。”[②]他认为开心的第一层，就是饿了有饭吃，冷了有衣穿，困了就能睡，累了就能休息，喜欢吃的多吃，不喜欢吃的少吃或者不吃。总之就是身体的生理欲望及时得到满足后，人所产生的愉快、舒畅、轻松的心理感受，这就是生理层面的乐。打坐养生不仅太苦，就连平常坐卧，也要“勿务端庄而必正襟危坐，勿同束缚而为胶柱难移。抱膝长吟，虽坐也，而不妨同于箕踞；支颐丧我，行乐也，而何必名为坐忘？”[③]顺着自己的心意，听从身体的需要，人心情舒畅了，也就不容易得病，自然活得长久。

但这种顺性适意又绝非任着性子胡来，而是要依据一定的规则，“性好之物，多食不为祟也。但亦有调剂君臣之法，不可不知。……虽有好不好之分，然君臣之位不可乱也。”[④]同时还要“有节”并且“驯至自然”，最终使这种有意识的自我节制成为一种自然而然的习惯，一种自动反应，最终达到顺性适意。“节之为言，明有度也”[⑤]，这只是“防已甚之词”，并非要压抑欲望，“杜情而绝欲”[⑥]的“不情”，而是要能守，不放纵，“能守则日与周旋而神旺，无守则略经点缀而魂摇。由有度而驯至能守，由能守而驯至自然，则无时不堪昵玉，有暇即可怜香。”[⑦]“太饥勿饱”，“太饱勿饥”，不管是饥还是饱，总之饮食要适度，而不能图一时痛快而吃得太多或太少。即使是身体的舒适与安逸，也应当有节制，李渔并不一味求逸，他甚至指出，适度的劳作有益身心健康，

---

① 李渔.李渔全集(第三卷)：闲情偶寄[M].杭州：浙江古籍出版社，1991：335.
② 李渔.李渔全集(第三卷)：闲情偶寄[M].杭州：浙江古籍出版社，1991：323.
③ 李渔.李渔全集(第三卷)：闲情偶寄[M].杭州：浙江古籍出版社，1991：325.
④ 李渔.李渔全集(第三卷)：闲情偶寄[M].杭州：浙江古籍出版社，1991：336.
⑤ 李渔.李渔全集(第三卷)：闲情偶寄[M].杭州：浙江古籍出版社，1991：343.
⑥ 李渔.李渔全集(第三卷)：闲情偶寄[M].杭州：浙江古籍出版社，1991：318.
⑦ 李渔.李渔全集(第三卷)：闲情偶寄[M].杭州：浙江古籍出版社，1991：343.

"不视为苦,则乐在其中。督率家人灌溉,而以身任微勤,节其劳逸,亦颐养性情之一助也。"①不管情欲、饮食,还是睡眠,所有欲望应当适度的节制而非痛苦的压抑,既顺从自己的心意予以满足,又不因无度放纵而殆及生命。可见,李渔的养生之术,实施的过程是愉快的,教人以使自己舒服的方法,求得愉快与长生。

(二)养生的根本在于心态乐观

然而,在李渔看来,通过满足生理欲望获得快乐,同时对自身在物质世界中的活动进行适度控制、调节,以保证对欲望的满足不因过度而伤害身体,比起这种养生方法,更重要、更根本的,还是要通过心态的转换,用正面思维积极、乐观地去面对人生的烦恼,以此来求得内心的平静、愉悦。如果说前者还要受到物质条件的限制,后者则超越了物质条件的影响。一方面,即使你拥有大量物质财富也未必能做到,说明这种"乐"比起之前的身体享乐具有较根本的"乐"的性质;另一方面,却又无需物质条件的支持就可以实现,哪怕你身无分文也可以做到,说明这种"乐"比起之前的身体享乐具有更强的普适性,也更符合李渔闲情美学强调实用、可用,贫富皆可行,不离俗却又不甘于俗的主张。

李渔在"行乐第一"之中,分别讲了贵、富、贫贱之人的行乐之法。贵、富、贫贱的区别,其实是依照不同的人群所拥有资源——既包括社会权力资源,也包括物质财富资源的丰富程度,从等级、经济两个角度,对当时社会人群作的粗略划分。这种分类方法虽然粗疏,但却将当时社会上所有人都涵括在内了。尽管将人群划分为这样的等级或许有失偏颇,但细究李渔为他们分别提出的行乐之法,归根到底都是在讲如何根据自身的情况,通过转换心态获得内心安宁、愉快,保持情绪稳定以达到养生的目的。

李渔对心态之乐的重视,在他的其他作品中也时有流露。在《丑郎君怕娇偏得艳》中,他讲到,姻缘错配无异于"哑子愁,终身病,是说不出,医不好

---

① 李渔. 李渔全集(第三卷):闲情偶寄[M]. 杭州:浙江古籍出版社,1991:332.

的”。但他却有良方，就是用“红颜薄命”一语来自我开解，不对婚姻抱太高期望，这样嫁得好则喜出望外，嫁不好是意料之中，也不会失望痛苦。他以阙不全和邹、何、吴三位娇妻的姻缘为例，要教看戏的女子懂得知足，毕竟像阙不全那样既丑且蠢又满身秽气的男子世上少有，而女子难得有才高如邹、貌美如何或才貌双全如吴的，所以看戏的女子应从中领悟到，自己的姻缘比起三位佳人，大多要幸运得多，这样一想，也就转悲为喜，变怨为乐了。就算嫁的人和阙不全一样，他也开出了疏导之方，“每夜只消在要紧头上熬那一两刻工夫，况那一两刻又是好熬的。或者度得个好种出来，下半世的便宜就不折了。”①粗俗、功利、浅薄的话语背后，折射出的仍然是转换心态以求得人生安乐的思路。尽管这种方法本身是消极、庸俗的，但从对待人生的现实态度来说，又有一定的实际、理性的色彩。当人无法抗争、改变不好的境遇时，与其成天沉浸在幽怨、哀伤的情绪之中，不如转换心态，接受现实，这样才有可能在生活给予的有限空间内去追求和实现幸福。

除此之外，在“疗病”一节中，李渔所讲到的各种治病之药，也是从“治心病”入手而“治身病”。他认为，病因失和，却病“有务本之法，止在善和其心。心和则百体和。即有不和，心能居重驭轻，运筹帷幄，而治之以法矣。”②李渔开出的治病良方，分别是本性酷好之药、其人急需之药、一心钟爱之药、一生未见之药、平时契慕之药、素常乐为之药、生平痛恶之药，全是从改变病人心情入手，改变他的精神状态，从而对他的身体健康产生良性影响，以有利于其病情的恢复。“‘略带三分拙，兼存一线痴；微聋与暂哑，均是寿身资。’此和心诀也。三复斯言，病其可却。”③情绪的调节是养生长寿的根本所在。

李渔形容自己的疗病方法是“触景生情，就事论事之方”，“随心所喜，信手拈来之药”④。这种“以意为医”的做法貌似唯心，实则已被今天的心理学研究所证实。弗洛伊德正是从对少女杜拉的歇斯底里症的研究中，逐步建

① 李渔. 丑郎君怕娇偏得艳[M]//李渔全集(第八卷)：无声戏. 杭州：浙江古籍出版社，1991：32.
② 李渔. 李渔全集(第三卷)：闲情偶寄[M]. 杭州：浙江古籍出版社，1991：343.
③ 李渔. 李渔全集(第三卷)：闲情偶寄[M]. 杭州：浙江古籍出版社，1991：344.
④ 李渔. 李渔全集(第三卷)：闲情偶寄[M]. 杭州：浙江古籍出版社，1991：347.

立起自己的精神分析王国,并对后来的整个心理学研究产生了深远的影响。现代心理学研究成果已经证明,身体的健康在很大程度上取决于精神的健康,身、心、灵三者不可分割,心灵的感受确乎会在身体上产生反应,人的情绪问题都会不同程度地在身体上反映出来。今天的很多心理疗法、灵性修行,都是从解决人的情绪、心态问题入手,来使人获得内心的愉悦、平静,在这一过程中往往能解决部分身体的病痛问题。这和300多年前李渔的"乐以养生"其实有异曲同工之妙。

养生益寿之事,就是要健康,长寿,少生病。在《闲情偶寄》的"颐养部"中,行乐、止忧二者是同一个问题的两个不同方面,都是讲如何保持良好的情绪;调饮啜、节色欲是为了保持身体的良好状态;却病、疗病则是指当身体有了病痛或可能出现病痛时,应该采取怎样的措施来恢复健康。三者看似并列,但实际最终都是落脚到"乐"上面。调饮啜、节色欲是讲如何在快乐与健康之间求得平衡,并不以牺牲欲望为代价。而却病、疗病,则完全是基于通过调节病人的情绪,使其心情舒畅,从而对其身体的康复起到良性的促进作用。

养生部分的内容看似离美学较远,但实际上,如果把握住其中"乐"这条线索,会发现其实整个李渔的闲情美学是一以贯之的。身体健康既是美好生活的基础,也是生活愉快不可或缺的一部分,同时与人心中审美闲情的形成相关。致力于身体美学研究的理查德·舒斯特曼(Richard Shusterman)曾经将身体美学的概念作简单归结:"充满灵性的身体是我们感性欣赏(感觉)的创造性自我提升的场所,身体美学关注这种意义上的身体,批判性地研究我们体验身体的方式,探讨如何改良和培养我们的身体。"①人的审美感知离不开状态良好的身体,从这个意义上来讲,养生不但是个体存在的时间长度问题,更关乎人的审美感知能力的问题,直接影响着个体存在的质量。李渔在谈到自己所说的"乐"时,曾经说过"人能以孩提之乐境为乐境,则去

① 舒斯特曼.身体意识与身体美学[M].程相占,译.北京:商务印书馆,2011:11.

圣人不远矣”[①]。他认为的最高之乐，其实就是一种忘却利害的自由之乐，也就是席勒所说的游戏的审美状态。

第三节　得美之途：李渔闲情美学的审美模式

李渔闲情美学认为，在生活中达到美的途径有三条：一是主体要从日常生活的现实考量中抽离出来，以审美而非功利的心态去审视生活世界，这使主体能够欣赏到生活中被忽视的美；二是面对生活世界中诸多不美的事物，主体要充分发挥人的主观能动性，积极地对事物加以美的改造，使之既合规律性，又合目的性；三是在现实环境使人不乐时，人要通过心态的转换，去改变自己的情绪以达到乐。

一、闲情：主体的审美心怀

《闲情偶寄》里有一段话可以作为李渔闲情美学的精要：“昔人云：‘会心处正不在远。’若能实具一段闲情，一双慧眼，则过目之物，尽在画图，入耳之声，无非诗料。”[②]李渔的《闲情偶寄》作为一部生活美学，教人美化生活，求美得乐，他认为，要在生活中感受美，重要的是人应当从日常生活的惯性思维、功利理路中抽离出来，用审美的心怀、审美的眼光去认真审视生活，也就是他所说的“闲情”“慧眼”，这是我们感受生活之美的前提。两者相较，“闲情”又比“慧眼”更为根本，因为有了审美的心怀，才可能以审美的眼光去观照世界。

“闲情”包含了从现实理路到审美理路所必须经过的两个层次。“闲”是指从实际功利的考量中解脱出来，与现实生活拉开时间与空间的距离，是身体的空闲，更是心灵的悠闲，这是闲情审美的第一步，即从现实理路中解脱

① 李渔. 李渔全集(第三卷)：闲情偶寄[M]. 杭州：浙江古籍出版社，1991：315.
② 李渔. 李渔全集(第三卷)：闲情偶寄[M]. 杭州：浙江古籍出版社，1991：177.

出来；而“情”则是指对审美对象心怀深情，以丰富、细致与深刻的情感，去观照生活中的具体事物，在琐碎、平凡中发现美，这是闲情审美的第二步，即从现实理路上升到审美理路。“闲”只是由功利到审美，在时间和心理上的条件准备，“情”才真正打开了由现实到审美的大门。

（一）细玩而得之的审美态度

我们生活的日常世界，是阿格妮丝·赫勒（Agnes Heller）所说的“‘自在的’类本质对象化的领域”或“重复性实践（思维）占主导地位的领域”，其特点在于一些同质图式支配着极为宽泛的异质行为范围。最基本的图式有“实用主义、可能性原则、模仿、类比、过分一般化”[①]。为了应对纷繁复杂的世界，人们总是遵循最小费力原则，寻求最大程度的可能性，基于习惯与重复生活，习惯于用类比模型去处理特例，这一方面使日常生活变得容易，另一方面也使日常生活变得粗糙、麻木和惰性十足。“重复性实践和重复性思维形式，是人的活动的思维的必要的积累性的基础。然而，由于这是一个略去了一般化过程（由于它是自发的和直接的）的一般化，因此它能够而且的确常常导致人的行为和思维中的某种僵硬。重复性实践（或思维）不断发起进攻，而在取得最佳结果的情况下，它甚至能蚕食本是创造性实践和思维的领地。它可能而且的确常常延缓我们去承认新事物，去辨别其中所内含的问题。在存在问题的情形中，即在需要创造性思维的情形中，我们常常试图以重复性思维侥幸过关或勉强应付。我们将会看到，这会导致日常生活的灾难：不仅如此，它也会阻碍个性的发展。”[②]活得太用力就成了一种沉沦，被生活吞没裹挟，丧失了生之自由。李渔的“闲情美学”正是要教人从日常生活的惯性中解脱出来，以“闲情”面对生活，对事物报以“细玩而得之”[③]的审美态度，从对自身生存状态缺少清醒知觉的“自在存在”转向“自为存在”。

有了“闲情”，我们才能摆脱日常生活基于经济原则的、对事物的过分一

① 赫勒. 日常生活[M]. 衣俊卿，译. 哈尔滨：黑龙江大学出版社，2010：159-172.

② 赫勒. 日常生活[M]. 衣俊卿，译. 哈尔滨：黑龙江大学出版社，2010：126-127.

③ 李渔. 李渔全集（第三卷）：闲情偶寄[M]. 杭州：浙江古籍出版社，1991：298.

般化的思维惰性，重新发现事物的独特之处，感知不一样的美。“人谓家常日用之事，已被前人做尽，穷微极隐，纤芥无遗，非好奇也，求为平而不可得也。予曰：不然。世间奇事无多，常事为多，物理易尽，人情难尽，有一日之君臣父子，即有一日之忠孝节义。性之所发，愈出愈奇，尽有前人未作之事，留之以待后人，后人猛发之心，较之胜于先辈者。”①从这里也可以看出李渔对待生活的态度，他并不笼统、麻木地将家常日用之事视作日复一日的机械重复，而是从家常日用中努力地去发现难尽之人情，发现每一件事的独特个性。这其实就是“闲情”的表现之一，摆脱过分一般化和对单一事例的粗略处理，以自觉的眼光去看待生活，也唯有如此，生活才能每天都是新的，才有美可言。

“闲情”之所以重要，因为“只有当人以审美之心去观照时，好货好色才会以审美客体身份获得审美活动意义上的美”②。李渔感叹女子读书习字的场景本身就是一幅美妙的图画，“此等画图，人间不少，无奈身处其地，皆作寻常事物观，殊可惜耳。”③“现实经验即是现实生命体的当下生活，或活着；而审美则是在活过之后，对于自己曾活过的内容进行自觉的自我观照式再体验。审美意识的自觉、审美趣味的自觉，便是这种对于自我人生经验再体验的自觉。大部分人都太执着于当下的感知境界，而忽视此事后（时间距离）事外（空间距离）的再经验——审美体验过程，于是就失去了这种自我感性观照的高境界的精神性生命乐趣。”④“闲情”正是要求人与现实经验拉开时空距离——“闲”，自觉地对生活世界的内容进行自我观照式的再体验——“情”，从而获得审美体验的精神性愉悦。

李渔曾经为官署写过一副对联，“能与山水为缘，俗吏便成仙吏；不受簿书束缚，忙人即是闲人。”⑤这里充分说明了“闲情”的主观能动性。“身闲”往往不由自己决定，受到生活琐事的影响与制约。但“心闲”却可以成为个体

① 李渔.李渔全集（第三卷）：闲情偶寄[M].杭州：浙江古籍出版社，1991：14.

② 张维昭.悖离与回归——晚明士人美学态度的现代观照[M].南京：凤凰出版社，2009：18.

③ 李渔.李渔全集（第三卷）：闲情偶寄[M].杭州：浙江古籍出版社，1991：145.

④ 薛富兴.“生活美学”面临的问题与挑战[J].艺术评论.2010(10)：53-56.

⑤ 李渔.内署三联（其一）[M]//李渔全集（第一卷）：笠翁一家言文集.杭州：浙江古籍出版社，1991：246.

自主的选择,并由心境空明、澄澈的"心闲"上升到作为情感体验的"闲情"。尽管为吏,不堪公务、琐事之苦,却可以用"闲情"的审美心胸,从内署四周的景色中发现美,从而让自己疲惫的心灵得到片刻抚慰,而不是整日在书簿中焦头烂额。一忙一闲、一俗一仙——雅的最高境界——之间的区别,全在乎是否有审美的心胸,是否能在日常生活中时时保持一种审美的态度。生活中的美虽然在具体对象身上得到展现,但实际上这种美来自主体的创造性思维与实践,美在主体的审美心胸。如果没有"闲情"的审美心胸,则如入芝兰之室,久而不觉其香。"此等画图,人间不少,无奈身处其地,皆作寻常事物。"①再美好的事物,一旦被当作寻常事物,其美也就无法被感知。生活中具体事物的美好,说到底还是审美心胸的对象化。

日常生活中人们为了生存的效率,奉行经济原则,将具体事例都进行过分一般化的粗略处理,无视对象的特性,更谈不上对美的感受。而"闲情"则放下利益、效率的功利考量,用一腔深情,去感知对象,从而获得一种审美的自由与快感。这种对人间的深情是感受生活之美的必需条件,而《闲情偶寄》一书中所举的诸多美化生活的办法、举措,不过是让生活之美愈加彰显,从而让拥有"闲情"的人能够更好地感受到它罢了。

被李渔形容为足以令人飘然欲仙的"床令生花法",其实讲的就是巧妙地在床后设置不露痕迹的托板,上面施以花果、香料等带有香气的物事,使得人在入睡、梦醒时,都能闻到美好的香味。李渔对这种享受的体验非常细致,他不光闻到香气,而且对"闻到"这一行为进行了更深入的体验,体验到"咽喉齿颊尽带幽芬,似从脏腑中出,不觉身轻欲举,谓此身必不复在人间世矣",并因此而幸福到有点夸张地对妻儿说:"我辈何人,遽有此乐,得无折尽平生之福乎?"②对于生活在科技时代的现代人而言,居室生香是非常容易实现的事情,香薰、香水、室内绿植,均可以达到这样的效果,但却很少有人对这些香味产生如李渔那般的审美快感。究其原因,还是缺少审美心胸,被日常生活

① 李渔.李渔全集(第三卷):闲情偶寄[M].杭州:浙江古籍出版社,1991:145.
② 李渔.李渔全集(第三卷):闲情偶寄[M].杭州:浙江古籍出版社,1991:209.

的惯性推着往前，而对身边随处可及的美好缺乏“再经验”的热情，也就感受不到对象的美。而李渔不同，他对日常生活事物的观察和感受细致入微。他在不如意的烦恼人生中始终保持着对生活的热情，去体验、去感受，他虽一介寒儒，常常捉襟见肘，对生活的美却有着深刻的感悟，写出《闲情偶寄》这样一本教人行乐的著作。生活美的真正来源，在于对生活始终保有“闲情”的审美态度。这也正是我们借以摆脱日常生活的重复与乏味的不二法门。

(二)用心经营的生活态度

“闲情”的审美心胸来源于对生活的热爱与深情，这种热爱与深情在李渔闲情美学中的另一种表现就是不将就、不凑合，用心经营的生活态度。

李渔尽管生活并不富裕，但他始终保持着对生活品质的要求，以一种不将就、不凑合的态度去用心经营生活。家里分文没有，却典当妻妾首饰去买水仙，“宁短一岁之寿，勿减一岁之花”。家里经济困窘到要“借营债、打抽丰”的地步，他却举债也要造园，同时还蓄养家班。为使自己的家庭庞大，而背上了沉重的生活重担。他的这些不切实际的举动被很多学者视为不善理财，但在这些现象背后，折射出的却是李渔对生活的态度：即使日子再苦，也要保持热情，用心经营生活，不肯降低生活的质量，将就、凑合着过日子。

用心经营的生活态度，在李渔看来，是享受生活之美的条件之一。在谈到箱笼箧笥时，李渔说到前人所制云备，稍有变更则不适用，在诸物之体上没有什么文章可做，但他却精益求精，指出箱笼箧笥的枢钮尚有值得巧心设计之处，以达到“使有之若无，不见枢钮之迹”[①]的效果。

李渔对生活细节的追求不是以“用”为标准，而是以“美”为准绳，并臻于极致。因此，即便是别人很难注意到的炉内香灰，他也要求美观、精致。用来平整香灰之锹，原只是实用之物，他却将其设计成“笠翁香印”，以木易铜，且在木上镂以老梅、菊花、五言、八卦之风雅事物，既使得压灰效果更为平整，又使得香灰在平整之余还能呈现出令人赏心悦目的图案来，“使人巧天

① 李渔. 李渔全集(第三卷)：闲情偶寄[M]. 杭州：浙江古籍出版社，1991：212.

工两擅其绝”[①]，达到既增添生活的美感，又不落雕凿痕迹的效果。他提倡“贵活变”，认为“幽斋陈设，妙在日异月新”。即使不添置新的器具摆设，也要经常变换家中器物的位置，营造出新意，“居家所需之物，惟房舍不可动移，此外皆当活变。何也？眼界关乎心境，人欲活泼其心，先宜活泼其眼。”[②]

就连米饭这样平常的物事，李渔也不肯将就，一定要追求美的效果，于是他对米饭加以花露，使其在米香之外，生出花香，平常的米饭便变得精美不凡起来。他觉得一些花草的名字不美，也自己为之更名，易夹竹桃为“生花竹”，改鸡冠花为“一朵云”“五色云”，将玉簪花呼作“江皋玉佩”，名黄杨为“知命树”，这些看似多余的举动，实则折射出李渔对美的执着。

这是一种不将就、不凑合，用心经营的生活态度。尽管现实有着诸多限制，但却可以通过积极调动人的主观能动性，努力地摆脱这些物质的束缚与限制，把生活经营出美感来，提升生活的质量。这也正是人之为人的意义和价值所在。李渔对室内陈设的要求是“使人入其户登其堂，见物物皆非苟设，事事具有深情”[③]，这里的“深情”，既是指的“用心思”，也暗含对人生的一腔深情，不是将就凑合，而是发自内心的热爱。

“对任何人来说，‘我’的解放必须有一个先决条件，那就是要发现这一点，即学会生活(vivre)绝不是学会存活(survivre)。”[④]生活与存活的差别，就在于前者是主动地介入生活，后者是被动地维持生存。用心经营，就是一种生活而非存活的态度，不对现实妥协低头，而以一种昂扬积极的姿态去丰富和建构带有“我”之烙印的生活。

不管是“细玩而得之”的审美眼光，还是用心经营的生活态度，李渔的“闲情”在本质上是一种内在超越。当外在的现实生活越是逼仄窘迫，人的内在超越就越加不可或缺。正是在“闲情”的内在超越中，李渔摆脱了现实的不如意与羁绊压迫，获得了人生的开阔与慰藉，得到了心灵的自由与解放。

---

① 李渔. 李渔全集(第三卷)：闲情偶寄[M]. 杭州：浙江古籍出版社，1991：217.

② 李渔. 李渔全集(第三卷)：闲情偶寄[M]. 杭州：浙江古籍出版社，1991：231.

③ 李渔. 李渔全集(第三卷)：闲情偶寄[M]. 杭州：浙江古籍出版社，1991：230.

④ 瓦格纳姆. 日常生活的革命[M]. 张新木，戴秋霞，王也频，译. 南京：南京大学出版社，2008：10.

二、智巧:主体的想象力与创造力

在主体的审美心胸“闲情”以外,能够感受生活之美的另一个重要条件是人要充分发挥自己的主观能动性,发挥自己的想象力与创造力,即人的“智巧”,去改造、美化生活中的具体事物。

李渔的闲情美学强调人人皆有追求美的能力。所以他的一部《闲情偶寄》,时时强调是写给所有人看的,不光是有条件的富贵之家才有资格追求生活的快乐与幸福,寒素之家同样也可以努力经营自己的生活,使之具有美感。同样,对生活美的经营虽然会受到人的文化层次、审美品位的影响,但在李渔看来,这种影响并非绝对,更根本的是你能否以一腔热情去大力地拥抱生活,能否充分运用你的智巧。“人谓变俗为雅,犹之点铁成金,惟具山林经济者能此,乌可责之一切?予曰:垒雪成狮,伐竹为马,三尺童子皆优为之,岂童子亦抱经济乎?有耳目即有聪明,有心思即有智巧,但苦自画为愚,未尝竭思穷虑以试之耳。”①

晚明是个体意识觉醒的时代,外在的“天理”失去对人心的束缚能力,以王畿为代表的心学流派将善恶的判断标准交给人的内心,个体的存在价值得到凸显。个体的存在可以通过自发和自为两个层次展开:自发指的是人的生存的延续,晚明社会物欲横流,人人张扬欲望,其实是在自发的层面上确证自我的存在,这是肤浅的、动物性的层次;自为,则是指人的创造性的实践与思维,包括科学、哲学和艺术,以及与这三者相关的方方面面,人在这样的活动中充分发挥着自己的创造力,将个人的力量对象化,从被自发的特性所操控、支配,进入到自为的个性的创造性活动中,这是在更高级的、人道化的层面上完成自我的实现,确认自我的个体存在。

李渔重视个人欲望的满足,同时他也强调人作为独立的个体,应当充分发挥自己的主观能动性,通过创造性的行为给世界打上“我”的烙印。尽管

---

① 李渔.李渔全集(第三卷):闲情偶寄[M].杭州:浙江古籍出版社,1991:202.

在《闲情偶寄》中，他讲到“智巧”的发挥时，更多是从美化生活的角度上讲的，但在这种美化活动进行的过程中，人感受到自身力量的展现，体会到创造的自由与快乐，这和他“求美得乐”的追求仍然是一以贯之的，且使他闲情美学的整个体系更加丰富。所以李渔在讲到如何发挥“智巧”去改造物质世界时，总不忘强调“智巧”人人皆有，并站到整个人生的高度而非仅仅从美化生活的角度去谈发挥“智巧”的重要性。

在谈到窗栏样式的设计时，李渔说：“窗栏之制，日新月异，皆从成法中变出。‘腐草为萤’，实具至理，如此则造物生人，不枉付心胸一片。”①“心胸一片”是“造物生人”的意义所在，也是人存在的根本价值所在，如果生而为人却不能发挥人的灵明，则造物的苦心白费。“‘心之官则思。’如其不思，则焉用此心为哉？”②“思”是“心”存在的意义，“心”则将人与动物区分开来。在李渔看来，人存在的价值与意义，就在于人具有心智，能够充分发挥自己的主观能动性，去改造世界，而非如动物一样只能生活在世界的限定之中。“智巧”是人的本质力量的展现，也是人存在的根本证明。

李渔指出，只要人肯用心动脑，就能克服现实物质空间的局限，利用自然世界于我有益之处，而避开或者改善其不利于我之处。在讲活檐之制时，他说“是我能用天，而天不能窘我矣”③，这里的“天”，从文本的语境来分析，是指作为天气、天空的“天”，但结合非文本语境的意义来看，也是指作为与人相对的、宇宙自然力量化身的“天”。李渔强调的是要“用天”而不为天所“窘”，就是人要利用自然，冲破物质条件的限制，这实际上也反映出晚明社会形态由传统的农业社会开始向商业社会转变的现实。④

李渔的“智巧”始终是从生活本身出发，讲究实用，因地制宜，而非不切

---

① 李渔. 李渔全集(第三卷)：闲情偶寄[M]. 杭州：浙江古籍出版社，1991：164.

② 李渔. 李渔全集(第三卷)：闲情偶寄[M]. 杭州：浙江古籍出版社，1991：186.

③ 李渔. 李渔全集(第三卷)：闲情偶寄[M]. 杭州：浙江古籍出版社，1991：159.

④ 传统的农业社会在很大程度上是靠天吃饭，必须遵循自然界的规律，受天时、地利等物质条件的限制较多。相对于“天”的力量而言，“人”的力量是微不足道的。而商业社会相对而言，主要依靠货物买卖的差价获取利润，尽管也多少会受诸如气候、地域等自然因素的影响，但更多的是受到个人因素的影响。个人在早期商业社会的交易中起着至为关键的作用，个人对市场行情、买卖时机的判断与把握，在业务开拓、商业谈判方面所起的作用，极大地影响到个人经商的成果。

实际，刻意求巧。李渔设计的“暖椅”是极尽巧思的典型例子，正如他自己在前面对这一设计之由来进行交代时所说的那样，“计万全而筹尽适”。一椅既可以暖身，又可以暖砚，还可以焚香，甚至可以薰染坐者身上衣物，也可起到烘衣暖被的作用，可坐可卧，加以柱杆，覆以衣顶，还可当一乘暖轿，供冬日出行之用。[①]

李渔在“器玩部·橱柜”一节中谈到如何有效利用橱柜内部空间：设置宽度仅橱柜进身之半或三分之一的搁板，将一层空间分为高低两层，以放置高矮不同的事物，充分利用层内空间；将一个抽屉的空间分为数格，以便分门别类，随所有藏。[②] 这两种方法在今天谈收纳艺术的各种生活实用类书籍中，已然被广泛采用。近年来市面上开始流行的各种搁板、抽屉内隔板、收纳筐等生活器具，早在三百多年前的《闲情偶寄》中，便已有之。由此可见李渔对生活的用心。

在李渔看来，“智巧”是比物质本身更重要的改善和美化生活的工具，“止将原有之物，加以举手之劳，即可变无益为有裨。”[③]“斯编一缶，世间宁复有弃物乎？”[④]就像他多次提到的“牛溲马渤”皆可入药的说法一样，他常常是将身边事物信手拈来，稍加改动，便点铁成金，甚至变废为宝。而且他非常得意于自己的这种能力。

生活美离不开物质对象，却不依赖和受制于物质对象，生活之美不在于占有的各种美好事物，而在于充分发挥人的主观能动性，对现有的事物加以创造性地改善和利用，从而使其既合规律性，又合目的性。同时，在这一过程中，人能体会到冲破物质条件的限制，“天不能窘我”的自由与愉悦，以及“我能用天”，确认自身力量和自我存在的自豪与满足。这种“智巧”是一种技术之美，“技术美正是美的本质的直接披露。美之所以是自由的形式，不也正在于通过技术来消除目的性与规律性的对峙，从而达到从心所欲，恢恢

① 李渔.李渔全集(第三卷)：闲情偶寄[M].杭州：浙江古籍出版社，1991：204-207.
② 李渔.李渔全集(第三卷)：闲情偶寄[M].杭州：浙江古籍出版社，1991：211-212.
③ 李渔.李渔全集(第三卷)：闲情偶寄[M].杭州：浙江古籍出版社，1991：218.
④ 李渔.李渔全集(第三卷)：闲情偶寄[M].杭州：浙江古籍出版社，1991：219.

乎游刃有余吗?"①

三、转换心态:创造进入审美体验的心理条件

一般情况下,只要主体有了清醒的认识,就不难做到中断现实功利的计较,进入"闲情"审美状态,或者发挥"智巧"去创造美。但在特殊的时刻,人在现实的烦恼中陷入太深时,往往很难转换到审美的状态中来。这个时候,就需要主体有意识地调节自己的情绪,完成心态的转换,将注意力从烦、畏、苦上转移开来,进入平和、安宁、愉悦的心理状态,从而为进入审美状态奠定必要的心理条件。

转换心态的途径主要有三条:

(一)从"死之可怖"到"生之可乐"

"知我不能无死,而日以死亡相告,是恐我也。恐我者,欲使及时为乐,当视此辈为前车也。"②死亡能引发人类对自身存在的反省,正是因为死亡给生命划上终点,人才意识到自身生命的不可再来,才会追问自身存在的意义,反思自己存在的方式。

在面对人生而必有一死的现实时,李渔并没有像很多前辈或者同时代的文人一样,发出忧生之叹或者惆怅感伤,而是以乐观的态度去面对,将明天恐怖的死转化为今天认真地活的缘由和动力。李渔将死亡问题展现在读者面前,让他们必须面对这个残酷的事实,是为了给他们敲一记警钟,使他们悚然而惊,意识到生命之短暂,死亡之必至,从而反思自己应该怎么样活着,并意识到活着本身就是一件值得庆幸的事情,而人生不易,苦多乐少,所以更要及时行乐,达观处世。

---

① 李泽厚.美学三书[M].天津:天津社会科学院出版社,2003:447-448.

② 李渔.李渔全集(第三卷):闲情偶寄[M].杭州:浙江古籍出版社,1991:308.

(二)以他人为退步,知足常乐

“凡我分所当行,推诿不去者,即当摒弃一切悉视为苦,而专以此事为乐。……若于此外稍得清闲,再享一切应有之福,则人皇可比玉皇,俗吏竟成仙吏,何蓬莱三岛之足羡哉?此术非他,盖用吾家老子‘退一步’法。以不如己者视己,则日见可乐;以胜于己者视己,则时觉可忧。”①李渔认识到,世上每个人都有自己独特的境遇,也有各自不同的烦恼。人往往容易囿于自己的世界,只看到别人所有、自己所无,从而倍觉苦楚与不快。如果人能够多看看自己所有、别人所无,将目光更多地落到自己已经拥有的东西上面,幸福感就会大大增强。

这种方法以他人为退步,通过与不如自己的人的对比,使人把注意力由“比上”转向“比下”,由看到“不足”而生攀比心、竞争欲和对现状的不满,转向因为“有余”而感到平静、知足、快乐。一方面,可以因心情良好、情绪稳定而起到养生之功,另一方面,也可以因此而放慢人生的脚步,减轻自我压力,从而使身心得到放松,有利于人的身心和谐与健康。

(三)以逆境为退步,知眼下之可乐

对于那些本身就处于社会底层、生活不易的人来说,养生更难,物质力量有限,就更得倚重心态转换。所以李渔又提出,“穷人行乐之方,无他秘巧,亦止有退一步法。”②李渔教导穷人要会想,不仅要想到有更不如自己的人,看到自己所烦、所苦之事是有些人求不得之事,意识到自己的幸福,还要以自己为退步,“凡行乐者,不必远引他人为退步,即此一身,谁无过来之逆境?大则灾凶祸患,小则疾病忧伤。……忆苦追烦,引出无穷乐境,则又警心惕目之余事矣。”③忆苦思甜,用过去的不如意来作参照,就能对比、衬托出当下情境其实并非那么苦楚不堪,从而有利于人从抱怨、不满的负面心态中

---

① 李渔. 李渔全集(第三卷):闲情偶寄[M]. 杭州:浙江古籍出版社,1991:310.
② 李渔. 李渔全集(第三卷):闲情偶寄[M]. 杭州:浙江古籍出版社,1991:312.
③ 李渔. 李渔全集(第三卷):闲情偶寄[M]. 杭州:浙江古籍出版社,1991:314.

解脱出来，以愉快的心情去正面、积极地生活，保持良好的情绪，从而健康长寿。

“乐”无疑是李渔的闲情美学的一条核心线索。从这个意义上讲，过往研究者将李渔的《闲情偶寄》视为享乐主义之作，并非没有道理。然而，李渔的闲情美学又并非单纯的追逐身体快感那么简单，通过前面对其闲情美学中“乐”的美学分析，我们不难发现，享乐只是其中的一部分，而且位于较低的层次。李渔所追求的“乐”，不排斥快感，但比快感更丰富，并非身体欲望的简单满足，更多的是一种内心的愉悦。快感是依靠外部刺激性的、强烈的、瞬间即逝的，而审美愉悦虽可以由外物感发，但更多的是一种心理状态，可以通过内心活动而获得，同时往往是宁静的、持续时间更长的。李渔闲情美学中美化生活的种种努力，悦目也好，爽口也罢，最终都是为了“赏心”“悦意”。这种心灵的快乐，实质上是一种幸福感。

“即便大多数的愉悦是肤浅而无意义的，愉悦本身却在生活的导向中发挥着深刻而重要的功能……在生物进化与心理学的层面上，愉悦提升了生命的质量。它不仅仅引领我们找到我们的生物学需要（远在严谨的理性之前，并且，比严谨的理性强大得多），同时，它也给我们提供了这样一个承诺：生活是值得的，生命是有价值的。”①李渔闲情美学引导人追求生活之美，正是为了使人得乐，并由此感受到生活和生命的价值，获得幸福感。在李渔的闲情美学中，既有形而下的身体快感，也有形而上的审美的愉悦。心灵的“乐”始终不离最低的烟火生活，乐与美交织在一起。求美是为了得乐，而在追求美的过程中，又始终伴随着审美的愉悦。从这个意义上来讲，转换心态，离苦得乐，不仅是为进入“闲情”的审美心怀作情绪上的准备，其本身就是实现美的途径之一。

---

① 舒斯特曼．身体意识与身体美学[M]．程相占，译．北京：商务印书馆，2011：65.

第四章
李渔闲情美学的思想渊源及市民特性

明代受民族主义的影响，进一步提倡传统的儒家文化尤其是程朱理学，从民族和文化的双重角度，彰显政权合法性和合理性，并以此作为科举考试的考试范围。

与此同时，儒家思想特别是理学知识的制度化和世俗化现象越来越严重，思想的边界被划分得越来越清晰、严格，“本来是批评性相当深刻的程朱学说，一方面深入社会生活，成了一般思想世界普遍接受的知识和原则，另一方面渐渐失去了站在政治体制外的超越和自由立场，成了政治权力与意识形态的诠释文本。”①

僵化的思想无法应对剧烈变幻的世态，士人们开始寻求理学之外的思想资源。于是，明代中后期，心学开始兴起，和传统的儒家思想一起，影响着李渔的人生道路和生活哲学。与此同时，“作品的产生取决于时代精神和周围的风俗”②，李渔闲情美学的形成，也离不开当时的时代背景、生活地区的风俗习惯的影响。本章将从社会环境和思想传统两条线索分别追溯李渔闲情美学思想的渊源，同时分析指出其鲜明的市民性。

---

① 葛兆光. 七世纪至十九世纪中国的知识、思想与信仰. 中国思想史(第二卷)[M]. 上海：复旦大学出版社，2007：291-292.

② 丹纳. 艺术哲学[M]. 傅雷，译. 天津：天津社会科学出版社，2004：29.

第一节 李渔闲情美学产生的社会环境

明太祖朱元璋对百姓采取“用宽”政策。明初30年，社会经济得到了很好的恢复与发展。农业、手工业和商业日益兴旺发达，农业与工商业分离的趋势越来越明显，在这样的基础上，城市日益繁荣发展，当时的中国出现了30余座大中城市。

伴随着商业繁荣、城市兴起，市民阶层作为一个新兴社会阶层开始崛起。繁荣的商业经济与反映市民阶层追求的新思想，影响了有明一代的整个社会政治和文化面貌。明朝正德之前，封建专制主义统治严酷，社会思想保守、刻板，人们生活受到种种禁令拘限，呈现出拘谨、俭朴、墨守成规的面貌，文化发展、审美风尚都比较单一。随着明代中后期政治上宽松局面的出现，正德以后，社会风尚为之一变，专制政权强施给人们思想、行为上的枷锁被打破，人们心底压抑已久的对自由、舒适与美的需求溃堤般泛滥，一时间形成了生活上“人皆有志于尊崇富侈，不复知有明禁，群相蹈之”①和思想上个人主义、浪漫主义、现实主义盛行的局面。

一、城市兴盛，市民文化繁荣

明太祖朱元璋出身贫苦农家，当过流民，率领农民起义军夺得政权，从元朝覆亡的经历中悟出保国之道，藏富于民。民富则亲，民贫则离，民之贫富，国家休戚系焉。自昔昏主恣意奢欲，使百姓困乏，至于乱亡的道理，在“用宽富民”思想的指导下，他鼓励屯田垦荒、兴修水利、减轻赋役等，使得全国经济在短短几十年间得以恢复、发展。

农业的发展使得农民有更多农隙时间可以进行工商业经营，而随着经济的进一步发展，小规模、小范围内的，单纯靠农隙时间的工商业经营已不

---

① 张翰. 松窗梦语[M]. 北京：中华书局，1985：140.

能适应形势发展，为了获得更多利益，部分农民开始放弃农业生产，专事工商业经营，并且走南闯北，将自己的货物贩卖到异地，“以所多易所鲜”，以求利润的最大化。农业与工商业的分化出现了。城市，就在这样的分化过程中不断繁荣、兴盛、发展壮大。而城市的兴盛又进一步促进了商品经济的发展。当时物质生产的繁荣，从时人张翰的笔记中可见一斑：

“京师负重山，面平陆，地饶黍谷驴马果蓏之利，然而四方财货骈集于五都之市。彼其车载肩负，列肆贸易者，匪仅田亩之获；布帛之需。其器具充栋与珍玩盈箱，贵极昆玉、琼珠、滇金、越翠。凡山海宝藏，非中国所有，而远方异域之人，不避间关险阻，而鳞次辐辏，以故畜集为天下饶。”①

“京师以南，河南当天下之中，开封其都会也。北下卫、张，达京圻，东沿汴、泗，转江、汉，车马之交，达于四方，商贾乐聚。地饶漆絺枲纻纤纩锡蜡皮张。”②

嘉靖时，“两直隶、十三布政司，统府一百五十二，州二百四十，县一千一百三十四，百九十三卫，二千五百五十四所，宣尉司十二，宣抚司十一，招讨安抚司十九，长官司一百七十七”③，府城、州城、县城和司城共计 1 745 个。明代城市不仅在数量上和规模上远胜前代，还发展出种类繁多的类型，既有北京、南京、开封这样的综合性大城市，又有杭州、苏州、扬州、临清、济宁州（今山东济宁）、天津、通州（今江苏南通）、武昌、芜湖、上海、南昌、吉安、西安、成都、汾州（今山西汾阳）、太原、仪真（今江苏仪征）、常熟和汉阳（今湖北武汉汉阳区）等工商型城市；对外贸易型城市有广州和海澄（今福建漳州龙海市）等；边塞城市有大同、宣府（今河北宣化）、辽东（今辽宁北镇）、肃州（今甘肃酒泉）、甘州（今甘肃张掖）、兰州、宁夏（今宁夏银川）等。除此之外，还有相当数量的“镇市”，如江西的景德镇、广东的佛山镇、山东青州府益都县的颜神镇、湖广的汉口镇等“名虽为镇，实际上和城市没有什么两样”的知名

① 张翰. 松窗梦语[M]. 北京：中华书局，1985：81.
② 张翰. 松窗梦语[M]. 北京：中华书局，1985：82.
③ 郑晓. 今言[M]. 北京：中华书局，1984：90.

大镇。①

城镇的迅速繁荣壮大，意味着以城镇居民为主体的市民阶层迅速扩充，成为一股不可小觑的社会力量。在晚明，城市文化迅速发展，影响了整个时代的文化与审美风尚。

市镇作为商业中心，有着交通便利、经济发达、人口密集等特点，所以具有天然的优势，成为各种信息的集散地和文化凝聚、发展的重要地带。生活在市镇里的人们，无论是高门贵族、富商巨贾还是平头百姓，或为了攫取更多利益，或为了谋生，在日常的交流沟通之中，都自觉或不自觉地接受、吸纳着各种新的信息、知识和技术，开阔眼界、增广见闻，在实际生活中对社会、人生的认识不断深化，知识技能也不断提高，加上科举入仕后能带来一定经济、政治上的特权，所以当时只要有条件的家庭几乎都送孩子读书，这些都在一定程度上促进了城市文化的形成和发展。

农家生活是依时而为，“日出而作，日落而息”。城市生活则不直接受天时节气的约束，远离自然生产，就在一定程度上摆脱了“四时”的限制。东方未白，小商小贩已经挑着货担走街串巷，茶楼酒肆也开始点灯开门，准备迎接早客。夜色阑珊，人们次第入梦时，秦淮河上的画舫仍然灯火摇曳、人声鼎沸。商业往来交际应酬、城市居民日常交际应酬、红白喜事、婚丧嫁娶、酬神赛会等等，无不推动着城市服务业、娱乐业的发展。看戏、听曲、阅读小说、划龙船、放风筝、观山水、打马、遛鸟、斗鹅、观灯、赏月、看花，甚至狎妓、赌博，当时的市民生活丰富多彩。

以泰山客店为例：

“客店至泰安州，不敢复以客店目之。余进香泰山，未至店里许，见驴马槽房二三十间；再近，有戏子寓二十余处；再近，则密户曲房，皆妓女妖冶其中。余谓是一州之事，不知其为一店之事也。……计其店中，演戏者二十余处，弹唱者不胜计。庖厨炊灶亦二十余所，奔走服役者一二百人。下山后，荤酒狎妓惟所欲，此皆一日事也。若上山落山，客日日至，而新旧客房不相

① 韩大成.明代城市研究[M].北京：中国人民大学出版社，1991.

袭，荤素庖厨不相混，迎送厮役不相兼，是则不可测识之矣。泰安一州与此店比者五六所，又更奇。”①

泰山一客店规模便如斯之盛，且一州之中，如此之店还有五六所，足见当时旅游服务业的兴旺之象。

素号富饶的江南，城市文化更是兴盛，以出游为例：

“虎丘去城可七八里，其山无高岩邃壑，独以近城，故箫鼓楼船，无日无之。凡月之夜，花之晨，雪之夕，游人往来，纷错如织。而中秋为尤胜。每至是日，倾城阖户，连臂而至，衣冠士女，下迨蔀屋，莫不靓妆丽服，重茵累席，置酒交衢间。从千人石上至山门，栉比如鳞，檀板丘积，樽垒云泻，远而望之，如雁落平沙，霞铺江上，雷辊电霍，无得而状。”②

“荷花荡在葑门外，每年六月廿四日，游人最盛。画舫云集，渔刀小艇，雇觅一空。远方游客至，又持数万钱无所得舟，蚁旋岸上者。舟中丽人，皆时妆淡服，摩肩簇舄，汗透重乡如雨。其男女之杂，灿烂之景，不可名状。大约露帏则千花竞笑，举袂则乱云出峡，挥扇则星流月映，闻歌则雷辊涛趋。苏人游冶之盛，至是日极矣。”③

除了节庆、出游，当时的娱乐产业也十分之发达。“妓家分别门户，争妍献媚，斗胜夸奇，凌晨则卯酒淫淫，兰汤滟滟，衣香一园；停午乃兰花茉莉，沉水甲煎，馨闻数里；入夜而擫笛搊筝，梨园搬演，声彻九霄。”④“今时娼妓布满天下，其大都会之地动以千百计，其他穷州僻邑在在有之，终日倚门卖笑卖淫为活，生计至此，亦可怜矣。”⑤嘉靖年间，曾任兵部尚书的宜黄人谭纶从浙江将海盐腔戏班带回原籍，到万历年间，宜黄的优伶之数就几乎达到了千余人。⑥ 至于杭州，“东坡谓：‘其民老死不识兵革，四时嬉游，歌舞之声，至今不

① 张岱. 泰安州客店[M]//朱剑芒. 美化文学名著丛刊. 上海：上海书店，1982：36.
② 袁宏道. 虎丘记[M]//钱伯城，笺校. 袁宏道集笺校. 上海：上海古籍出版社，2008：157.
③ 袁宏道. 荷花荡[M]//钱伯城，笺校. 袁宏道集笺校. 上海：上海古籍出版社，2008：170.
④ 余怀. 板桥杂记[M]. 上海：上海古籍出版社，2000：8.
⑤ 谢肇淛. 五杂组[M]. 上海：上海书店出版社，2001：157.
⑥ 陈宝良. 明代社会生活史[M]. 北京：中国社会科学出版社，2004：563.

衰。'夫古称吴歌,所从来久远。至今游惰之人,乐为优俳。二三十年间,富贵家出金帛,制服饰器具,列笙歌鼓吹,招至十余人为队,搬演传奇;好事者競为淫丽之词,转相唱和;一郡城之内,衣食于此者,不知几千人矣。人情以放荡为快,世风以侈靡相高,虽踰制犯禁,不知忌也。"①而绍兴"优伶之鬻伎吾乡者,至数千人。"②说书填词业也相当发达,以至于出现了柳敬亭、王月生这样的明星,柳敬亭"一日说书一回,定价一两,十日前先送书帕下定,常不得空"③。

随着市镇的兴旺,人口压力的增大,农村劳动力不断涌向城市,城市聚集了越来越多的人口。八方货物咸聚于此,晚明城市也越来越繁华,新的行业不断涌现,在原有的士、农、工、商、兵、僧这"六民"之外,新添的"十八民"全是"不稼不穑"的"末作之民"。人口流动越来越频繁,尤其是商人、士人、工匠、技艺之人等四处游寓,既推动了城市文化的繁荣,也促进了城市文化的传播、流通。城市文化的不断繁荣、传播,最终形成了一股强大的力量,对社会的审美风尚造成很大影响。

二、精神枷锁破碎

明初,为了进一步从民族主义的角度强调新政权的正当性,朱元璋特别强调儒家之学。同时,为了确保权力对思想的控制,统治者还颁布了科举成式,官方编定《五经大全》《四书大全》《性理大全》等,"有发明经义者取之,悖于经旨者去之",划定了知识和思想的疆域,甚至规定了士人阅读和理解的方向。这样一来,士人们思想的空间十分有限,整个社会的文化环境令人窒息。

而到了明代中期,朝政趋于宽松,经济繁荣,商业发达,城镇不断涌现,新的文化风气也开始萌动,社会不再是铁板一块。社会流动性增强,古代的

① 张翰. 松窗梦语[M]. 北京:中华书局,1985:139.
② 陶奭龄. 小柴桑喃喃录[M]. 吴宁,李为芝校刊本,1635:卷上.
③ 张岱. 柳敬亭说书[M]//朱剑芒. 美化文学名著丛刊. 上海:上海书店 1982:40.

“四民”、宋代的“六民”之分已无法规范社会力量的新变化，无法覆盖界限越来越清楚的社会各阶层。因此，到了万历年间，姚旅提出了“二十四民”之说。从“四民”“六民”到“二十四民”，足见当时社会阶层分化之迅速。

明朝中后期，科举成为取士的唯一道路，加之生员可以享有廪膳银、减免徭役等优惠，“尝见青衿子，朝不谋夕。一叨乡荐便无穷举人，及登甲科，遂钟鸣鼎食，肥马轻裘，非数百万则数十万”①，所以当时很多家庭，只要有条件，都愿意子孙走科举之路。一些富庶之地，更是因此而形成了家家皆重视读书的风气。比如张岱在《夜航船》序中所描述的：“余因想吾八越，唯余姚风俗，后生小子，无不读书，及至二十无成，然后习为手艺。故凡百工贱业，其《性理》《纲鉴》，皆全部烂熟。偶问及一事，则人名、官爵、年号、地方，枚举之，未尝少错。”尽管张岱叙此是为了发出“学问之富，真是两脚书厨，而其无益于文理考校，与彼目不识丁之人无以异也”②的嘲讽，但由之也可侧面见出当时江南丰饶之地读书风气之盛。

这一点在李渔身上也可得到印证。首先，李渔出生在商人家庭，其父如松做药材生意，家境殷实，所以父亲在世时，李渔才能心无旁骛地读书。其次，李渔曾经说过：“学技必先学文”“予尝谓土木匠工，但有能识字记账者，其所造之房屋器皿，定与拙匠不同，且有事半功倍之益。人初不信，后择数人验之，果如予言。”③由此可见，当时百工之中，有文化之人必不鲜见，文化正从封建统治阶级、文人手中逐渐向普通民众扩散，文化在科举之外的重要性也正逐步为人们所认识，这一点反过来又促进了文化的进一步扩散。

普通百姓汲汲于功名者渐众，而文人士大夫们却艳羡富商大贾们的雄厚财力和奢华生活，不仅与商人交往，与商人缔结婚姻，甚至以诗文治生或者直接投身商业活动。“宪孝两朝以前，士大夫尚未积聚。如周北野(佩)，其父舆为翰林编修，北野官至郎中，两世通显，而其家到底只如寒士。曹定庵(时中)，其兄九峰(时和)，举进士有文章，定庵官至宪副，弟时信亦京朝

① 计六奇. 陈启新疏三十病根[M]//明季北略. 北京：中华书局，1984：194.
② 计六奇. 陈启新疏三十病根[M]//明季北略. 北京：中华书局，1984：194.
③ 李渔. 李渔全集(第三卷)：闲情偶寄[M]. 杭州：浙江古籍出版社，1991：143.

官，与李文正结社赋诗，门阀甚高，其业不过中人十家之产。他如蒋给事（性中）、夏宪副（寅）、许佥宪（璘），致仕家居，犹不异秀才时。至正德间，诸公竞营产谋利。一时如宋大参（恺）、苏御史（恩）、蒋主事（凯）、陶员外（骥）、吴主事（哲），皆积至十余万，自以为子孙数百年之业矣。”①“今夫天下之人，不为商者寡矣。”②

朝政的宽松、经济的发达与文化的普及，都对人们的思想解放起到了促进的作用。受“理学”“道统”束缚已久的人们从内心深处渴望冲破传统。商业化的浪潮对礼教形成了强烈的冲击，腐儒们信守的纯然外在的名义器数之礼被人们所憎厌。明代中叶王阳明提出“心即礼”“求理于吾心”“心外无物”，把传统程朱理学外在权威式的道德规范内化为人内心自我的道德选择。他突出“心”的本体地位，在客观上强调了主体能动性，很好地契合了当时社会在商业化大潮冲击下人们对自身欲望的关注。后来王艮等人提出“百姓日用即道”，李贽又讲“穿衣吃饭即是人伦物理；除却穿衣吃饭无伦物矣。世间种种，皆衣与饭类耳”③，反对封建礼教之礼，追求能使人达到生命和谐状态的真正之礼。这样一些学说切合了时代的风潮，被时人选择性地加以吸收、利用和发挥④，成了晚明士人张扬自身欲望的旗帜。

精神枷锁破碎的直接表现之一是明初等级森严的“服禁”被打破。明朝关于舆服的规定是历代最为烦琐的。单单洪武一朝所颁布的有关服饰的规定就达上百项。⑤ 洪武元年（1368 年），朱元璋下诏恢复唐代衣冠制度，并从面料、样式、尺寸、颜色四个方面确立了界限森严的服饰制度，要求不同等级的人只能穿着本等级的服饰，不能混用，更不许僭越。如百姓家妇女首饰只

① 何良俊．四友斋丛说[M]．北京：中华书局，1959：312-313.

② 丘濬．江湖胜游诗序[M]//重编琼台稿．上海：上海古籍出版社，1991：205.

③ 李贽．答邓石阳[M]//焚书·续焚书．北京：中华书局，2009：4.

④ 学界提到晚明，普遍会提到李贽等人反封建礼教、鼓吹人的情欲的思想对时代的影响，但龚鹏程先生指出，这其实是“五四运动”和建国后，在近代研究者的特殊关怀中，被扭曲和放大的错误认知。他指出李贽等人的为学宗旨，恰恰在于“克己复礼”，绝非历来所谓反叛礼教、放纵情欲之云云。参见龚鹏程．晚明思潮[M]．北京：商务印书馆，2008：自序和第一章。需要指出的是，尽管如此，晚明社会存在的放纵情欲的社会现实却是不可否认的。

⑤ 巫仁恕．品味奢华：晚明的消费社会与士大夫[M]．台北：联经出版公司，2007：121.

能用银，不能穿锦绣之服，玄、黄、紫三色为皇家专用等。洪武二十二年(1389年)又发布一些关于巾帽的禁令，洪武二十五年(1392年)申明了穿靴禁令。南京颜锁住等38人将唯许庶民穿着的皮札翁更改样式，做成靴样，还制出各种花样，被五城兵马司查获并严惩，可见当时服禁之严。

而到了万历年间，平民妇女不仅穿戴金玉珠翠，紫、红二色也常见于百姓服饰。“国朝士女服饰，皆有定制。洪武时律令严明，人遵画一之法。代变风移，人皆志于尊崇富侈，不复知有明禁。群相蹈之。……今男子服锦绮，女子饰金珠，是皆僭拟无涯，踰国家之禁者也。”①“市井之妇，居常无不服罗绮。娼优贱婢以为常服，莫之怪也。”②人们有了一定的财力后，仅仅是穿戴高于自己身份等级的服饰已然不能满足他们内心对于装扮自身的欲望，从而出现了追逐时尚，甚至奇装异服的现象。物产益多，人心益巧，民间出现了“宫样”“苏样”的说法，时尚开始出现。而江南一些城市中甚至出现了“遍身女衣者，尽是读书人”的“服妖”现象。

此外，在饮食、居室等日常生活的各个方面，也都出现了求新、求美，尽情享乐的现象。“余小时见人家请客，只是菜五色肴五品而已。惟大宾或新亲过门，则添虾蟹蚬蛤三四物，亦岁中不一二次也。今寻常燕会，动辄必用十肴，且水陆毕陈，或觅远方珍品，求以相胜。前有一士大夫请赵循斋，杀鹅三十余头，遂至形于奏牍。近一士夫请袁泽门，闻殽品计百余样，鸽子斑鸠之类皆有。尝作外官，囊橐殷盛，虽不费力，然此是百姓膏血，将来如此暴殄，宁不畏天地谴责耶。然当此末世，孰无好胜之心？人人求胜，渐以成俗矣。”③

僭越礼制、图求愉逸之风盛行，“正、嘉以前，南都风尚最为醇厚。荐绅以文章政事、行谊节气为常，求田问舍之事少，而营声利、畜伎乐者，百不一二见之。逢掖以呫哔贴括、授徒下帷为常，投贽干名之事少，而挟倡优、耽博奕、交关士大夫陈说是非者，百不一二见之。军民以营生务本、畏官长、守朴

① 张瀚．松窗梦语[M]．北京：中华书局，1985：140.

② 叶梦珠．阅世编[M]．北京：中华书局，2007：205.

③ 何良俊．四友斋丛说[M]．北京：中华书局，1959：314.

陋为常，后饰帝服之事少，而买官鬻爵、服舍亡等、几与士大夫制衡者，百不一二见之。妇女以深居不露面、治酒浆、工织纴为常，珠翠绮罗之事少，而拟饰娼妓、交结姏媪、出入施施无异男子者，百不一二见之。”①

人们张扬自身欲望，穷一己之力去追求生活中可能的享受。“今之世风，侈靡极矣，贾子所谓‘月异而岁不同’已。”②在这个过程当中，社会仿效现象突出。市民阶层不仅在服饰、餐具等日常生活用具上仿效上层社会，甚至在称呼、语言上也处处向更高阶层靠拢。沈德符《万历野获编》就专列了“非类效仕宦”一条，记录了当时宦官、小唱、娼家都在言行上仿效士大夫，并引为骇异：

士人同榜弟者，始有年兄弟之称。他不尔也。……近见阉宦辈以年兄年弟相呼，盖同时选入内廷者。曾闻于中甫比部谈及同邑先达王恭简公，为南中卿贰时，与彼中一守备大榼席间闲谈次。问王何科得第。答曰：“嘉靖丁未科。”榼大喜曰：“我亦以是年简进皇城。然则与公同年也。”因讲谱籍之谊。王惭怒无策，后竟以计避之。

又向年有小唱恣肆，得罪司城御史，上疏尽数逐去。久之，稍稍复集。人问其何以久不见。则曰：“敝道中人人修洁，无奈新进言官风闻言事，以致被论出城告待罪。今公论已明矣。”一时为之破颜。

予顷在都门，偶闲步入教坊，即京中所谓本司者，至一旧识家。则是日适宫掖有喜庆，此家正充乐工俳长，其艾豭娄猪俱应役出矣。予问小姬者曰：“门庭何以寂然？”对曰：“家父母并入御前供奉，侍宴上寿，非暮不还。”余漫应曰：“无乃劳苦乎？”姬曰：“此敝衙门职掌，安敢言劳。今日不过禁中小排当耳，若遇内廷大朝会时，即奴家辈，亦率敝同寅走马待漏，赞襄大礼，无刻不在天颜左右也。”予闻之，俯首胡卢不能已。真所谓不如此，何以成京师？③

---

① 顾起元. 客座赘语[M]. 北京：中华书局，1987：25-26.
② 张瀚. 松窗梦语[M]. 北京：中华书局，1985：76.
③ 沈德符. 万历野获编[M]. 北京：中华书局，1959：676.

上述在服装、饰物、用具、生活方式，乃至交往、言说方式上的变化，看似外在，实际上折射出了明代中后期社会发生的重要变化。古代中国是封建农业国家，社会分层(social stratification)主要通过封建的君臣、父子这样的等级分层制度来完成，同时统治者借等级森严的封建礼教要求人们各自安分守己。而明代中后期随着社会经济的发展，经济力量对社会的影响日益强大，对原有的由上而下的等级分层制度造成有力的冲击。这种冲击最直接的表现，就反映在作为社会生活位阶制度及交往礼仪的"礼"的具体方面，也就是原来借以确认和固化人们等级归属的服饰、用具、饮食等生活的方方面面。正如葛兆光先生所言"穿衣戴帽，不仅仅是穿衣戴帽"，这是与仪式、秩序相关，"仪式的秩序，就象征了一种社会秩序。"①此时壁垒森严的等级制度已然摇摇欲坠，所谓"礼崩乐坏"，在这个社会里，除了地位极稳固的贵族和地位极低下的贫民，其余阶层的人位置都不再是一成不变的。

三、文人治生之风兴起

台湾学者汉宝德在《明朝的生活美学：闲情偶寄》一书中曾对晚明文人以文治生的现象进行过简单分析："(明朝时)社会开始多元化，读书人的知能所供应与服务的对象不一定是政府了，也不一定是皇帝了，而也可以是这些有钱的商人。……总之一个新兴的中产阶级产生出来了。艺术品开始有市场，促使很多艺术家以创作为主，读书人开始转变成艺术家的角色。这是一个很新的出路，整个社会环境已经准备起来，文人可以思考新的生活方式。"②这种解释有一定道理，但仅仅停留在从市场供求关系的角度对明末文人治生现象进行分析，失之简单。事实上，明末文人治生现象突出，其背后有着复杂的社会、历史成因。

晚明社会环境相对宽松，商品经济发达，带来社会迅猛变化。商品经济

① 葛兆光. 古代中国文化讲义[M]. 上海：复旦大学出版社，2006：48.

② 汉宝德. 明朝的生活美学：闲情偶寄[M]. 台北：大块文化，2011：18-19.

的力量对整个社会造成了强烈的冲击，纲纪废弛，人心涣散，无论是朝廷律令还是传统道德，日益丧失了对人们的束缚力。明代中期以后，“穿衣吃饭，即是人伦物理；除却穿衣吃饭，无伦物矣。世间种种皆衣与饭类耳，故举衣与饭而世间种种自然在其中，非衣食之外更有所谓种种绝与百姓不相同者”[①]的思想流行，人生自适的观念也开始流布开来。加之商品交流频繁，金钱的力量彰显，商人生活富庶造成示范性效果，科举之途穷塞，“尚利”思想为人们所接受。李贽在《答郑明府》中直言：“如好货，如好色，如勤学，如进取，如多积金宝，如多买田宅为子孙谋，博求风水为儿孙福荫，凡世间一切治生产业等事，皆其所共好而共习，共知而共言者，是真迩言也。”[②]

与此同时，社会又提供了逐利的条件和环境。明代城镇兴起，商业、手工业发达，很大程度上颠覆了之前“商为四民之末”和“重农轻商”的传统观念。商贾在金钱上的富庶和生活上的奢华，都使得金钱的作用凸显，“安贫乐道”的思想不再合时宜，旧有的尊卑观念受到冲击，人们的整个价值观也在时代的影响下发生着变化。商人不仅从以前的“四民之末”一跃而成为受人尊重的“二十四民之首”，甚至连王公贵族也对他们青眼有加，高门大族也不再拘于自身的社会地位优越性，置门第观念于不顾，纷纷与富商巨贾联姻，“今世流品，可谓混淆之极。婚娶之家，惟论财势耳，有起自奴隶，骤得富贵，无不结姻高门，缔眷华胄者。……及之新安，见其俗不禁出仕而禁婚姻，此制最为得之。乃吾郡有大谬不然者，主家凌替落薄，反俯首于奴之子孙者多矣，世事悠悠，可为太息者此也！”[③]由此可见，旧时宗法社会以血统、门第为标志的等级制度已经被金钱的强大力量冲击得摇摇欲坠。

金钱力量的彰显、财富分配的变化、社会等级的变迁，均是外在的表现，而更深层的则是时人价值观的变化。以前是“万般皆下品，唯有读书高”“书中自有黄金屋，书中自有颜如玉”，现在则是科举入仕和经商得利均能受人尊重。“徽俗商者，率数岁一归。其妻孥宗党全视所获多少，为贤不肖，而爱

① 李贽. 答邓石阳[M]//焚书·续焚书. 北京：中华书局，2009：49.

② 李贽. 答郑明府[M]//焚书·续焚书. 北京：中华书局，2009：40.

③ 谢肇淛. 五杂组[M]. 上海：上海书店，2001：291-292.

憎焉。”[①]“凤湖汪氏，世以诗礼承家，文人高士，抱节明经，代不乏人。有以计然致富者，有以盐筴起家者，连檐比屋，皆称素封。（中略）诚望族也。”[②]即使是凤湖汪氏这样诗礼承家的书香门第，经商发家者也能与之“连檐比屋，皆称素封”，经商得利堪与读书入仕相提并论，足见当时价值观的变化。

晚明仕途不畅，科举壅塞，从明初到十九世纪中叶中国人口猛增好几倍，但举人、进士的名额却并未相应增加。明英宗“土木堡之变”后又开捐纳之途，士子举途竞争者更多，科场之路壅塞更甚。“及今人材众多，宽额举之而不足，而又隘焉，几何而不至于沉滞也？故有食廪三十年不得充贡，增附二十年不得升补者。其人岂皆庸劣驽下，不堪教养者哉？顾使白首青衫，羁穷潦倒，退无营业，进靡阶梯，老死牖下，志业两负，岂不诚可痛念哉！”[③]科举考试竞争几至酷烈，文人靠入仕获得经济来源的可能十分渺茫，生计日渐困窘。“读书之士，至今日而道绝矣。田则尽归富人，无可耕也；牵车服贾则无其资，且有亏折之患；至于据皋比为童子师，则师道在今日贱甚，而束修之入仍不足以供俯仰。”[④]仕途拥挤，生计无着，读书人需谋生计，世间又不再以经商为耻，于是由士入贾、弃儒就贾者不断涌现。

况且当时“士而成功也十之一，贾而成功也十之九”[⑤]，如“张洲，号东瀛，少潜心举业，蜚声成均，数奇弗偶，抱玉未售。持心不苟，俭约起家。挟资游禹航，以忠诚立质，长厚摄心，以礼接人，以义应事，故人乐与之游，而业日隆隆起也”[⑥]，商场比科场更易成功，又受“由士入商”转型成功案例的示范效应影响，弃儒就贾、士商合流现象也就越发突出了，“至今吴中缙绅士夫，多以货殖为急。”[⑦]晚明时期，弃文从商者众，以文营商者更多，商品经济繁荣带来

---

① 蔡羽. 辽阳海神传[M]//谢国桢. 明代社会经济史料选编(下册). 福州：福建人民出版社，2004：33.

② 曹叔明. 新安休宁名族志(卷一)[M]//谢国桢. 明代社会经济史料选编(下册). 福州：福建人民出版社，2004：30.

③ 文征明. 文征明集[M]. 上海：上海古籍出版社，1987：583.

④ 戴名世. 戴名世集[M]. 北京：中华书局，1986：83.

⑤ 张海鹏，王廷元. 明清徽商资料选编[M]. 合肥：黄山书社，1985：251.

⑥ 曹叔明. 新安休宁名族志(卷一)[M]//谢国桢. 明代社会经济史料选编(下册). 福州：福建人民出版社，2004：30.

⑦ 黄省曾. 吴风录[M]//谢国桢. 明代社会经济史料选编(下册). 福州：福建人民出版社，2004：42.

了精神需求的增长，市民财富的相对增多，使得他们的文化需求与消费成为可能，从而也为文人以文谋生提供了市场。“明代后期许多不遇士子都有‘卖文为活’或代人笔耕的现象，这些人凭借一己之文才，或出入戎幕，或寄身藩府、大学士府，或在市井佣作诗文，或编印书刊……凡此种种，都是以文谋生的表现。”①李东阳罢相在家时，“购请诗文书篆者，填塞户限，颇资以给朝夕。一日，夫人方展纸砥墨，公有倦色，夫人笑曰：‘今日方设客，可使案无鱼菜耶？’遂听然命笔，移时而罢，其风操如此。”②即使是名震一时的礼部侍郎兼文渊阁大学士也不能免俗，更何况靠读书无法安身立命的普通读书人。

明末文人治生现象兴起在当时可谓是一个普遍现象，“到了明代，‘治生’在士阶层中已成为一个严重的问题。有一则明人告诫子孙的‘家规’说：男子要以治生为急，农工商贾之间，务执一业。”③所以元儒许衡“学者治生，最为先务”的观点才会引发时人共鸣，使得王阳明的学生一再就此向他提出疑问。“许鲁斋言学者以治生为首务。先生以为误人，何也？岂士之贫，可坐守不经营耶？先生曰：但言学者治生上，尽有工夫则可。若以治生为首务，使学者汲汲营利，断不可也。且天下首务，孰有急于讲学耶？虽治生亦是讲学中事。但不可以之为首务，徒启营利之心。果能于此处调停得心体无累，虽终日作买卖，不害其为圣为贤。何妨于学？学何贰于治生？”④尽管王阳明并不赞同许衡的观点，但从他的回答中也不难看出，他并不反对治生，只是认为“不可以之为首务”。而清代的沈垚也提到许衡的这个观点，并大加赞同，“若鲁斋治生之言则实儒者之急务，能躬耕者躬耕，不能躬耕则择一艺以为食力之计。宋儒复生于今，亦无以易斯言。”⑤根据日本学者的研究，仅婺源一县，清代“弃儒就商”的实例便不下四五十个。明代山西也有大量文人因举业不成或家贫不能继续读书而转入商业的例子。⑥ 这些都可以

① 周榆华. 晚明文人以文治生研究[M]. 广州：广东高等教育出版社，2011：6.
② 钱谦益. 列朝诗集小传[M]. 上海：上海古籍出版社，1983：245.
③ 余英时. 士与中国文化[M]. 上海：上海人民出版社，2003：450.
④ 陈荣捷. 王阳明传习录详注集评[M]. 台北：台湾学生书局，1983：398.
⑤ 沈垚. 续修四库全书(第1525册)[M]. 上海：上海古籍出版社，1995：472.
⑥ 余英时. 士与中国文化[M]. 上海：上海人民出版社，2003：464.

从另一个侧面见出明清时期文人治生已是蔚然成风、难以改变的社会现实。

不仅如此，明清时期文人从商，还并非单纯的以文谋生。早期商业社会的机诈，使清高自许的文人也受到薰染。一些并非三餐不继的文人，甚至深谙“无奸不商”的道理，借着自己的名声与学识，行坑蒙拐骗之事实。沈德符在谈到当时好事家带动收藏古董之风习时，就提到有一帮文人以造假、贩假为生，“骨董自来多赝，而吴中尤甚，文士皆借以糊口。近日前辈，修洁莫如张伯起，然亦不免向此中生活。至王伯谷则全以此作计然策矣。”甚至连董其昌、陈继儒这样的名士和太史冯开之之子这样的名门之后，也不免以假古董博利。① 由此可见当时逐利的动机已凌驾于道德规范之上了。

四、兰溪—金华地区的地域文化影响

李渔 1611 年出生在今浙江省兰溪市孟湖乡夏李村，1635 年应童子试于金华，此后一直生活在兰溪、金华两地，1650 年李渔 39 岁时移家杭州。明清时期，兰溪、金华同属金华府治理范围，是金华府八县之二。他的整个青少年时光都在兰溪—金华地区度过，这一地区的社会、人文环境对他的人格养成产生了非常重要的影响。

（一）当地社会风气的影响

兰溪—金华地区地处浙江西南高地，“严、衢、金华郛郭徽、饶，生理亦繁。而竹木漆柏之饶，则萃于浙之西矣。”②。这一地区也是水路交通的枢纽，方志声称其地“水陆通涂，南出闽广，北入吴会，故形势甲浙东，可谓‘云乘之骑，漕输之楫，往往蹄相劘而舳相衔’。”③与此同时，“田土惟兰溪最踊贵，上田七八十金一亩者，次亦三四十，劣者亦十金。然所赋租，饶瘠颇不相

① 沈德符．万历野获编[M]．北京：中华书局，1959：655．

② 张瀚．松窗梦语[M]．北京：中华书局，1985：84．

③ 张春树，骆雪伦．明清时代之社会经济巨变与新文化：李渔时代的社会与文化及其“现代性”[M]．王湘云译．上海：上海古籍出版社，2008：97．

远。”[①]物产丰富，地价高昂，加之交通便利，金华府“人性敏柔而慧，尚浮屠，厚于滋味，急于进取，善于图利”[②]。诸多原因叠加，使得该地区商业十分发达，“绍兴、金华二郡，人多壮游在外”[③]。

浓厚的商业气氛使得个人主义与实用主义在这一地区迅速发展和传播，李渔身上体现出的鲜明的个人主义和实用主义的特征，很大程度上来自于青少年时期生长于斯的耳濡目染。

在商业力量的冲击之下，兰溪、金华两地原先淳朴的民风荡然无存，人与人之间的真诚情谊日趋淡薄。无论是明代还是清代，方志编纂者都一致提到了当地“世变风遗，屡趋屡下”[④]，居民“尚气而健讼，以必胜为能。趋利而好名，以苟得为志。知欺愚而富吞贫，强凌弱而众暴寡”[⑤]“馈遗燕饮，浮文多而实意少……亥后市廛复兴，商贾云集，买卖易于取利，愈增浮费，致饰外观。城居土著，不免相习成风”[⑥]“文愈繁而情愈薄矣”[⑦]。

根据当时的方志记载，由于商品经济的兴起，从 16 世纪开始，当地社会价值观发生了很大的变化。商业的发达使得利益成了人们处理一切事务的依据，而建立在血缘亲情基础上的诸如仁、义、礼、智、信、忠、孝、悌等传统的伦理道德，则日益为人们所轻视。当地人溺杀女婴，只因女儿最终嫁为他家妇，家里还得为她置办嫁妆，付出多而回报少，是“赔本生意”。男子成年后要自立门户，亲人间往往为了分家析产闹得不可开交。葬礼成了展示财力的手段，举丧之家致力于大宴宾客，举行超度亡灵的佛事，反而连哀伤都顾不上了。婚嫁之事上，人们态度不严肃，订亲许婚以后又反悔，或者不论门第，只重金钱，论财鬻婚，从而引发矛盾的现象时有发生。[⑧] 李渔身上饱受诟病的那些特征：追求名利，贪图享乐，不护细行，都与当地的风气相吻合，与

① 谢国桢. 明代社会经济史料选编(下册)[M]. 福州：福建人民出版社，2004：34.
② 王懋德. 金华府志[M]. 台北：学生书局，1965：320.
③ 谢国桢. 明代社会经济史料选编(下册)[M]. 福州：福建人民出版社，2004：428.
④ 王懋德. 金华府志[M]. 台北：学生书局，1965：320-321.
⑤ 王懋德. 金华府志[M]. 台北：学生书局，1965：322-324.
⑥ 秦簧修，唐壬森. 光绪兰溪县志[M]. 台北：成文出版社有限公司，1974：295.
⑦ 秦簧修，唐壬森. 光绪兰溪县志[M]. 台北：成文出版社有限公司，1974：297.
⑧ 王懋德. 金华府志[M]. 台北：学生书局，1965：319-324.

成长环境对他的影响是分不开的。

(二)地区文化传统的影响

与此同时,兰溪—金华地区有着深厚的儒学传统。早在南宋时期,此地便出了不少儒家大贤,有"小邹鲁"的美誉。[①] 金华县"文献渊薮,名贤辈出,风俗之盛,有由然矣"[②]。兰溪县"迨乎宋之南渡,中原名胜之所萃,诸贤道学之讲明,然后蔚然为文献之邦"[③]。当地人引以为豪的文化传统"金华学"正是在兰溪和金华两地最为盛行。被黄宗羲誉为南宋最重要的儒家学者之一的范浚出生在兰溪,浙东学派重要的人物吕祖谦是金华人,金华四贤中的金履祥是兰溪人,何基、王柏和许谦则是金华人。兰溪—金华地区在宋元时期一直是讲学中心,形成了地区性的新儒学传统,并对后学影响巨大。

这一传统的特色则如吕祖谦所做的那样,既重视儒家传统道德,讲正直,又重独立,尊重个人凭良知选择自己的生活目标。李渔在明清易代后不应科举、不出仕,和范浚当年因秦桧当权、朝政黑暗而不肯出仕如出一辙。他身上强烈的个人主义色彩也得益于兰溪—金华地区的新儒学传统对于独立人格的尊重。

除此之外,当地学者还形成了经世致用的实用主义传统。在理学的意识形态教诲之外,他们更看重的是历史的规律,他们编纂史料、修订史书,借此分析、探讨历代政治、经济制度的得失,试图从中看出历代盛衰的原因,探究经世治国之道。所以,当地学者有修史的传统,并将其视为践行"士以天下为已任"的高尚职责。

这种经世致用的实用主义传统,使得李渔在创作、出版大量戏曲、小说等通俗文学的同时,也致力于刊行有关政府行政事务的参考书和历史读本。他的《笠翁论古》对五帝到元代的重要历史人物和事件都进行了点评,"以意断之,不执己见,不依人墙宇,不立非非之堂,不矜察察之照,而究归于理之

① 秦簧修,唐壬森.光绪兰溪县志[M].台北:成文出版社有限公司,1974:23-33.
② 王懋德.金华府志[M].台北:学生书局,1965:320.
③ 王懋德.金华府志[M].台北:学生书局,1965:322.

所然、心之所安而止”[①]。为了便于今人不必苦读就可以对历史全貌有所了解，他编辑出版了历史读本《古今史略》，笔法雅洁，意简言赅，颇能满足市民阶层的启蒙需求，有利于历史知识的传播；他以陈百峰《女史》为基础，专门为妇女编辑出版了通俗历史读物《千古奇闻》；他收集明清官吏的案牍文章，编成《资治新书》，从钱粮、刑名、学政、军政等60多个方面提出自己的见解，供各级官员作治理政事之参考，卷首还有李渔自己撰写的《祥刑末议》和《慎狱刍言》，就刑狱之事提出自己的见解，这是一部典型的经世致用之书。尽管李渔身在山林，但仍有用世之心，并通过自己出色的商业头脑，既完成了“经世”的高尚责任，又实现了个人“创收”的目的。

此外，大概是受到商品经济灵活性和实用主义的影响，当地文学艺术不囿于传统模式，不一味尊奉经典，也不受制于“载道”的功利目的。当地学者对于文学艺术作品的形式有着更宽容、宽泛的理解，即使书信、公函、半文半白甚至白话写作的作品，在他们看来也可以纳入文学作品的范围。当地文学艺术家们的文艺功能观是，比“文以载道”更重要的是文学应当真实地表达作者的思想、情感、生活经历和信仰。写作是仕、隐、学问之外的另一种立名途径，个人通过写作，应当展示自己的生活哲学与信仰，比关注国家和社会更重要的是展示个人的世界。这其实也是前面所提到的两种文化传统共同作用的后果。很明显，这种文艺功能观是立足于文学艺术作品对于个人情志抒发、建立声名和其对于个人在良知基础上自主选择生活道路所可能发挥的借鉴作用的。李渔在仕既无门，隐又不甘的情况下，选择以写作、出版作为确认自身价值的途径，注重新奇，并不鄙视戏曲、小说等俗文学的创作，撰写《闲情偶寄》阐释自己的个人生活哲学等做法，都可以看出是受当地这种文学艺术传统的影响。

文化可以提供一整套适宜于当地现实情况、富于地域特征的、相对成型的行为模式和认知模式，供人们解决生活中遇到的问题。从这个意义上来

① 王仕云.《笠翁论古》叙[M]//李渔全集(第一卷)：笠翁一家言文集.杭州：浙江古籍出版社，1991：305.

说，文化既影响着个人的人格养成，也影响着个人的生活方式。作为李渔个人生活美学思想的体现与总结的闲情美学，也体现出兰溪—金华地区的这些文化传统特征。

李渔的闲情美学是他个人在生活中以闲情、慧眼、求美得乐的生活经验和感受体会的总结，一方面，带有浓厚的个人生活哲学的色彩，另一方面又具有极强的实用性和可推广性。李渔在《闲情偶寄》中所提出的种种改善生活环境、心态的方法，都是切实可行、易于操作的。他反复强调该书适用人群的广泛性，同时大力推行以“乐”为追求的生活方式，他的这种以“乐”为美的闲情美学，实际上是一种超越了经济实力的对生活之美的建构与追求。他意识到一味追逐、占有物质不仅将对美好生活的追求狭隘化、庸俗化，甚至会使人偏离幸福之路，更看到了人的欲望膨胀与世风浮泛、道德下滑之间的关系。所以他以著书立说的方式，将自己的闲情美学，将自己关于生活中的“幸福”——以“乐”为载体的“美”——的见解，娓娓道来，向人们传播一种新的生活态度，用热情而不是消费去展开自己的生活，通过发挥自己的想象力和创造力，更深入地参与生活，从中感觉到自己的力量和自我的存在，体验到审美的愉悦。李渔的这本书是另一种意义上的经世致用之书，虽然其落脚点并非如《资治新书》那样直接有利于政事治理，实际上却通过对追求生活幸福之途的指引、纠偏，而达到移风易俗的效果，从根本上端正社会风气，收到治世的效果。

第二节　李渔闲情美学的理论渊源

时代风气和地区风俗、文化传统对李渔闲情美学的影响是间接、潜在的，李渔闲情美学一个更直接的来源，则是他从小接受的儒家传统教育和当时在社会上影响颇大的心学思想。

一、对儒家思想的自觉继承

李渔在整个青少年时代都接受传统儒家文化教育，为科举入仕做准备。并且因为生活在理学传统突出、大儒迭出，形成“金华学”传统的兰溪—金华地区，自小受儒家思想的浸淫与薰染，其闲情美学也打下了很深的儒家思想的烙印。

在《闲情偶寄》中，他不断地确认自己的儒生身份，“予为孔子徒，敬神而远之”[①]“予系儒生，并非术士。术士所言者术，儒家所凭者理”[②]，他的养生理念以儒家养生理论为基本，“从来善养生者，莫过于孔子”[③]，同时他始终记着知识分子应当心怀天下，力行教化，所以他在追求生活中的“美”“乐”的同时，时时不忘反思“美”与“善”之间的关系，力求倡导一种有德性的快乐，并完成化民成俗的高尚责任。

由于李渔深受儒家思想的影响，《闲情偶寄》中处处都流露出儒家观念的痕迹，比如对花草树木、家禽所作的“比德”的道德判断，强调不过饱过饥、保持心态平和对“中庸之美”的追求等。总的来说，李渔闲情美学中儒家思想的影响集中体现以下两个方面：第一，重视人的主观能动性；第二，追求化民成俗。

（一）重视人的主观能动性

儒家学说以其理性主义精神和积极进取的人生观为典型特征，不迷信鬼神，张扬人的力量，强调人的意志的重要性。李渔的闲情美学非常重视人的主观能动性，主张人应当突破物质条件的限制，以积极的姿态与乐观的心态去面对生活，改善生活。他的“是我能用天，天不能窘我也”与荀子“制天命而用之”的思想一脉相承。

---

① 李渔. 问病答[M]//李渔全集(第二卷)：笠翁一家言诗词集. 杭州：浙江古籍出版社，1991：6.

② 李渔. 李渔全集(第三卷)：闲情偶寄[M]. 杭州：浙江古籍出版社，1991：309.

③ 李渔. 李渔全集(第三卷)：闲情偶寄[M]. 杭州：浙江古籍出版社，1991：325.

李渔重视“乐”,他认为追求“乐”是生活之美的重要内容,也是幸福感的重要来源。但是,人生往往会受到很多现实条件的限制,导致乐不常有,而忧愁时时相伴。李渔的闲情美学教人得乐,一个重要的途径就是要意识到自己的情绪,积极地加以调整,以乐观的心态、达观的气度去面对生活,从而获离忧得乐,既保持心境的平和喜乐,同时得到养生长寿之乐。

李渔的这种通过心态转换而转忧为乐的方法,虽然从表面上看,是通过老子的“退一步”法来达成,貌似消极、唯心,但从思想根源上,仍然是充分发挥人的主观能动性,通过积极地自我调适,以正面思维方式来实现心态的转换,其思想底色仍是儒家的乐观进取。

人的生存虽然会受到客观环境的限制,无法脱离具体、现实的物质条件,但通过张扬主体的力量与智慧,不沉湎于忧愁,不逃避人生的苦难,而是迎头正视,以理性的态度去认识、分析自己所处的境地,从情绪之手的操控和驱使之下挣脱出来,改善自己的心态,从而更愉快地生活,更好地去把握自己的人生道路,而不是消极被动,无所作为,一味地受制于客观现实。知识论关心的是“看”(to see)的问题,而此处涉及的则和美学一样,是“看成”(to see as)的问题[①]:你把自己所处的状态看成是苦还是乐,这种“看成”就意味着一种对待自己所处境地的自由的关系。通过理性分析,跳出目前的烦恼,将其置于人生、社会的大背景下去观照,从而离苦得乐。这乐,一方面是乐观的心态,另一方面也是摆脱眼前情绪羁绊后所获得的自由感和愉悦感。

因此,尽管李渔的心态转换是通过貌似消极的“退一步”法来实现,但其实质却是积极参与、介入自己的人生,在无法突破外部世界的局限时,通过调节、转换自己的情绪,来掌握自己的生活和命运,这一行为本身折射出强

---

① 赵汀阳.第一哲学的理由和困难[M]//赵汀阳.年度学术 2005:第一哲学.北京:中国人民大学出版社,2005:280.

烈的实践理性的色彩，张扬着人的力量。[①] 尽管这种个体人格力量的彰显，道德色彩较淡薄，而欲望气息浓厚，但其折射出的刚健自强的光芒却无法被掩盖。

李渔闲情美学中更能体现出这种人格力量与光辉的，是他对人的力量的强调，以及他对人力与天工之间关系的认识。李渔推崇“天工”，以自然为其闲情美学的最高审美标准，但他并不认为自然一定都是美的，在“天工”不足之处，就需要以人力补之。换言之，人力可补天工之不足。人力是比天工更高的智慧。他认为，人存在的意义和价值，以及人不同于动物之处，正在于人有自己的思想，能够发挥自己的智巧，去认识、把握、改造、利用身边的事物，而动物只能被动地适应外部世界。如果人不发挥自己的主观能动性，就与禽兽无异，失去了人之为人的价值和意义。

李渔的闲情美学，建立在人具有主观能动性这一现实条件之上。他之所以要写这部书，就是因为生活虽有不美，但人有智巧，所以他要教人发挥自己的闲情、慧心，一方面转换自己的思维模式，以创造性的思维、审美的眼光去看待世界，另一方面以创造性的实践，改造身周的物质世界，使其同时符合人的实用与审美两方面的需要，以人力补天工之不足。在他眼中，天工是审美的最高标准，但不是最高的智慧，人才是万物之灵，人的主体力量是位于“天”之上的。所以，他设计了活檐，使得无论天晴下雨，贫士之家都能既保证光线充足，又不受风雨侵袭。他制作的凉杌、暖椅，使人在科技尚不发达的时代，就能将气温给人生活造成的不适与不便降到最低，甚至还能举

---

① 这里值得注意的是，刘再复、林岗在《传统与中国人》中提出，李渔的“退步为乐法”和阿Q的“精神胜利法”在本质上是相同的，是一种软弱的逃避与虚幻的自欺。参见刘再复、林岗. 传统与中国人[M]. 北京：中信出版社，2010：210. 作者认为，这种观点是值得商榷的。阿Q“精神胜利法”是指内心想实现的目标无力达成、无法实现时，自欺欺人地说那个目标没有价值，以否认其价值的方法来伪装不屑，以获得表面上的胜利。李渔的“退步为乐法”虽然也是一种精神上的、心态上的转换，但这种转换并非通过自我欺骗来实现，也无法通过自我欺骗来实现。阿Q的一个最根本特点就在于，他用表面的“不屑一顾”获取暂时的心理平衡，但内心深处对那个目标的向往却只会越来越强烈，同时因为这种表面的否认与内心深处的向往而造成内心的分裂。李渔则不然，他的“退步为乐法”是教人从更广阔的视野来看待自己眼下的境遇，认识到自己其实并未陷入绝境，人生尚有值得快乐之处，使人从悲观、沮丧的情绪中解脱出来，以乐观的心态去继续面对人生。

一事而得多利。在这样的过程中，人通过充分发挥自身的主观能动性，突破了现实生活条件的种种局限，不光使身体获得便利、安逸、舒适与享乐，更在精神上体验到摆脱物质条件限制后那种“天不能窘我”而“我能用天”的自由感与愉悦感。

李渔的这些思想，明显传承了儒家学派的代表人物荀子的思想。荀子强调“天人之分”，认为人应当与自然相奋斗，才能更好地生存，而这种奋斗，正是通过人的主观能动性的充分发挥，即由“学”而致的“为”来实现的。荀子在《劝学》里说“为之，人也；舍之，禽兽也”，和李渔所说的“如其不思，则焉用此心为哉”“造物生人，不枉付心胸一片”是同一个道理。荀子的“天人之分”建立在“顺天”的基础上。在他看来，天不再是高高在上、神秘的、有人格意志的神，而是没有情感、沉默运转的自然。要与天地参，人有其治，就要“顺天”，尊重自然的规律。李渔闲情美学里反复提到的“顺性”，正是荀子“顺天”思想的继承，尊重事物与生俱来的“本性”，即尊重自然的规律。荀子主张，人要通过“学”去认识和把握自然的规律，善加利用，求得人的生存与发展，实现合规律性与合目的性的统一。这种主观清醒的态度和奋斗精神，这种对“为”的张扬，展示了人的族类的整体气概。而这种实践理性的态度，一方面是为人的主体力量而自豪，另一方面又承认天地万物自有其规律，既不盲目狂妄也不消极悲观，冷静理智而又乐观进取，这是李渔闲情美学存在的根基。

李渔的闲情美学，其实质就是在承认外部世界有其自身运转规律的前提下，教人以清醒、理性、现实的态度面对现实生活。对于自己无力改变命运的不幸遭遇，调整心态、坦然地接受，不在不良情绪中沉沦，把其造成的负面影响降到最小的程度。同时，对于自己能够有所作为之处，比如生活的诸多具体物事、细节，则积极地加以干预，美化、调整，努力突破物质条件的局限，使之更符合得美求乐的要求。对于不如意的人生，要么发挥自身的力量去改变它，要么调整心态去接受和适应它，这是在对待人生遭遇的困境和问题时最为理性和实际的态度，也是儒家那种承认天地自有其规律、人力有所不能及的理性态度，和“与天地参”“制天命而用之”的积极、乐观精神的体现。

(二)追求化民成俗

儒家思想的另一个重要特点是重视文艺的社会政治功能,移风易俗、成风化人,通过发展文化、淳美风俗,来使得礼内化为人人心中的自觉理念,把外在的规范和不成文的习惯转化为人的内在欲求,使伦理规范与内在欲求合而为一。正因为不是在人世之外去求助于神,而是要经由这一化民成俗的过程使人自觉、自律,所以儒家学说始终保持着不离人间世的积极入世的人生态度,肯定世俗生活、日常生活的合理性,并且直到宋儒之前,对于身心欲望的正当性都是予以肯定和承认的。

如果说政治经济是治世的重要手段,化民成俗就是治世的根本途径。孔子教导学生、删定诗书,都是为了推行"仁学"这种基于血缘亲情,以人与人情感关系为核心,带有浓厚实践理性色彩的心理模式。通过文化的传播与推广,使得这一模式为大众所了解、熟知和接受,并逐渐渗透在人们的生活、习惯、风俗、行为方式、思维方式中,再进一步熏陶、蔓延、浸染,形成第二层次的传播与接受,最终使得这一模式由外在的理论、规条,内化为人心中自然的选择。

李渔的闲情美学,是他个人对生活哲学、生活理念和实现这种理念的途径的总结与概括,同时,也寄寓了自我认同于"儒生"的李渔化民成俗的理想。李渔的闲情美学是在晚明社会挥霍成风、物欲横流的背景下提出的,他在阐释什么是生活之美、如何求得生活之美的同时,也给盲目追逐时尚的大众指出了一条合于情理的求美得乐之途。李渔的整个闲情美学的基本思想就是,如何在经济、实用的前提下得美求乐,在他看来,生活的美与乐,虽然与物质环境息息相关,但并非与人的经济状况成正比。比财力更重要的是人对生活的热爱和因这热爱而生的闲情与慧心。他努力要通过自己的闲情美学构建的,正是这样一种生活方式:不通过追逐和大量占有物质,而是通过发挥自己的创造力,以很少的代价来构建生活的幸福感。这本身就是一种对于当时挥霍、享乐之风的纠偏。

而且,李渔的这种努力是自觉的。他在《闲情偶寄》中反复提到自己想要通过这本书，及其所推行的生活方式，去改变风俗、引导民众的理想。《闲情偶寄》开篇的凡例七则，提出了李渔的“四期三戒”，“四期”可以说是李渔写作此书的目的之所在，“三戒”则是此书的写作特点。“四期”中有三点都是与化民成俗相关的，“一期崇尚俭朴”“一期规正风俗”“一期警惕人心”。李渔认为如果美化生活的方法不是经济的，就相当于是在教人奢侈，这样就会败坏风俗。他认为自己的《闲情偶寄》黜奢靡而寓节俭，虽然是由于自己身处极为贫困的境地，知道物力艰难，所以想为和自己同样困窘的人改善生活、增进幸福感提出一些可行之策，但他同样也希望“靡荡世风，或反因之有裨”。

李渔虽然追求享乐，承认人的身心需求，但他并不以为人的欲望可以毫无节制。他认为当时世风日下的原因在于喜新尚异。喜新本无过，但应当合于情理之正。所以，他要以轨于正道的新、异之谈，改变索隐行怪的风俗之弊。李渔提出了“情理之正”作为新、异所应当遵循的基本准则。这个情理之正，主要是指相衬、得体、适宜，强调一种协调的美感。《闲情偶寄》正是感于时人盲目追逐时髦，一味追新，无谓浪费，却不顾所求是否与自己相宜，是否适合自己，所以要导人以“有道之新”“有方之异”，将人对生活品质的追求，由肤浅而偏离本质的“喜新”“尚异”，引导回对有品格、符合自己的“新”“异”的讲求上面来，从而在本质上实现生活质量的提高，增添生活的舒适度、愉悦感，而不是停留在对物的庸俗追逐上。可以说李渔做的就是要通过教导大众如何在日常生活中追求美，从而提升他们的审美品格和生活品质，最终起到“规正风俗”的作用，也就是他在“一期警惕人心”中说的“风俗之靡，犹于人心之坏，正俗必先正心”。通过“正心”改变每个个体的认识、观念，使个人的行为模式和生活方式发生转变，最终改变一个地区、一个时代的社会风气。李渔在为自己教人以假髮作云龙等式作辩解时，就提到当时世风已然堕落，要想改变，只能因势利导，使之渐近自然。而自己所做的，正是要通过告知人们如何为美，提升其审美品位，并授以求美得乐之法，使人们美化他们的生活，最终起到移风易俗的作用。

在李渔的闲情美学中，时时处处可以见到对这种对“善”的追求。他强调文学艺术为社会政治服务的实用功利，他认为传奇是用来劝人向善的，因为普通民众大多不识字，所以才需要这样一种老百姓喜闻乐见、易于接受的形式来使他们受到教育，心生警醒，“传奇一书，昔人以代木铎，因愚夫愚妇识字知书者少，劝使为善，诫使为恶，其道无由，故设此种文词，借优人说法，与大众齐听，谓善者如此收场，不善者如此结果，使人知所趋避，是药人寿世之方，救苦弭灾之具也”①。正因如此，在李渔的小说、戏曲创作中，虽然有一些与性相关且粗俗、庸俗的内容，或与传统伦理道德观念有冲突之处的人与事，但从故事的最终结果来看，都是“善有善报，恶有恶报”，仍然是惩恶扬善，符合社会伦理道德观念的。

以往的李渔研究中，研究者往往将李渔《闲情偶寄》中所声称的化民成俗的宗旨，视作李渔为自己的享乐主义主张穿上合乎风教的外衣，认为他这样做主要是为了在清初刻板压抑、道德至上的高压气氛中，为自己的书谋求道德上的合法地位。但这种解读实际上只看到了李渔追求享乐的生活态度与儒家重视社会道德、伦理政教的要求之间的矛盾，遂将李渔所标举的“有裨世风”视为一种纯然出于利害考虑的技术手段，未免失之简单粗暴。

事实上，儒家试图融社会的伦理政教于个体的身心情感之中，但这只是一种理想的状态。在现实当中，随着社会的发展，传统的社会伦理往往成为满足个人身心欲望的束缚与限制。“文以载道”与“言志”“缘情”的矛盾自魏晋以来便一直处于一种对立统一的状态之中。从“诗主言情，文主言道”的诗文分殊，到后来的诗词分途、诗画分途，反映出的正是作为中国古代文化主要承载者的士大夫知识分子，试图平衡文学艺术服从于社会伦理教化需求和抒发个人内心情志这两种理想的努力。李渔生活的晚明时期，个体的欲望得到高度张扬，但士大夫知识分子群体并非就此彻底抛弃“载道”与教化风俗的历史责任感。尤其是在明末清初，先是科举之途壅塞，仕进无门，后是朝代更迭，不能仕新朝为贰臣之时，毋宁说很多士人是自觉地把自己的文学艺术创作与“立言”拉上关系，试图以此来确立自身在社会当中的价值，完成士的历史使命。李渔作为士民群体和先朝遗民，在无法以参与政治的

① 李渔. 李渔全集(第三卷)：闲情偶寄[M]. 杭州：浙江古籍出版社，1991：5-6.

方式去实现士的责任时，著书立说则成了他确立自己生命意义的立身的唯一方式。从他编辑《资治新书》《古今史略》和《千古奇闻》等书，不难看出，他虽然身在江湖，但仍然心存魏阙，尽管走上了一条“职业出版人”的道路，但他内心的士人情怀仍在。在分析李渔的创作动机时，我们不应将他的行为与他的思想简单地画上等号，而应当根据人性的一般规则，对其作为一个生活在特殊、动荡的历史时期的边缘知识分子所具有的思想、行为上的复杂性予以应有的重视。

李渔的闲情美学提供的不仅仅是美化生活的具体可操作手段，更是推行一种生活方式，传播李渔关于什么样的生活才美好的理念，本身就是在教化民众正确地追求生活的快乐。“化民成俗”的追求，不是李渔“拉大旗作虎皮”，而是他在写作《闲情偶寄》一书时的一种自觉追求。从文化心理的根源上说，如李渔自己所言，他是一介儒生。他身上所体现出的追求享乐、对士的高尚人格秉持不足与儒家传统对士人的要求之间的矛盾，实际上是他身处的时代，传统儒家社会伦理道德与膨胀的个人身心需求之间无法调和的矛盾的集中体现。同样的矛盾在晚明时期的其他文人士大夫身上也存在，只是由于李渔处在士人群体边缘，受经济条件的限制以及成长背景、地域文化等因素的影响，所以在李渔个人生活道路的选择中，这种矛盾冲突体现得更为突出而已。

二、心学及李贽“童心说”的影响

明代中后期，经济发展快速，社会变动加剧。社会生活发生巨大变化，传统农业社会的社会秩序、伦理同一性被打碎。在思想上，与社会生活的风云动荡形成鲜明对比的，是程朱理学成为政治意识形态和士人与权力交换的工具，其批评性和思想的活力日渐丧失，俗化现象日益严重，到了“学者幼而读之，老而不知一言为可用者”的地步。

作为社会中最敏感、最有识见，同时受儒家思想影响，胸怀天下，一直致力寻求经世致用之策的士大夫知识分子，他们一方面强烈地感受到僵化的思想与变幻的社会现实生活之间的断裂，另一方面又急切地想要寻找可以回应、解释这种种变动的答案，于时代巨变的狂澜中力挽国家与社会的命运。士人们不得不试图在程朱理学之外寻求答案。而彼时思想资源相对封闭，缺乏根本性的外来文化冲击，士人们只能在已有的、主流程朱理学之外的边缘思想资源中去寻找新的养料。佛学、陆学遂重新吸引了士人的目光，由此导致了心学和禅悦士风的盛行。而其中对整个时代影响最大的、最能回应现实问题的呼唤的，还是与理学同出一端的心学。“当士人桎梏于训诂词章间，骤而闻良知之说，一时心目俱醒，况若拨云雾而见白日，岂不大快然！而此窍一开，混沌几亡，往往凭虚见而弄精魂，任自然而藐竞业，陵夷至今，议论益玄，习尚益下，高之放诞而不经，卑之顽钝而无耻。”[①]心学的流行，一方面促成晚明重个性、重性情的浪漫主义思潮，另一方面也使士人堕入空谈。

发端于陆九渊、光大于王阳明的心学，其实与程朱理学[②]本同为儒家的内圣之学。二学都尊奉道德原理，只是所认取的道德形上本体不同。心学以主观内在的“心”为道德形上本体，而理学以客观外在的“天”——社会伦理道德规范为道德形上本体。

理学并不排斥心，同样也尊重人的内在心灵对于真理的自觉认知。朱熹也讲“心即是理”，但他们更看重的是以社会伦理规范对心施以限制，要求人在日常起居中，将外在规范内化，从而心甘情愿地绝对服从于社会理性。所以，王阳明认为“程朱格物之说，不免求之于外”。他奉心为道德形上本体，提出“心即理也。天下又有心外之事，心外之理乎?”要学人从对外在知识的机械追求转到内心的自我反省上来，进一步高扬人的道德自律与伦理主体的崇高尊严。但是，他所作的这种使心理伦理化的努力，一方面，把理学打成两截的“人欲”与“天理”重新连接起来，使“人心”与“道心”重新合而

① 陈维昭. 带血的挽歌：清代文人心态史[M]. 石家庄：河北教育出版社，2001：12.

② 赵士林在《心学与美学》中使用的是“伊朱理学”，因为他赞同某些研究者的相关结论，认为程氏兄弟中，程颢(明道)更近心学，而程颐(伊川)更近理学，故在言及理学一系时，前面冠以“伊朱”比“程朱”更为准确。参见赵士林. 心学与美学[M]. 北京：中国社会科学出版社，1992：3.

为一;另一方面,也使得人的道德理性与自然感性纠缠,伦理与心理混为一体,最终为伦理心理化留下了可能。

这种可能经由王阳明的学生王畿彰显"良"的路子,得到进一步发展。王畿主张"心是无善无恶之心,意即是无善无恶之意,知即是无善无恶之知,物即是无善无恶之物"①。既然心、意、知、物皆是"无善无恶",则世俗伦理道德中相辅相成、对立统一的"是"与"非"也被取消了。这样一来,心灵的一切思想感觉活动就都很容易被合理化,从而使得自由往前多走了一大步,滑向放纵。

而到了王艮那里,"身"被置于"心"之上,"安其身而安其心者,上也。不安其身而安其心者,次之。不安其身,又不安其心,斯其为下矣。"在"修身"的道德含义之外,他同时强调"安身""保身""爱身",承认身体的肉体属性。"爱人"是为了"爱身",无条件的伦理绝对主义变成了有条件的伦理相对主义,绝对的道德命令让位于现实的功利与利害的计较。"心"从道德理性本体变为了自然感性实体。从重"心"到重"身",其实就是从"理"到"欲"的转向,即从道德人性论走向了自然人性论。

李贽则更激进地举起自然人性论的大旗。他认为"趋利避害,人人同心",将心学从人人皆有道德之心,推演到人人皆有私欲。他提出童心说,将"真"放置于"善"之上,认为伦理道德的标准都是外在的,只会遮蔽童心之真,重要的是做真人、说真话,而不是满口闻见道理之言。既然心有善无恶,所重者唯在一个"真"字,这样一来,就取消了外部社会所确立的善恶、规则的边界。内在之"心"失去外在之"理"的规制与约束,走向了自我放任的自然人性论。李贽的观点使得"心学"彻底从伦理走向了心理,从道德理性走向了自然感性。

以王艮为首的"泰州学派"学人,以及后来的李贽,他们的思想将阳明之学推向了极端。尽管如此,这种极端的思想张扬人的个体欲望,抨击僵化的理学伦理教条,肯定日常生活与世俗人情的合理性,把世俗民众本身当成圣

---

① 王畿.龙溪王先生全集[M]//四库全书存目丛书(别集类98).济南:齐鲁书社,1997:1.

贤,肯定人的存在价值和生活意义,与那个时代民众的心声是相契合的,因而引起的反响也就格外强烈。可以说,晚明时期的文学艺术,多少都受到心学思想的影响。李渔的闲情美学也概莫能外。

首先,在人生道路的选择上,李渔走的是“弃文从商”的路子。尽管他做的出版事业是将文化与商业结合了起来,但从事业的性质上来讲,是由读书科举,转向了商业运营。这种人生道路的选择与确立,固然一方面受仕进无路的现实条件的限制,另一方面受到兰溪—金华地区传统的影响,但个人的选择始终是现实条件许可范围内最大限度地实现自己的愿望。李渔以出版为业,同时致力于戏曲、小说这类典型的俗文学的创作,从中都不难看出受心学思想影响的痕迹。

王阳明说“四民异业而同道”,认为“四民”的高低贵贱之分,是“王道熄而学术乖,交骛于利,以相驱轶”的结果。即使是处于“四民”之末的商人,“虽终日作买卖,不害其为圣为贤。”王艮讲“圣人之道,无异于百姓日用”,强调自己的学问是“愚夫愚妇能知能行者”。李贽连化凡入圣的路子都不屑一顾,彻底抹杀凡圣之别,“人但率性而为,勿以过高视圣人之为可也。尧舜与途人一,圣人与凡人一。”①

心学思想的平等意识,影响到李渔人生道路的确立。正因为商人的地位在理论上、思想上得到承认,士不再高,而商不再贱,这样的观念为李渔弃儒就商提供了理论上的依据和心理上的支撑。正因为凡圣无别,士商同贵,所以由士入商就不再是令人难堪的堕落,而没有遵循传统士大夫知识分子“出则仕,处则隐”的人格理想,也就显得不那么尴尬了。

其次,心学尤其是李贽的童心说对李渔闲情美学的审美观念产生深远的影响。心学认为“心即理”,尊重人的自然感性。李贽更是肯定人的自然欲求,指出人人皆有私欲,圣贤凡人皆如此,“谓圣人不欲富贵,未之有也。”并以此为“人欲”张目,指出“如好货,如好色,如勤学,如进取,如多积金宝,如多买田宅为子孙谋,博求风水为儿孙福荫,凡世间一切治生产业等事,皆

① 李贽.道古录上[M]//李氏文集(卷十八).北京:中华书局,1974:361.

其所共好而共习，共知而共言者，是真迩言也。”[①]心学在承认人皆有欲望的同时，也泯灭了圣凡之分，体现出中国古代封建社会向近代转型时期的平等意识。

李渔的《闲情偶寄》讲的都是“切于男女饮食日用平常者”。他并不认为这些事是没有价值的小事，相反他认为“正俗必先正心”，正是在个人对幸福生活的追求之中，蕴藏着改变整个社会的积极力量。这种见解无疑是对“百姓日用即道”一语的注解。他认为技无大小，才乏纤洪。人的才华有多寡之别，却没有“大小”——高下之分。他认为人人都有追求快乐的本能要求，享受生活之美并非贵族、士大夫阶层的特权，平民阶层有权利也很有必要追求美好的生活，所以李渔要帮助他们，启发和引导他们去欣赏生活中的美，从对新、异的肤浅追逐上转化到对生活之美的欣赏中来。他尊重人们的欲望，不光赞成追求享乐还教人以相应的方法，主张顺性，而不赞成禁欲。他也和李贽一样，拿圣贤孔子作旗帜，“孔子云：‘素富贵，行乎富贵。’人处得为之地，不买一二姬妾自娱，是素富贵而行乎贫贱矣。王道本乎人情，焉用此矫清矫俭者为哉？”[②]“清”“俭”都是传统的儒家伦理道德的核心范畴，而李渔认为比这个更重要的是“人情”，要“真”而不能“矫”，真的欲望远比伪的道德可贵。在谈到疗病之法时，他提到，“我之所师者心，心觉其然，口亦信其然，依傍于世何为乎？”[③]相信自己的独立判断，而不迷信专家权威。这种做法固然有太过唯心、罔顾客观规律之嫌，但在科技尚不昌明、科学精神和科技理性都还很缺乏的中国古代，这种遵从自己内心、按照自己的好恶行事的做法，无疑是具有强烈的独立思考的特征，也沿袭了心学异端肯定心的自然感性的路数。

不仅如此，李渔闲情美学的核心载体——《闲情偶寄》在传播方式上也受到心学学人讲学方式的影响。李渔非常重视传播效果，他开始考虑到受众群体的基本情况对传播效果造成的影响，并有意识地贴近受众群体的文

---

① 李贽. 答郑明府[M]//焚书・续焚书. 北京：中华书局，2009：40.

② 李渔. 李渔全集(第三卷)：闲情偶寄[M]. 杭州：浙江古籍出版社，1991：108.

③ 李渔. 李渔全集(第三卷)：闲情偶寄[M]. 杭州：浙江古籍出版社，1991：348.

化实力和经济力量，以使自己兜售的闲情美学能够为广泛的受众群体所接受并施行。在谈到《闲情偶寄》这本书本身的时候，他提到"近日人情喜读闲书，畏听庄论"，所以自己要以写闲书的方式去因势利导，使人去伪存真，渐近自然。在谈到戏曲艺术的时候，他更是强调戏曲作为表演艺术的现场性、即时性特征，从字音、词文、对白和剧情上，都强调要清晰、易懂，充分考虑受众易接受的特点。在"重机趣"一节中，他甚至直接援引了王阳明讲良知的例子，认为其讲学方式活泼、自然，颇富机趣，得词中三昧。

三、世俗自然观而非道家自然观

值得注意的是，李渔闲情美学思想与以庄子为首的道家美学思想之间的关系。提到"自然"，人们首先想到的是道家，李渔闲情美学思想以"自然"作为美的最高标准，这是否意味着他继承和发扬了道家的美学思想呢？事实上，通过对李渔闲情美学中"自然"一词内涵的分析，以及对"自然"审美范畴本身的分析，不难见出，李渔闲情美学中的"自然"观念，更多的还是儒家思想的承续与发展，而与道家文化的"自然"有着本质不同。

首先，我们必须清楚的是，尽管道家推崇的道德较多地使用"自然"这一范畴，但"自然"观念并非道家所独有，儒家文化也有自己的自然观念。为了使自身的文化设定具有与生俱来的最高合理性，中国古代社会的每一种文化都向"天"——"自然"寻求理论支持，致力于将自己的人为设定自然化，使它看起来不证自明，拥有天然的合法性。

儒家文化的自然化路径分为外向和内向路径。外向自然化路径将儒家文化所设定的人类道德及礼乐制度归于天，从而以天的不证自明性来论证儒家伦理道德的天然性。内向自然化路径则从血缘亲情的角度论证其道德制度，强调真情与率性，《中庸》开章明义地提出"天命之谓性，率性之谓道，修道之谓教"[①]。外向路径走的是外在超越的形而上之路，内向路径则有条

---

① 朱熹. 四书集注[M]. 长沙：岳麓书社，1987：25.

件地承认人的感情欲望存在的天然合理性。在早期的儒家学者那里，这两条路径是相互结合，互为制约的。到了宋明理学，片面强调外在路径，走向禁欲主义。而作为对此的一种反驳，明中叶的儒学异端则走向偏向内在路径的另一个极端，滑向了无条件承认人的情欲合理性的自然人性论，并成为以感性欲望的充分满足为理想的世俗文化的理论代表。

学者赵志军曾经在对作为中国古代审美范畴的“自然”作历史性的具体分析后指出，在明代中后期出现了一种世俗的自然观。无论是儒家文化、道家文化还是后来的禅宗，它们所提倡的天地境界都是哲人的境界，所追求的自然是天地境界中的自然，这对于包括一般读书人和普通老百姓在内的绝大多数人来说，是一种不切实际、遥不可及的高调。“任何人都不可能没有文化追求和对世界人生的解释，否则，将无以安顿现世人生。因此，对于并没有天地境界的智慧和觉悟，因而并不认同于天地境界，而又没有宗教信仰的芸芸众生来说，他们也必须有他们自己的人生追求和理想，也必须有他们认为既出乎自然又合乎自然的自然而然的、应该追求和肯定的人生价值，这就是世俗百姓的自然。”这种自然的特征是“顺才（感性的、生物性的欲望）或顺习（社会规范），以顺才或顺习为自然，其中尤其重顺才。”①

在中国古代社会，虽然底层社会群体庞大，但由于官方意识形态的控制和自身文化修养、社会地位的限制，底层人士既无诉求渠道，又无话语表达权力，因此在工商业城市尚未充分发展之前，世俗文化没有独立的文化形态，其文化价值与理想追求也没有系统的理论表述。

明代中后期，城市发达，市民文化兴盛繁荣，市民阶层成为一股强大的文化力量，世俗文化无止境地追求感官享乐形成了时代的潮流，经由儒学异端得到了较为系统的理论表述。以李贽为代表的儒家异端将儒家文化内向自然化路径对人的感性欲望的有条件的肯定，变成了无条件的、全面的肯定，同时吸纳融合南禅弃置戒定慧，认为“僧家自然者，众生本性也”②，将人

---

① 赵志军.作为中国古代审美范畴的自然[M].北京：中国社会科学出版社，2006：170.

② 杨曾文.神会和尚禅话录[M].北京：中华书局，1996：91.

性与佛性等同,“酒肆淫房,遍历道场,鼓乐音声,皆谈般若”[①]的狂禅之风,最终将人的感性和欲望置于礼义之上,成为终极追求。

世俗自然观将人的感性欲望设定为人性唯一本然的真实,认为凡人心所欲皆为合理。所以李贽甚至高调声称“成佛征圣,惟在明心,本心若明,每一日受千金不为贪,一夜御十女不为淫也”[②]。李贽的自然人性论主要是从“顺才”的角度讲的,并将其推演到极致。这在一定程度上是因为一种新的、作为“异端”的理论问世时,总难以避免地会走向与当时的现有主流文化观念(当时是“存天理、灭人欲”的理学)相对的另一极端,以此来显示出与传统割裂的决心和能力,因而尽管对世俗自然观做了系统的理论表述,却在某种程度上走得比世俗自然观更远。

事实上,现实生活中的市民阶层,一方面,张扬自身的情感与欲望,追求无止境的欲望满足,即“顺才”;另一方面,他们仍然会受到传统伦理道德的影响,同时基于现实的考虑,有着“顺习”的一面。世俗自然观中二者的比重不是一成不变的,而是变化的,普通人总是会努力在社会规范与个人情欲中求得一个平衡,纵情享乐的前提是不会给自己招致社会压力,使自己的利益受到损害。这在一定意义上类似于西格蒙特·弗洛伊德(Sigmund Freud)所讲的自我与超我、本我之间的关系。自我奉行的是唯实原则,它在奉行唯德原则的超我、奉行唯乐原则的本我以及外部社会之间尽力调和。自我会对本我的本能活动进行调节和压制,使其不与现实社会的要求相悖,以免产生痛苦与不愉快。然而一旦条件许可,仍然会选择快乐。极端的“顺才”,仅在李贽那样的人身上存在,但对普通市民来说,却是不切实际的。他们绝不愿意重蹈李贽被迫害致死的命运,而愿意好好地活着,“顺习”以使自己的处境顺利,在这个前提下再去尽力追逐自己的欲望。他们对欲望的满足与追求,是与时代社会规范的变化互为消长的。人们对声色犬马的普遍追逐使得传统道德伦理规范的约束力日益松弛,而这种松弛反过来又会进一步助

① 葛兆光.禅宗与中国文化[M].上海:上海人民出版社,1986:109.
② 吴存存.明清社会性爱风气[M].北京:人民文学出版社,2000:66.

长奢侈享乐之风。但总的来说,“顺习”的一面是始终存在的。

与极度张扬欲望的李贽不同,李渔尽管尊重人的感性欲望,时时把“人情”挂在嘴边,追求感官享乐,认为要“顺性”“顺其自然”,但他并不像李贽那样一味强调感情、欲望的浓度和强度。李贽认为“淡则无味”[①],李渔却很会欣赏淡之美。他认为拭体匀面的花露妙在“有其芬芳,而无其气息”[②];妇人压鬓之花以白为上,黄次之,淡红次之,最忌大红、木红,以淡为美;虽然也以鲜、肥、甘、腻为味美,但同时懂得欣赏宜“孤行”的食材之清虚本味,并能领会到被世人忽略的“香而淡”的香椿之味。李渔追求的感官享乐是“有道”“有方”的,即以一定的社会规范为准绳对欲望加以约束和指引。尽管他的这种规范比当时的市民阶层所能感受到的实际的社会要求要更高一些,但总的来说,李渔闲情美学的自然观是将“顺习”与“顺才”结合了起来,虽然融入了个人趣味,试图提升市民阶层的审美品位,但比起李贽的自然观来说,却是更贴近世俗文化的自然观的。

其次,我们应当看到,李渔闲情美学中所提到的“自然”,又与以庄子为首的道家美学中所提到的“自然”有同有异,终究是不同更多。

李渔的闲情美学以“自然”“天工”作为最高的审美标准。他处处强调事物以自然为美,“妙在水到渠成,天机自露”“贵自然,不贵勉强”。不论是戏曲还是造物,他始终强调要“自然而然,水到渠成”,不仅对于已经存在的事物要以“自然”为美,即使是自己改造、发明的事物,也要以“天巧”为尚,即追求一种宛若天成的效果。在对自然之美的推崇之上,李渔的闲情美学与道家思想是相同的。

然而,道家美学所提倡的“自然”是“无为”的自然,这种“无为”并非一概否定人的作为,而是强调要保持人的虚静的自然本性,是摆脱功名、欲望、道德等功利追求后达到的一种自由的心境。“庄子是特别强调‘自然’‘自己’‘自取’等观念以强调自由,则是无可疑的。”[③]

---

① 李贽. 读律肤说[M]//焚书·续焚书. 北京:中华书局,2009:132.

② 李渔. 李渔全集(第三卷):闲情偶寄[M]. 杭州:浙江古籍出版社,1991:123-124.

③ 徐复观. 中国人性史论(先秦篇)[M]. 台北:台湾商务印书馆股份有限公司,1984:390.

道家的“自然”要求精神的超越与人格的独立，要求人与宇宙合而为一，超越利害、忘却物我，与天地相悠游。庄子要求“不物于物”，熄灭一切利欲、狡诈之心，回归人的本来面目。他否定和舍弃一切文明与文化，认为这是人心丑恶的根源。就像《应帝王》里的倏与忽为浑沌凿七窍的做法一样，不仅多余、无谓，而且会伤害人的生命。要“保身全生”，就要“不以物易其性”，不要让身外之物控制、影响自己的生命。他认为人应当以“无心”的态度对待政治、名利、生死，这样就能保持人无垢的自然本性，在现实世界中保持自己的精神自由。

庄子所持的“自然”要达到的是一种否定现实世界的、完全彻底的精神超越。庄子的“自然”是不为物役，是“无所待”，不受任何现实关系的束缚、规定与限制的绝对自由，要通过“丧我”，通过“心斋”“坐忘”完全解除人与对象之间的物质关系，物我泯然，连“我”都不存在了，当然也就谈不上对个体情感、欲望的满足。虽然庄子也讲“乐”、言“适”，但他所说的“乐”是“天乐”，忘情融物，已然泯灭了人的情感状态的差别，达到“至乐无乐”的境界。在庄子的美学里，整个人沉浸在世界当中，是一种忘适之适，因为已然没有适与不适的分别，所以无不适矣。同时，在庄子那里，人与世界的关系是“神遇”而非“目视”，是一种超越了“看”与“被看”的全身心的融入。

而李渔仅仅是将“自然”作为一种审美的标准，换言之，李渔所追求的“自然”实际上是形式上的宛若天成，而非内在的精神超越。他追求的审美超越，虽然高于日常生活世界却又不离于现实人生，毋宁说是日常生活的暂时中断，这种超越并不否定现实世界，相反是日常生活有机的一部分。这种对现实生活的暂时性的超越，是为了更好地去完成个人的现实生活，实现个人的生存意义与价值。李渔追求的自由，是在现实关系给定的范围内努力摆脱物的限制，由此获得相对的自由感。李渔所追求的“乐”是人的情感满足所带来的愉悦感，那正是要达到庄子所倡导的审美境界所必须超越和摒弃的，在道家美学看来是不自然的，是人为欲望所遮蔽的结果。李渔的“闲情”“慧眼”虽然暂时性地泯灭了功利之心，但仍然是一种以世界为对象的“看”，从他所用的“眼”字，也不难见出李渔仍然强调的是“看”，只是这种

"看"的立场要发生改变,不是以现实的目的之心去看,而是以审美的悠然之心去看,这种"看"带有更多的审美感知色彩,但终究不同于庄子那种浑然忘我的状态。

老子讲"大制不割",强调以自然取代人为,不分别地对待世界。李渔却是有待、有分割的。尽管李渔强调"闲情"与"慧眼",强调审美心胸与审美眼光的重要性,但他也意识到审美离不开对象。物质对象的形式特征会影响到人对美的感受,影响到审美体验是否能够发生。所以,李渔的闲情美学是"有待""有差别"的,"美"与"不美"是事物之间最大的差别。同样,李渔的"适"也是有条件的。可以说,李渔的整个闲情美学正是建立在这种差别之上。他告诉人什么是真正的美,教人放弃偏离于情理之正的、一味求新求异的、虚假的美的追求,他也教人动用自己的聪明心思,去对物质世界加以改造,变不美为美,不适为适。

在讲到如何消除日常生活的重复性思维与实践和过分一般化等特征所造成的灾变时,赫勒曾经说过:"使日常生活人道化并不在于一般地抛弃迄今为止的日常生活结构,而在于通过以主体自身的改变去改造现存的日常生活结构,在于使个体再生产由'自在存在'向'自为存在',向'为我们存在'的提升,使个人由自发自觉向自由自觉的提升,在于与类本质建立起自觉关系的个体的突现。"①可以说,庄子美学的特点是"一般地抛弃迄今为止的日常生活结构",而李渔闲情美学却刚好是教人"通过以主体自身的改变为去改造现存的日常生活结构""使个人由自发自觉向自由自觉提升"。

李渔闲情美学尽管以"自然"为最高审美标准,但他的自然观是一种世俗的自然观,与以庄子为主的道家美学的自然观有着本质的区别。在庄子看来,自然是高于一切的,而人的主体性则是应当完全抛弃的。庄子是超越整个社会生活,是完全恢复自然,绝对地"任自然""安时而顺处",无意识无目的地安住于合规律性的自然运行中。而李渔却是在不自然的"顺习"的同时"顺才",后者尽管在传统儒者和儒学异端那里都是自然的,但在道家那里

---

① 赫勒.日常生活[M].徐崇温,衣俊卿,译.重庆:重庆出版社,1990:13-14.

却同样是不自然的。他对“自然”的强调要么是承认人的情感欲望的合理性,要么是要求事物的外观形式有一种合规律性的美感。但这种合规律性还必须与合目性相统一,美的要求必须服从于实用的需要。因此李渔主张要充分发挥人的主观能动性,不是消极地静观自然,而是要积极地改造自然,从而使事物既有天然之美,无人工之痕,又服从于人的目的。李渔说,“老子之学,避世无为之学也;笠翁之学,家居有事之学也。”[①]他虽然以自然为最高审美标准,却并不认为自然的一切都必然是好的,最终还是将人的主体性置于造物之上,体现出一种强烈的主体意识。

李渔闲情美学的自然观,是一种世俗文化的自然观,而非道家美学的自然观。庄子所追求的那种高洁出尘、遗世绝俗的理想人格,一直是中国古代士大夫知识分子一心向往的,也是他们在“道不行”“邦无道”之时的人生理想。但是,庄子所要求的“心斋”“坐忘”“无心”,以及“齐物我”“超利害”“一死生”,对于士大夫阶层来说尚且难以做到,更遑论缺乏文化教养的普通市民大众。李渔将庄子超然物外、不染尘垢的绝对精神,下降为不离世间,服务于现实人生的审美自觉,将一种理想的人格追求,降格为现实的求美得乐的操作手段。李渔的这种不离世间的超越,是在不排斥现实欲望、满足身心需求的前提下追求人生的片刻自由,同时又承认并且接受现实生活的局限性,比起庄子追求的绝对精神自由,虽然在品格上低了不少,却有着更强的实践精神,也更贴近普通民众。

李渔闲情美学是在时代风气、地区风俗文化传统和自身所接受的文化教育三者共同滋养下形成的。仅就理论源流而言,李渔的闲情美学是以经世致用、化民成俗、张扬人的主体力量的儒家思想为基本底色,吸收了心学尊重个体欲望、泯灭圣凡差别的思想而形成的。受时代风尚的影响,他对欲望的肯定与追逐,一定程度上偏离了传统儒学的正道,但又与李贽那种对欲望的极度张扬保持了一定的距离,正是世俗文化调和“顺才”与“顺习”的特征的体现。

---

① 李渔.李渔全集(第三卷):闲情偶寄[M].杭州:浙江古籍出版社,1991:339.

第三节　李渔闲情美学的市民特性

以往研究者往往把李渔的闲情美学与晚明文人群体以“闲赏”为主要特征的生活艺术相提并论，毛文芳在《晚明闲赏美学》一书中，甚至将李渔作为晚明闲赏美学的代表人物之一。尽管从文化思想的沿袭上来说，李渔可以归为晚明文人之一，但其闲情美学的根本特征，却与晚明文人群体的闲赏美学有着本质的差别。

晚明文人群体的闲赏美学是一种精英美学，而李渔闲情美学则带有很强的市民特性，是一种大众的美学。他既不追求思想深刻，也不追求出尘脱俗，而是立足于现实生活、家常琐屑，教人追求眼下的快乐与幸福。“李渔是中国文学史上最为自觉地按照大众的、市民的文化趣味进行创作的文人，可以说，在市民阶层未能登上政治舞台，未能获得充分发展的中国古代史上，李渔是市民文人、市民文艺作家的唯一典型。”[①]前面论述过，李渔身处士人群体与市民群体交接边缘的“士民”群体，其身份具有不确定性，从文化属性上讲归属于士大夫知识分子，从经济属性上来看又属于市民群体，所以他的思想也同他的士民身份一样，体现出一定的交叉性。然而在经济利益的强大驱使和现实生活的持续影响下，他的闲情美学思想中，市民的成分更突出，士人的情趣更淡薄而已。因此，本章在论述李渔闲情美学思想的市民特性时，会以晚明士人生活艺术情趣的典型代表晚明闲赏美学为对照，以此来更好地梳理、确认李渔闲情美学的市民特性。

一、以市民为主要受众

从主观的创作时的构思来看，李渔闲情美学的受众群体，用他自己的话

① 方叶. 李渔文化人格论[J]. 中南民族学院学报(哲学社会科学版)，1999(4)：87-89.

来说，“贵贱咸宜，既不详绣户而略衡门，亦不私贫家而遗富室”①。他的原意本来是要写一本天下人可通而行之的实用生活美学指导手册的。然而，各个阶层的人在物质力量、审美喜好、文化教养水平上都有差异，一套理念要想被尽可能广泛的大众普遍接受，必须以受众群体各方面实力的下限为标准，以此决定传播内容和传播方式，如此才能保证被尽可能多的受众理解和接受。然而值得注意的是，这只是一种可能性，昭示的是一种雅俗同欢、贤愚共赏的理想状态，即所有人都能读懂、接受这一套理念，并将其付诸实施。而现实情况却是，众口难调，这套理念尽管具有被所有人接受的可能性，但最终能够真正接受它的只有它所靠近并以之为标准的，物质、文化等水平都较低的市民阶层。

所以，尽管标榜“富有天下者可行，贫无卓锥者亦可行”，但李渔闲情美学思想是以贫者作为划定目标受众之标准的。奢则贫者难行，俭则贫富均可行之，但富者却往往不屑为之，因为对于他们来说，消费在购求物品、经营居室以美化生活之外，另有一层炫耀的作用。李渔理想中“雅俗俱利”、贫富并行的闲情美学，最终只能在市民阶层中广泛推行。

此外，从影响创作者思想，并最终影响到作品内容的客观现实生活来看，李渔的经济实力、生存方式决定了其经济属性更多地偏向于市民阶层，尽管由于士民身份和个人经历的特殊性，李渔与和士大夫群体保持着较密切的联系，但从个人生活的基本状态上来讲，其生活圈子、生活方式和思想情趣都是市民化的。“予贫士也，仅识寒酸之事。欲示富贵，而以绮丽胜人，则有从前之旧制在。”②李渔的生活境界决定了他的闲情美学的内容和范围，就像对于古董他只能缺而不备，因为购新犹患无力，而旧磁酒具欲见为难，所以也说不出太多。他虽然有着士人的身份，却过着市民的生活，他的闲情美学，尽管在市民的生活方式中注入了文人的文化精神，使琐碎的日常生活借着审美而有所提升，但归根结底，他的生活是市民的生活，美学也是市民

① 李渔. 李渔全集(第三卷)：闲情偶寄[M]. 杭州：浙江古籍出版社，1991：133.
② 李渔. 李渔全集(第三卷)：闲情偶寄[M]. 杭州：浙江古籍出版社，1991：157.

的美学，他的闲情美学，是一个有文化的市民写给整个市民阶层看的生活美学。

而相比之下，晚明的闲赏美学则明显囿于文人的风雅生活圈子里。毛文芳曾经指出，晚明文人审美标准的终极是“古雅”，他们“将‘闲雅稽古好古之学’与‘长物’学，进一步与‘焚香、鼓琴、栽花、种竹’等雅事连成一起，整合为一种清心乐志的审美生活观，这种审美的生活观以古董的欣赏与怀想为主，进一步延伸构筑成具有古典意蕴的优雅生活。”①晚明文人的闲赏美学具有精致、纤细的美感，带有浓厚的精英色彩。

所谓燕闲清赏，是以一种燕然之情，对事物进行玩赏，这种玩赏是高居日常事物之上的，是骨刚情腻，不安于俗世纷扰又不甘于山林寂寞的晚明文人，在欲隐不能的现实中，以审美为自己构筑的避风港和安乐乡。正是由于欲隐不能，他们才将自己心中的“慕隐”转换成了“好闲”，要在日常生活之中，一方面不舍不离世间的享受，另一方面又以“闲”来滋养自己内心的淡泊恬然，确认自己所属的士大夫群体在精神上的优越感。他们的闲赏美学写作，或出于风雅目的，或为彰显自身情趣，以保持士人群体的文化优越性，其书写内容是晚明文人“持着书癖观书，秉着诗肠读诗，遇酒则留连酒乡，舟中看月，江上闲步，花下清尊，灯下雅谑，无时不可，无处不在地过着‘闲隐游赏’‘览听流玩’的优雅生活”②，其传播对象是与自己有同样的审美情趣、能够交流切磋的文人士大夫群体。

晚明文人群体的闲赏美学，从审美条件、审美对象上来说都是远离市民群体的世俗人生的。晚明文人所推崇的闲是“心无驰猎之劳，身无牵臂之役，避俗逃名，顺时安处，世称曰闲”③。这种闲很明显是无须为生计操心的有闲阶级才可以拥有的，能够不事生产、不问经济、不与俗务相纠缠的超脱自在、潇洒闲适的光阴。正因如此，他们才能忘情地与物沉沦，悠游于山水之间。像17岁即中了正榜举人、官至广东参议的蔡景明，他书画俱佳，以琴

① 毛文芳.晚明闲赏美学[M].台北：学生书局，2000：66.

② 毛文芳.晚明闲赏美学[M].台北：学生书局，2000：62-63.

③ 高濂.《燕闲清赏笺》序[M]//遵生八笺.北京：人民卫生出版社，1994：503.

棋遣兴，与客人下棋常常到夜以继日的地步，又喜好玩赏砚石、古董等长物，对之忘忧，沉浸其间，可以连饭都不吃。也唯有像蔡景明这样已经进入仕途，功成名就，有着稳定生活来源与优越地位、暂无后顾之忧的人，才可能不知饥饱、夜以继日地沉浸在自己那些风雅的个人爱好之中。

晚明文人闲赏美学执着于情感和趣味的自我表现，而将个人自我世界与更广阔的社会、道德世界隔绝开来。通过对优雅趣味的"韵"的强调，晚明文人群体与世俗文化刻意地拉开了距离，审美偏好明显带有庄禅的寂与空的特点，其闲赏美学因而显得空灵、清逸。而李渔的闲情美学，尽管偶尔也提到雅人韵士，但仅仅停留在诸如界墙垒叠、妇人衣衫钗玥等外在的形式方面，而非对内在的风神韵致作出要求。这恰好符合当时市民阶层对士人阶层进行社会仿效——只能效其"形"不能得其"神"——的实际情况，既迎合了他们的心理需求，又提供了可操作的路径。

从上述李渔闲情美学与晚明文人闲赏美学在内容上的差异，我们可以得出结论：李渔闲情美学是以市民生活内容为基础，供普通市民参考的实用生活美学著作，而晚明文人闲赏美学却是文人士大夫群体的自娱之作，局限在文人精致、风雅、富有文化气息的生活场景之中。

二、以日常物事为审美对象

李渔闲情美学的一个重要宗旨是"务使人人可备，家家可用"[①]，他的整部《闲情偶寄》讲的也基本上全是普通市民日常生活相关的具体事物。即使是"词曲""演习"二部，看似离一般人的生活较远，但考虑到明代中后期家乐盛行的历史事实，可以想见，在当时，戏曲表演虽然与普通人的日常生活有一段距离，但并不像今天的舞台与生活之间的距离那样遥远。

除了戏曲创作与表演以外，李渔《闲情偶寄》里面谈女子的容貌气质、妆扮服饰、文艺修养，谈房屋的构建、屋檐的设置、屋顶空间的利用与美化、居

① 李渔.李渔全集(第三卷)：闲情偶寄[M].杭州：浙江古籍出版社，1991：202.

室的洒扫、物品的收纳、窗栏形状的设计、居室内墙的装饰、门上的匾额对联、庭院里的假山、案头的盆景，基本上都是日常居家事宜，至于“器玩”“饮馔”二部，讲的诸多事物，更是寻常人家可得之物。他讲几案、椅杌、床帐、橱柜、箱笼箧笥、炉瓶、屏轴、茶具、酒具、碗碟、灯烛、笺简，除开笺简是文人案头之物，其余皆是普通市民日常生活所离不开的器物。他所谈的“饮馔”，举的笋、蕈、莼、莱、瓜、茄、瓠、芋、山药、葱、蒜、韭、萝卜、芥辣汁、饭、粥、汤、糕、饼、面、粉、猪、羊、牛、犬、鸡、鹅、鸭、野禽、野兽、鱼、虾、鳖、蟹等物，大部分也都是普通人家餐桌上常常见到的食物。他所创制的“五香面”“八珍面”和带花露天然香气的米饭，是基于营造更丰富、细腻的味觉、嗅觉感受而进行的创造，而非文人审美情趣的展现。在这一点上，宋代陈达叟的《本心斋蔬食谱》中的内容与李渔在“饮馔部”所讲的内容形成鲜明对照，彰显了李渔闲情美学中饮食美学部分与文人饮食审美情趣之间的差异。

《本心斋蔬食谱》开篇便言，“本心翁斋居宴坐，玩先天易，对博山炉，纸帐梅花，石鼎茶叶，自奉泊如也。客从方外来，竟日清言，各有饥色，呼山童供蔬馔。客尝之，谓无人间烟火气。”[①]本心翁口授二十品中，山药炊熟片切，渍以生蜜，是为“玉延”；清水煮桂圆干，名为“琼珠”；笋称“玉版”；方切炊饼为“玉砖”。尽管所用食材并不珍稀名贵，皆是山间市上易得之物，烹饪方法也无复杂之处，但光是菜名，便充溢着清雅之美，与市井生活拉开了距离。无人间烟火气的，不仅是菜品本身的味道，也是菜名给人的感觉。所以本心翁在说完菜谱以后还要加上一句，“或樽酒酬酢，畅叙幽情，但勿醺酣，恐俗此会。”[②]尽管《本心斋蔬食谱》是宋人之作，但其字里行间透出的文士风雅，刚好可与李渔同样谈吃的“饮馔部”相映成趣，使人见出雅俗的分别。

毛文芳认为，晚明闲赏美学除了对“闲”的讲求以外，对于“赏”的对象有着具体的要求与限定，游赏何物，是晚明闲赏美学的重要客体所在。晚明文

---

① 陈达叟.本心斋蔬食谱[M]//王云五.丛书集成初编：本心斋蔬食谱、山家清供、饮食须知.北京：商务印书馆，1936：1.

② 陈达叟.本心斋蔬食谱[M]//王云五.丛书集成初编：本心斋蔬食谱、山家清供、饮食须知.北京：商务印书馆，1936：4.

人闲赏的对象是自然山水与好古稽古之学，以及莳花、焚香、鼓琴、手谈等风雅之事。而李渔的闲情美学对于审美客体的依赖与限定则要轻得多，他认为重要的不是审美的对象，而是审美的心胸，如果真能具备审美的闲情与慧眼，则“过目之物，尽是画图；入耳之声，无非诗料”。现实生活境况虽然没有给他雅玩清赏的条件，他却要努力地在平常物事中见出美来，如果那事物是不美的，便努力将它美化。

古雅是晚明闲赏美学的最高标准，古玩是晚明文人倾心赏玩的典型对象。明末清初大玩商吴其贞在《书画记》里明确地提出“雅俗之分，在于古玩之有无”，将有无古玩作为判断一个人的生活状态是否优雅的标准。

李日华公职之暇山中小住，赋诗 20 首以纪当时。这 20 首诗的题目分别为《养石》《剪蒲》《唤鹤》《熨砚》《渍笔》《倚树》《护笋》《品泉》《和香》《洗药》《焙茶》《滤酒》《听鱼》《借书》《漱涧》《藏云》《制冠》《学钓》《捶纸》《曝画》。且不论砚、笔、书、画、纸、冠等物为文人生活日常之用，与市民日常生活较少发生普遍联系，即便是石、蒲、鹤、树、笋、泉、香、药、茶、酒、鱼、涧、云、钓这些与所有人的日常生活都可发生联系的家常事物，从与之关联的行为中也透露出文人风雅、绝尘之趣。这 20 首诗所关涉的活动，都离普通市民生活距离甚远。

晚明闲赏美学突出以“悠闲之心”“优雅之情”去“欣赏”事物的态度。屠隆的《考槃余事》所列赏鉴品类有 16 项之多，分别是：“书笺”“帖笺”“画笺”“纸笺”“墨笺”“笔笺”“砚笺”“琴笺”“香笺”“茶笺”“盆玩笺”“鱼鹤笺”“山斋笺”“起居器服笺”“文房器具笺”“游具笺”。伍绍棠评价文震亨的《长物志》，“有明中叶，天下承平，士大夫以儒雅相尚，若评书品画，沦茗焚香，弹琴选石等事，无一不精，当时骚人墨客，亦皆工鉴别，善品题，玉敦珠盘，辉映坛坫，若启美此书，亦庶几卓卓可传者，盖贵介风流，雅人深致，均于此见之。”[①]

晚明文人普遍向往追求闲适游隐、清雅玩赏之“燕闲清赏”的生活模式，当时的美学，具有“闲赏”之特有风格，文人们喜好以能唤起美感情趣的事物

---

① 伍绍棠. 长物志跋[M]//文震亨、陈植. 长物志校注. 南京：江苏科技出版社，1984：423.

与心态，来装点闲适无扰的日常起居生活，或游山玩水、寻花品泉、采石试茗；或焚香对月、洗砚弄墨、鼓琴蓄鹤；或摩挲古玩、摆设书斋、布置园林；无论品赏书画鼎彝、山水茆亭；或是欣慕病人的情态，乃至对懒、狂、癖、痴、拙、傲各类偏执人格的激赏，均被晚明文人纳入美感欣趣的物类范畴之中，以充实生活中的审美经验。[①] 他们的日常生活闲适无扰，没有生活的压力，无须考虑现实，于是可以全情投入到带有超越性的清雅游赏之中。而李渔虽然“混迹公卿大夫间，日食五侯之鲭，夜宴三公之府”，对上层社会的生活有着直接、深入的接触与了解，但他的闲情美学却始终着眼于普通人家的日常琐屑，洋溢着强烈的大众性和现实精神。

三、重经济实用的功利主义态度

李渔的闲情美学一方面主张要以超脱的心态从日常生活的功利考量中抽脱出来，另一方面又主张要充分发挥人的聪明与智巧，去改造身边的事物，使之成为合规律性与合目的性的统一。前者主要是要求人能以一种审美的胸怀去观照身边的世界，从而在审美体验中获得精神超越后的自由与愉悦。后者则是从现实生活出发，以“经济”和“实用”来支撑自己的生存，使我们的日常生活能够卓有成效地顺利展开。前者要求超功利，后者却要求持功利主义态度，二者看似矛盾，实则相辅相成。日常生活能够有效、顺利地展开，是人能以审美心怀去观照世界的先决条件，饥寒交迫之中的人是无心感受美的。后者是前者发展的方向，如果人只停留在自在地生存的层面，则个人的生活乃至个人的存在都丧失了意义，人的本质力量得不到有效的展现与发挥，个体的发展受到阻碍。

龚鹏程曾经指出，“生活美的追求，是通于两端的，一端系在世俗生活的层面，即饮食男女、衣食住行、生老病死这一些现实生活的具体内容上；另一端则系在超越层，要追求美与价值。若只流湎于世俗生活欲望的驰逐与享

---

① 毛文芳.晚明闲赏美学[M].台北：学生书局，2000：221-222.

乐，将逐物而流，享受了生活，却丢失了生命。若仅强调美与价值，生命亦将无所挂搭，无法体现于视听言动之间。故礼乐文明，是即饮食男女以通大道的。道在饮食男女、屎尿稗稊之间，形成'不离世而超脱'的形态。"①可以说，李渔的闲情美学正是这样一种通于两端的追求，既不离现实生活，不轻视实实在在的温暖，也不在日常生活的惯性中随波逐流，听之任之，而是努力通过对美的营造与追求，去发挥自己的创造性思维，开展创造性的实践，确认自身的本质力量与存在意义，最终实现个体由自为存在向自觉存在的转变。

而相形之下，晚明文人群体的闲赏美学则超脱色彩过浓而现实精神欠奉。晚明文人群体的闲赏美学实际上是他们内心"慕隐"情结的一种变形体现。由于在实际生活中既无法淡薄欲望，归隐山林，摆脱纷扰、喧嚷的凡尘俗世，他们就致力于在这尘世之内追求一种超然物外、出尘脱俗的理想生活形态。所以，晚明文人的闲赏美学是不带人间烟火气的，是超越功利，鄙弃经济利益的衡量，以实用为耻的。他们将美作为最高的标准，为了追求这种与自身所认同的理想人格相匹配的审美趣味，他们甚至可以牺牲日常事务本身应当具有合目的性，以及合于"用"的经济、实用性的要求。在他们看来，闲适无扰，远离现实的生活才是脱俗的、美的，才能满足他们心中的山林之思。

文震亨认为"韵士所居，入门便有一种高雅绝俗之趣，若使之前堂养鸡牧豕，而后庭侈言浇花洗石，政不如凝尘满案，环堵四壁，犹有一种萧寂气味耳。"②在他看来，清洁、舒适、方便，都比不上出尘之美来得重要，所以凝尘满案、环堵四壁反而是好的，因为有萧寂之气，而无烟火之气。而他对于衣饰时宜的见解，则以为裁制样式合于古式，比便于日常穿着更为重要。

另一本重要的晚明闲赏美学文献《遵生八笺》的作者高濂则认为，"坐钟陈鼎，几列琴书，搨帖松窗之下，殿图兰室之中，帘栊香霭，栏槛花娇，虽咽水餐云，亦足以忘饥永日，冰玉吾斋，一洗人间氛垢矣。清心乐志，孰过

① 龚鹏程.生活的儒学[M].杭州：浙江大学出版社，2009：4.
② 文震亨.长物志校注[M].南京：江苏科技出版社，1984：347.

于此。”①

沈春泽则更直接地点明了闲赏美学无关现实的特性，“夫标榜林壑，品题酒茗，收藏位置图史、杯铛之属，于世为闲事，于身为长物。而品人者于此观韵焉、才与情焉，何也？挹古今清华美妙之气于耳目之前，供我呼吸；罗天地琐杂碎细之物于几席之上，听我指挥；挟日用寒不可衣、饥不可食之器；尊逾拱璧、享轻千金以寄我慷慨不平。非有真韵真、才与真情以胜之，其调弗同也。”②

晚明闲赏美学推崇的“闲”是不关世事、脱俗出尘的“无用”之闲，带有很强烈的“非功利”的色彩，是“日用寒不可衣、饥不可食之器”，他们认为这样的闲赏体现出一个人的真韵、真才、真情。这其实是一种非常突出的精英视野的审美意识。晚明文人的闲赏是一种消极的静观，欣赏美的现成事物，自然景物也罢，古董珍玩也罢，其对象总是现成的、符合审美标准的物事，是无关功利的纯粹的美。他们凭借自身的政治经济力量，用美的事与物来充斥个人生活。在晚明文人关于生活艺术的相关文献中，很少看到他们对物的改造，即便如李日华“剪荷叶作卷筒，线缝之，如兜鍪状，将雨辄覆之”的“莲笠”，也不过是信手拈来、妙手偶得的文人情趣，着墨点在于趣而不在于用。

与之形成对照，李渔的整个闲情美学的落脚点却恰恰是在“用”上面。李渔追求身体的舒适、使用的方便，在他看来，身体的安乐舒适与事物的美是不可分割的两方面，美离开了乐，则凌空虚蹈，没有着落，乐离开了美，则流于放纵，失之鄙俗。李渔的闲情美学是一种积极的参与，他不光要欣赏美好的事物，而且要对不美好的事物进行加工、改造，以此来创造美，他不光要从审美对象身上获得审美的愉悦，还要得到感官的快感。相较于晚明文人静态的闲赏美学，李渔的闲情美学因为指向现实生活，而具有更多活泼的生气。

---

① 高濂.《燕闲清赏笺》序[M]//遵生八笺.北京：人民卫生出版社，1994：503.

② 沈春泽.《长物志》序[M]//文震亨，陈植.长物志校注.南京：江苏科技出版社，1984：10.

四、混杂的审美趣味

我国知名的李渔研究专家杜书瀛曾经说过，“比起他的前辈，李渔多了一些‘市井’气、‘江湖’气，少了一些‘雅’气、‘文’气；多了一些圆滑、媚俗，少了一些狂狷、尖锐。”①实际上，市井、江湖与雅、文，圆滑、媚俗与狂狷、尖锐，道出的正是市民阶层与士大夫阶层的本质差异。李渔闲情美学的本质是中国古代向近代转型时期的实用市民生活美学，其审美趣味具有混杂的特点，一方面贴近市民阶层的生活需求，另一方面又努力在市民生活形态中注入一些文化的内涵，意图提升其审美品位。所以李渔的闲情美学是在“俗”的市民日常生活样态中求“雅”，但其对“雅”的追求又受到现实的限制，终归显得俗多雅少，在审美趣味上远不及士大夫文人阶层的精致、风雅。

(一)突出的娱乐性与商业性

李渔由于身处市民阶层生活的世界，靠经营出版业、写小说戏曲和打秋丰、攀附高门贵族为生。出版业的文化传播特性使他敏锐地意识到传播效果的重要性，意识到受众在传播当中占有非常重要的位置，从而使得文艺从此前一味从传播者的意图出发——或“载道”为社会伦理政治服务，宣传社会意识形态，或“言志”“缘情”，抒发作者个人思想情感——的状态，变为尊重传播的客观规律，考虑受众需求的状态。他为了在自己的文学艺术创作中追求商业效益，自觉地迎合市民阶层喜欢看热闹、图轻松、好消遣、喜团圆的心理，从而使得自己的作品带有浓厚的商业性、娱乐性与喜剧色彩。

这种商业性、娱乐性与喜剧性相结合的创作特点，在李渔以《闲情偶寄》为主要载体的闲情美学，以及他的诗、文、戏曲、小说等各类作品中，以直接或含蓄的方式表现得十分突出。李渔说自己的创作是“尝以欢喜心，幻为游

① 杜书瀛.李渔美学心解[M].北京：中国社会科学出版社，2010:23.

戏笔。著书三十年，于世无损益。但愿世间人，齐登极乐国。纵使难久长，亦且娱朝夕。一刻离苦恼，吾责亦云塞。还期同心人，种萱勿种檗”①。词中流露出强烈的及时行乐的思想，这不光是李渔本人享乐主义思想的自然流露，同时也反映出他对市民阶层品味的迎合，就像他所说的那样“唯我填词不卖愁，一夫不笑是吾忧”，他始终致力于追求取悦受众，让他们开怀，使他们得到消遣与愉悦，从而愿意消费他的作品。

首先，就戏曲和小说而言，李渔非常注重演出效果和喜剧性。“李渔对戏曲演出效果的关注和熟悉与他个人长期编演戏曲的生活经验分不开。他经常带着家庭戏班出入于缙绅豪富之家，搬演各种新旧曲目，在当时很受欢迎。这种戏曲演出的经验使得他在谈论戏曲理论时对实际的演出效果问题非常重视，从而形成了《闲情偶寄》中戏曲理论的特色。这种特色不仅仅是个单纯的研究范围、深度的扩展，更重要的是，它代表了一种比明代戏曲批评家更加大众化的趣味倾向。”②

李渔经常强调文艺创作要符合人情、世情，“予谓传奇无冷热，只怕不合人情”③，“我能易以新词，透入世情三昧，虽观旧剧，如阅新篇”④。所谓“人情”“世情”，讲的就是社会世俗生活，市井的离合悲欢，关注人数最为庞大的市民群体为主的普通人的命运故事，反映市民阶层的意识情感，从而能在他们心目中引起共鸣，为他们所接受，所喜爱。

李渔的戏曲、小说的主人公往往是妓女、演员、商人、侍女、寡妇等市民阶层的代表人物，而且所反映的内容有许多不仅不风雅，甚至按照传统士大夫文人的审美眼光来看是不符合“温柔敦厚”的标准，更不应当在公开场合谈论的事物。比如他的小说与戏剧中毫不避讳地谈到腹泻、月经、阉割等与排泄、性欲等生理功能关系密切的内容。而且在写到这些内容的时候，他甚至会津津乐道，多少带着一点煽情和哗众取宠的态度，意图博观者

---

① 李渔. 李渔全集(第二卷)：笠翁一家言诗词集[M]. 杭州：浙江古籍出版社，1991：25-26.
② 高小康. 市民、士人与故事：中国近古社会文化中的叙事[M]. 北京：人民出版社，2001：244.
③ 李渔. 李渔全集(第三卷)：闲情偶寄[M]. 杭州：浙江古籍出版社，1991：69.
④ 李渔. 李渔全集(第三卷)：闲情偶寄[M]. 杭州：浙江古籍出版社，1991：73.

一笑，以至于有时候到了近乎下流的地步。语言极尽描摹之能事，时而赤裸裸地直接形容，“画出一幅春意图”，时而又借他事喻之，故作含蓄而引人遐思。

晚明文人虽然也娈童狎妓、声色犬马，可是这只是他们生理欲望的释放与满足，是他们生活中世俗的那一部分，他们是不会在自己的文字当中绘声绘色地描写与排泄、性交等生理功能相关的事宜的。李渔文章中充斥的这些内容，实际上是为了迎合当时市民群体好新奇、喜刺激的需求，满足他们的小市民趣味，使他们获得感官的愉悦。“由于中国市民阶层未能登上政治舞台，也由于这个阶层成员的文化素质很差，于是缺乏对未来的远大理想与崇高目标的追求，致使市民文学的消遣性特别突出，甚至带着病态的特征。”①这种病态的特征，在李渔的作品当中体现为突出的商业性、强烈的娱乐性和对喜剧效果的追求。他的《无声戏》中 12 个故事，全是喜剧，韩南说过，李渔“是卓越的喜剧大师，在其喜剧领域，滑稽与下流使他的奇特想象具有最大限度的展示自我的空间，也引来同时代人的兴趣与震惊”②。

其次，李渔的《闲情偶寄》里大部分写的是诸如庭除洒扫、剔灯剪烛这样的普通市民群体日常生活必然面对的琐事。尽管《闲情偶寄》不像小说、戏剧那样会直接与戏剧性、喜剧性发生联系，但李渔仍然不自觉地追求一种诙谐、幽默的喜剧效果。在品评女子容貌时，他屡作俏皮之语。比如他说女子眉眼，“最忌平空一抹，有如太白经天；又忌两笔斜冲，俨然倒书八字。变远山为近瀑，反新月为长虹，虽有善画之张郎，亦将畏难而却走。非选姿者居心太刻，以其为温柔乡择人，非为娘子军择将也。”③他讲自己为女子修容立说，不忘调侃漂亮女子，要她们明白他的一番苦心，“万毋遽发娇嗔，罪其唐突”④。讲到篦的重要性时，他嘲笑不善篦之人，“一片如毡，求其界限而不得，是帽也，非髻也，是退光黑漆之器，非乌云蟠绕之头也”⑤。在讲到脂粉二

① 谢桃坊. 中国市民文学受众心理分析[J]. 江海学刊. 1995(1)：142-148.
② 韩南. 创造李渔[M]. 杨光辉，译. 上海：上海教育出版社，2010：80.
③ 李渔. 李渔全集(第三卷)：闲情偶寄[M]. 杭州：浙江古籍出版社，1991：112.
④ 李渔. 李渔全集(第三卷)：闲情偶寄[M]. 杭州：浙江古籍出版社，1991：119.
⑤ 李渔. 李渔全集(第三卷)：闲情偶寄[M]. 杭州：杭州：浙江古籍出版社，1991：120.

物其势相依，面无粉泽而止丹其唇，会因面黑唇红而使人脸带紫气时，他的遣词用语则完全是近乎刻薄了，“黑一见红，若逢故物，不求合而自合，精光相射，不觉紫气东来，使乘老子青牛，竟有五色彩灿然之瑞矣”①。说抹粉不及颈项者，“前白后黑，有如戏场之鬼脸”，施粉而不描眉者，“霜花覆眼，几类春生之社婆”，点唇若非一气呵成，则樱桃小口成了“成串樱桃”。他主张耳环应形小制雅，别搞得跟元夕的花灯一样花俏，如果形制繁复还要加以珠翠，那就恶俗到有如福建珠灯、丹阳料丝灯。

除此之外，李渔在《闲情偶寄》的“声容部”中还时时以“村妆”“村妇”对不符合自己审美品位的女子装扮加以嘲讽，比如他提出妇人插戴鲜花，忌大红、木红，如果插玫瑰则只能压在髻下，不可使花形全露，因为“全露则类村妆，以村妇非红不爱也”②。而女子下体之服，色要淡雅，且宜纯色不宜混杂，宋僧慧洪觉范《秋千》诗中“飘飏血色裙拖地”、唐人万楚《五日观妓》中“红裙妒杀石榴花”，在他看来是“艳妆村妇”的着装风格。李渔将“村”而非“俗”作为相对立的审美品位，在措辞中可以见出他下意识地将城乡差别作为审美的参照标准。

将自己认同于市民阶层，不美的是“村”而非“俗”，那么他推重的美也就不是“雅”而是城里人的“洋气”“时髦”。他是从市民的角度，对村妇艳丽所作的讽刺，其中折射出市民阶层对远离城市、落后于时代风尚的质朴农民的轻视和心理上的优越感，是一种典型的市民心态。

(二)俗中求雅，俗多雅少

尽管李渔因为其士人的身份而与普通市民阶层在文化素养、审美趣味等方面有一定的差异，加上他始终不忘以“化成天下，移风易俗”为自己的逐利行为确立使命感，同时向世界也向自己确认自身存在的价值，所以，他的闲情美学不是单纯的对市民生活美学的总结，而是基于普通市民生活的现

① 李渔. 李渔全集(第三卷)：闲情偶寄[M]. 杭州：浙江古籍出版社，1991：126.

② 李渔. 李渔全集(第三卷)：闲情偶寄[M]. 杭州：浙江古籍出版社，1991：131.

实境况、物质实力、经济条件，对他们作出的美化生活的指导。而这种指导是基于市民阶层本身对生活美的追求，实际上是市民阶层生活中已经体现出来的趋势，李渔只是试图将这种趋势用系统的理论表述，予以更清晰的引领而已。所以，他的闲情美学既不完全流俗，又不绝对脱俗，尽管他也提倡要有雅的追求，但是这种雅绝非文人风雅，而是市民的俗雅。

比如李渔《闲情偶寄》中的“声容部”，在李渔自己看来是为显者陶情之事，但一旦与当时文人士大夫的同类型作品进行比较，就不难看出在审美趣味上的精粗之别。

可堪对举的是清人卫泳的《悦容编》。《悦容编》除引言之外，尚有《随缘》《葺居》《缘饰》《选侍》《雅供》《博古》《寻真》《及时》《晤对》《钟情》《借资》《招隐》《达观》13 篇。而李渔则从肌肤、眉眼、手足、态度、盥栉、熏陶、点染、首饰、衣衫、鞋袜、文艺、丝竹、歌舞，刚好也是 13 个方面论述。但前者明显不及后者具体，不像后者那样具有很强的可操作性和实用性。后者更多停留在人体本身和附属物品等方面，更加实用功利，却不及前者着力于分析品赏美人的审美境界，不像前者那样具有更为突出的精神特性和风雅美感。仅以李渔认为可以奉为女子之美最高境界的“态度”之一则为言。李渔只是说态不可解、不可教、不可学，承认自己心能知之，但口实不能言之，最后只能列举了两个自己认为能反映女子之态的典型事例。而且着重描写的不是女子的态本身，而是在讲使这两名女子产生这种媚态的具体言行举止。而卫泳在《寻真》中，不光谈了美人之态，还谈了美人之情、美人之趣、美人之神、美人之心。光美人之态，他就罗列了喜、怒、泣、睡、懒、病六种：

唇檀烘日，媚体迎风，喜之态；
星眼微瞋，柳眉重晕，怒之态；
梨花带雨，蝉露秋枝，泣之态；
鬓云乱洒，胸雪横舒，睡之态；
金针倒拈，绣屏斜倚，懒之态；
长颦减翠，瘦靥消红，病之态。

并且，卫泳指出，凡此种种，“得神为上，得趣次之，得情得态又次之，至于得心，难言也”①。很明显，卫泳对女子在容貌之外的情态之美，审美体验远比李渔细致、丰富得多，并且这些审美品位因其与精神境界关联的深浅程度不同，形成了不同的层次，各个层次之内又有不同的类别，这些层次、类别组合在一起，使得卫泳《悦容编》对女子之美的品赏达到了一种非常微妙、复杂的境界。“李渔虽然也讲出了自己的见解，但从美学而言，还不如卫泳《悦容编》更为精深。”“卫泳是从一个纯雅人的角度去讲女人之美的，而李渔的‘姿容部’与其他各部一样，是从雅人与俗人的共识上去讲女人之美的。”②这正是雅与俗、精致与粗糙的区别，也是士大夫与市民的区别。

同样，在饮食审美方面，也可以看出李渔审美趣味与文人审美趣味在精粗程度上的差别。张岱品闵汶水茶，能品出茶的制法是阆苑制法，但产地却在罗岕，水虽然味道确似惠泉之水，但气味清新，又不似从千里之外的惠泉取来。其对茶味和水味的辨识能力之精细敏锐，可谓登峰造极，连闵老子这样精于茶道的专业人士，也感叹自己70年来所见之人没有谁能比张岱更懂得茶的鉴赏。闵老子用来给张岱泡茶的水并非普通的惠泉水，每次取水，必得新淘一井，静夜时分，等新泉涌出，马上汲取，用磊磊山石置于甕底，返程的时候，全借风力行舟，如此才能最大限度地保存所取之水的本来味道，所以用来泡茶的时候，其味非但一般水望尘莫及，就连普通惠泉水也要逊色许多。闵老子虽是桃叶渡边卖茶人出身，但因对茶艺的追求，使得其对茶与泡茶之水的要求，达到一种风雅精绝的地步。是以当时的文人雅士，莫不以与闵老子交为幸。③

冒襄爱妾董小宛以各种有色香花蕊酿饴为露，秋海棠、梅英、野蔷薇、玫瑰、丹桂、甘菊、橙黄、橘红、佛手、香橼，悉数制为花果露，酒后拿出数十种来，白瓷盛之，五色浮动，又作桃膏、西瓜膏，即使是做豉这样的家常饮食，也

① 卫泳．悦容编［M］//虫天子．中国香艳全书．北京：团结出版社，2005：30．

② 张法．中国美学史上的体系性著作研究［M］．北京：北京大学出版社，2008：288、289．

③ 张岱．闵老子茶［M］//朱剑芒．美化文学名著丛刊．上海：上海书店，1982：22．

以取色取气先于取味,考究之至。[①]

这样精致、讲究的饮食品味,是李渔所万万不能及的。相比张岱、冒襄的生活,李渔的饮食审美几乎可以说是粗糙的了。张、冒二人精致的饮食品味,充满文化气息,是一种精英化的、风雅脱俗的品位,追求和彰显的是与普通人拉开差别,而李渔所提倡的饮食之美,则主要是从食物的味道本身出发,虽然也有色、香的追求,但终究更多地停留在食物本身,是充满家常气息、人人可得的。

研究李渔的美国学者埃里克·亨利(Eric P. Henry)(曾经在分析李渔戏剧的基础上对他作出过如下评价:"在文学和生活两方面,为了逐利,李渔都集中展现了下层社会权宜、柔顺和顽强的美德。对批评他的人来说,他无疑是《论语》中拿来作为嘲讽对象的标准的'小人'。他对商人和工匠意识表现出偏爱……李渔对高尚'小'人物在社会立身的精神价值甚为推崇,而对真挚、正直、礼节、仁慈等上层社会所提倡的传统的、冠冕堂皇的无私的价值观则不以为然。他的这种观念被视为轻浮、鄙俗、堕落的表现。然而,将他的这种态度视为他在旧时中国找到了通往新思维模式之路——高雅喜剧模式——的证据之一,同样也是合理的,并且从批评的角度而言也更有意义。"[②]相对于一些中国学者受过往研究传统影响,将李渔按其受教育程度归为士人,从文化身份出发,用一类人的特点去代替个人特点的做法,埃里克·亨利的观点显得更实事求是。

尽管身为士民,兼有士人与市民两个阶层的属性,但受现实生活的影响,李渔的思想更贴近市民阶层。事实上,研究者们已有的一个共识是,在李渔所生活的明末清初,甚至更早一点的明代中期,社会上已经出现了士人和市民、雅与俗的两种审美趣味的互渗。市民群体尽管在文化上处于较为被动的地位,但由于数量庞大且代表了社会的新生力量和发展方向,他们的审美情趣仍然在不自觉的情况下对士人群体产生着影响。只是在这种互渗

---

① 冒襄.影梅庵忆语[M]//朱剑芒.美化文学名著丛刊.上海:上海书店,1982:11-15.

② HENRY E P. Chinese amusement: the lively plays of Li Yu[M]. Hamden: The Shoe String Press, 1980:174-175.

的潮流中，李渔作为士人群体的下层人物，无疑更激进、更自觉地向市民阶层靠拢。“予其不能为高世之论哉？虑其无裨人情耳。”[①]高世之论，就是士大夫阶层脱俗、风雅的审美情趣的体现，人情则是俗世人间之情。李渔不为高世之论，但求有裨人情，其在雅俗之间的取舍，由此可见。

所以，尽管琴为丝竹之首，最是风雅，但李渔并不主张家家皆学，因为这种高雅的乐器并非普通人欣赏得来，就像昆曲虽雅，但知音者稀一样。李渔认为人各有所好，比风雅更重要的是自娱，让自己舒适、愉快。哪怕是俗，也比附庸风雅而自苦要好。李渔的整个闲情美学以求乐为旨归，从雅俗好尚的角度来看，体现出的特点则是在俗的基本底色上求一点雅的提升，但终归是俗多雅少，更近于俗也归于俗。

与此同时，值得注意的是，从李渔对待时尚的态度，也可以看出他将自身更多地认同于市民阶层而非士大夫群体。明代中后期商业繁荣，商人社会地位提升，而士人仕途蹭蹬，社会地位下降。身份和地位的下降让士人们感受到了压力。

与此同时，明初严厉的服禁制度在社会经济大潮的冲击下日益松弛，“佣流优隶混与文儒衣冠相杂，无分贵贱”[②]，下层社会在服饰上的社会仿效形成僭拟之风，“冠服所以章身”的效用荡然无存，士人这一地位群体的外在标志也失去了，这使得他们的身份焦虑与认同危机进一步加强，也促使他们不断地制造新的服饰时尚，以拉开自己和下层社会之间的距离。

服饰作为一种社会标识物，体现的是“流动”的商业社会中暗涌的权力斗争。正如西美尔的观点，“所有时尚准确地说都是阶级时尚，而且驱动时尚向前的是：当下层阶级已经模仿上层阶级的时尚时，上层阶级就立即抛弃它（并且推崇一种新的时尚）。”[③]士人们需要保护既得而又受到严重威胁的精英地位，他们制造出的服饰时尚，具有与下层社会区隔的排他性，“时尚的

① 李渔. 李渔全集（第三卷）：闲情偶寄[M]. 杭州：浙江古籍出版社，1991：131.

② 淮安府风俗考·服饰[G]//陈梦雷. 古今图书集成·方舆汇编·职方典（卷748）. 北京：中华书局，1934：(120)：29.

③ 拉斯·史文德森. 时尚的哲学[M]. 李漫，译. 北京：北京大学出版社，2010：37-38.

确定并不是一个公开的过程。它总是被那些既定的精英人物所裁断。时尚的标准不是由那些从底层爬上来的企求者决定的,而是由那些已经达到既定水平、需要保护既得的精英地位的人们决定的。他们划出时尚与普通的界限,将大多数企图挤进上流社会的追寻者都拒之门外;不然的话,他们的上流社会地位就会变得不值钱,他们的足以象征其优越地位的资本就会失去价值。"[①]士人尤其是下层士人,掀起时尚风潮的目的是为了与市民阶层划出界线来,以体现自身在社会地位上相较于市民阶层的优越性。

而李渔的闲情美学却刚好与之相反,一方面,他反对盲目追随时尚,但这不是为了保持社会区隔,而是他觉得"美"比"新"更重要;另一方面,他并不创制新的、具体的服饰的样式,而只是对现有服饰进行点评,推行一种符合他个人审美品位的审美风格。尽管如第二章中我们分析的那样,李渔的《闲情偶寄》的书写也有表达自我、构建自我身份认同的作用,但明显的是,他无意于引领时尚,更无意于借此拉开自己和市民阶层的距离。他要做的,正是将自己关于生活美的心得体会传授给市民,教他们懂得真正的美,从盲目追逐时尚的怪圈中解脱出来。

李渔的闲情美学是他基于市民生活的现实土壤所作的对日常生活美学的总结,既具有市民文艺浓厚的商业性、娱乐性,充满喜剧色彩,诙谐、俚俗,同时又注入了士人知识分子的文化情趣,体现出中国古代向近代转型时期的混杂性特征,但从本质上讲,是市民的美学而非文人的美学。"如果撇开文人自命清高的标榜,应当承认李渔所研究的'闲情'并非他个人的嗜痂之癖,他不过是在迎合当时社会上普遍存在的娱乐趣味而已。从整本《闲情偶寄》来看,无论所谈论的是艺术、生活抑或是狎邪情趣,都体现出世俗化、商业化的情调。"[②]李渔的《闲情偶寄》从总体上来说,就是一部写给市民阶层的实用生活美学著作。他虽然不满足于俗,教人俗中求雅,指导市民生活从盲目追逐时尚向学会审美的方向提升,但他并不像当时很多士人那样,站在风

① 卜正明.纵乐的困惑:明代的商业与文化[M].方骏,译.北京:生活·读书·新知三联书店,2004:251-252.

② 高小康.市民、士人与故事:中国近古社会文化中的叙事[M].北京:人民出版社,2001:244.

雅文人的立场对市民生活进行居高临下的批判，拉开自身与市民生活的距离，以重塑自身的身份，并与下层社会相区隔，而是就站在市民日常生活之内，结合现实需求，教他们如何将美与舒适、方便结合起来。他的闲情美学，正体现出市民文化求新、求变、仿效更高社会阶层的特点。

第五章 结 语

李渔的闲情美学是中国古代历史上最早的，集中、自觉反映市民审美趣味的生活美学文本。尽管由于其士民身份的边缘性，他的闲情美学并未仅仅停留在对市民生活审美趣味的简单归纳、总结和呈现上，而是带有文人的文化品格与追求，但这并无损于李渔闲情美学的大众立场和市民性质。他是站在市民阶层与士人阶层的交界处，立足市民阶层的审美情趣，在满足其求美得乐的要求的同时，尝试提升其欣赏水平。与他同时代的文人尽管也时有生活美学相关著述，但几乎都是纯粹的个人审美情趣的表达，旨在展现自己的风雅品位，着力于营造一种超乎绝俗的区隔效应。前者是要引领市民阶层，后者则是要以审美品位为工具，在自己和市民阶层之间划出一道难以逾越的沟壑。从这个意义上讲，李渔与晚明文人群体拉开了距离，他是中国古代美学史上一位新的美学代表人物。

前人的研究中，提到李渔闲情美学的主要载体——《闲情偶寄》，往往会给其贴上“享乐主义”的标签，并因其中含有某些具有特殊时代特点的内容而对其大加抨击。然而通过对李渔闲情美学的梳理，以及对其“乐”的美学追求的具体分析，不难见出，李渔所求的“乐”并非单纯的个人享乐，而是生活的幸福感，是李渔个人所体认的生活意义之所在。

一、前人对李渔及其闲情美学的评价

由于中国古代自先秦以来就崇尚“诗言志”，认为文学艺术是心灵的外在表现，所以，中国古代长期以来奉行“文如其人”的观点，将对文学艺术作品艺术价值的评价与对作者人品的评价混杂在一起，很多时候甚至会有“因人废文”的现象发生。因此，在这样的背景下，尽管李渔在他自己所处的时代，作为小说家、戏曲家已经声名鹊起，但与其同时代及稍后一些信奉正统儒家道学思想的文人，却因李渔结交贵胄，蓄养家班，对其人品大加抨击，并由此否定其作品的艺术价值。

最常为后世引用以证李渔人品之低劣的，当为清代王灏《娜如山房说尤》中提到的由李渔同时代的袁于令记录的内容：“李渔性龌龊，善逢迎，游缙绅间，喜作词曲小说，极淫亵。常挟小妓三四人，子弟过游，使隔帘度曲，或使之捧觞行酒，并纵谈房中，诱赚重价。其行甚秽，真士林所不齿者也。予曾一遇，后遂避之。”①袁于令对李渔义正严词地大加斥责，俨然以正统儒家道德的捍卫者自居，但奇怪的是，就在身后不久，却有人将他与李渔相提并论，所描述的他的放浪，比之李渔有过之而无不及，“又撰《西楼记》之袁于令，为人贪污无耻，年逾七旬，犹强作少年态，喜纵谈闺阁，淫词秽语，令人掩耳。后寓会稽，暑月忽染奇疾，口中痒甚，因自嚼其舌，片片而堕，不食不言，

① 王灏. 娜如山房说尤[M]//李渔全集(第十九卷)：李渔年谱、李渔交游考、李渔研究资料选辑. 杭州：浙江古籍出版社，1991:310. 事实上，这段文字尽管被广泛引用，但实际上很多人连该段文字的原始出处都未弄清楚。不少学者在引用此段文字时标注的出处是“袁于令所著《娜如山房说尤》”。即使本文所引的《李渔全集》(第十九卷)中，单锦珩先生的标注也是模棱两可的“袁于令《娜如山房说尤》”，从其书中所引其他资料文后的标注有的非常规范、详细来看，此处应当不是标注不规范。这一点从文中所引单锦珩先生发表在《浙江大学学报》1991 年第 4 期上的《李渔评价的历史考察》一文中“笔者未见原书”一语也可以得到印证。至于后来很多学者纷纷将《娜如山房说尤》当成袁于令的作品，我们或许可以推测，这一方面是因为《娜如山房说尤》本身是坊间不常见的文献资料，很多学者难以检索、核对原始文献，另一方面是由于《李渔全集》是研究李渔最权威的资料之一，学者们或许有疑惑，但在无法考证的情况下，默认了权威资料中这一可靠性存疑的说法。

二十余日，舌本俱尽而死。绮语之戒，其罚如此。”①

另外，董含《莼乡赘笔》(原名《三冈识略》)②中对李渔为人的品评也时常为后代研究者所提及，然而其文字从“性龌龊”到“后遂避之”，与前面所引袁于令的文字基本没有差异：“李生渔者，自号笠翁，居西子湖。性龌龊，善逢迎，遨游缙绅间。喜作词曲小说，备极淫亵。常挟小妓三四人，遇贵游子弟，便令隔帘度曲，或使之捧觞行酒，并纵谈房中术，诱赚重价。其行甚秽，真士林所不齿者。予曾一遇，后遂避之。夫古人绮语犹以为戒，今观《笠翁一家言》，皆坏人伦、伤风化之语，当堕拔舌地狱无疑也。”③

为什么两者说法如此雷同？董、袁二人是同时代人，究竟是谁抄袭谁？当代学者单锦珩对举上述两段文字，并提出，“笔者未见原书，颇疑此非袁之手笔。”④后来，黄强、王玉超经过对原始文献的爬梳，指出“董含自序于康熙十七年的《三冈识略》是这段文字的原始出处，而且《娜如山房说尤》此条末小字注‘袁箨庵记’乃是王灏的误记。”⑤

乾隆年间辑成的《曲海总目提要》(卷二十一)中的《一种情》传奇注里则说“渔本宦家书史，幼时聪慧，能撰歌词小说，游荡江湖，人以俳优目之”⑥。

黄启太认为：“《李笠翁十种曲》恶孽魔障，纯是饿鬼畜生道变相出来，无一超脱世界者。以此填词，直与沿街乞食莲花闹无殊，真是风雅之厄。

“李渔一生著作，绝少雅音。非惟不容附庸妆点也，即所刻《一家言》，备极猥琐错杂，龌龊芜秽，以缙绅盛会而侈谈床弟狎亵之事。自问居何人品，而彼竟津津乐道，昌言无忌。此真衣冠之败类，名教之妖凶。坊间有此板，

① 梁绍壬. 两般秋雨庵随笔(卷四)：李袁轻薄[M]//李渔全集(第十九卷)：李渔年谱、李渔交游考、李渔研究资料选辑. 杭州：浙江古籍出版社，1991：315.

② 原名《三冈识略》，康熙四十一年，吴震方节录《三冈识略》为上、中、下三卷，易名为《莼乡赘笔》，收入《说铃》丛书后集。

③ 董含. 莼乡赘笔[M]//李渔全集(第十九卷)：李渔年谱、李渔交游考、李李渔研究资料选辑. 杭州：浙江古籍出版社，1991：312.

④ 单锦珩. 李渔评价的历史考察[J]. 浙江师范大学学报，1991(4)：79-85.

⑤ 王玉超，黄强. 李渔研究资料丛考[J]. 扬州大学学报(人文社会科学版)，2010(1)：69-74.

⑥ 黄文旸. 一种情[M]//李渔全集(第十九卷)：李渔年谱、李渔交游考、李渔研究资料选辑. 杭州：浙江古籍出版社，1991：313.

地方官亟宜追搜劈毁，勿污人目，勿荡人心，庶足以振颓风而挽恶俗。左文襄严禁流传，非无见也。

“词曲至李渔，猥亵琐碎极矣。如杂种委巷小家鬼子，面目青黑，衣冠蓝缕，无足比于人数，故不复置褒贬也。”①

黄启太本人是光绪十一年中举人，家富藏书，整篇《词曲闲评》的立场在开篇即已言明：“矧玩词识曲，尤馀事之馀者。篆刻虫雕，壮夫不为，无怪乎问津于此者鲜矣。因其鲜而国工远飏，宗匠乏主，遂有假途作伪以从事。如野狐痴虫一派，均为词家之障魔，诲淫导俗，支流更属词林之冤孽，辞而辟之，登坛指挥，比廓清于武事，不可无此功臣也。”黄是站在捍卫名教的正统卫道士立场上，对词曲进行点评，所以他说“《西厢》尽有佳处，但嫌淫荡越礼”，尽管对汤显祖的才华富赡大加赞赏，称之为“倚声选调，哀艳缠绵，可谓驱才人之极笔，尽词苑之匠心矣”，但对其《临川梦》却不细评，只因“第传写专属闺情，恐长猖佻浮薄之风，故总括其大纲，故为评论，不复逐节细细推敲也”②。因此，他以“雅”为准绳，以精英美学的阳春白雪去看代表、反映和迎合大众的李渔作品，自然大加挞伐，写出在今天看来并不公允的评论。

上述对于李渔的评价，虽然并未直接涉及他的闲情美学，但却对他的生活方式加以品评，从这些评价当中不难看出，当时的文人士大夫群体对李渔其人持批判、不齿的态度，而这种评判的立场，体现了传统儒家伦理道德的要求和文人士大夫的审美情趣。

曾加布政使衔的马先登认为，“李笠翁所著《闲情偶寄》一书，自居处饮食及男女日用，纤悉不遗。要皆故作清绮语，导人踰侈之事，无一足取。其人亦李贽、屠隆之类，为名教罪人，当明正两观之诛者也。”③这明显是站在清朝统治者严禁淫词琐语，推崇程朱理学的立场上所发的议论，这是与李渔闲情美学的本来内容相悖的。

---

① 官桂铨．新发现的清黄启太《词曲闲评》[J]．文献，1989(1)：33-46．

② 官桂铨．新发现的清黄启太《词曲闲评》[J]．文献，1989(1)：33-46．

③ 马先登．勿待轩杂志[M]//李渔全集(第十九卷)：李渔年谱、李渔交游考、李渔研究资料选辑．杭州：浙江古籍出版社，1991：321．

相较而言，光绪三年杨恩寿在《词余丛话》中对李渔的评价则客观得多，只论其戏曲作品，不涉及其为人。尽管杨本人的论剧主旨，强调内容“垂世立教”，偏重以诗词律曲，忽视舞台演出，但对于李渔的作品却能态度公允：“《笠翁十种曲》鄙俚无文，直拙可笑。意在通俗，故命意遣词，力求浅显。流布梨园者在此，贻笑大雅者亦在此。究之位置脚色之工，开合排场之妙，科白打诨之宛转入神，不独时贤罕与颉颃，即元、明人亦所不及，宜其享重名也。”[①]同时，他在《续词余丛话》中，更是对李渔戏曲理论中的很多观点大加赞赏，甚至引为知音。

丘炜萲也说，“国初，金华人李笠翁渔工词曲，所著十种传奇，一时盛行，声大而远。或有议其科浑纯是市井气，不知作者命意，正惟雅俗共赏，使人易于观听。”[②]

另外，向来为论者推为公允的光绪兰溪县志是这样描述李渔的：“李渔字谪凡，邑之下李人。童时以五经受知学使者，补博士弟子员。少壮擅诗古文词，有才子称。……性极巧，凡窗牖床榻服饰器具饮食诸制度，悉出新意；人见之莫不喜悦。故倾动一时。所交名流才望，即妇孺亦皆知有李笠翁。……作诗文甚敏捷，求之可立待以去，而率臆构思不必尽准于古。最著者词曲；其意中亦无所谓高则诚、王实甫也。有《十种曲》盛行于世。当时李卓吾、陈仲醇名最噪，得笠翁为三矣。论者谓近雅则仲醇庶几，谐俗则笠翁为甚云。”[③]

孙楷第在《李笠翁与十二楼》中，先说李渔人品，“他是在明朝游过泮之人，当鼎革之际，纵然不能了却秀才事，也尽可如杜濬之安贫自守（濬明副贡生）。却为了吃饭和享乐问题，东奔西驰，不顾风节，完全抛掉了书生本色。他虽然没有事新朝，却服侍了无数的新贵，这和他们是一样无耻。无怪当时

① 杨恩寿. 词余丛话[M]//李渔全集(第十九卷)：李渔年谱、李渔交游考、李渔研究资料选辑. 杭州：浙江古籍出版社，1991：325.

② 丘炜萲. 客云庐小说话[M]//李渔全集(第十九卷)：李渔年谱、李渔交游考、李渔研究资料选辑. 杭州：浙江古籍出版社，1991：327.

③ 孙楷弟. 李笠翁与十二楼[M]//李渔全集(第二十卷)：现代学者研究李渔论文精选、李渔研究论著索引. 杭州：浙江古籍出版社，1991：7-8.

人对于他不敬。然则笠翁定论，竟是一个有文无行可嗤可鄙之人，难道他在做人方面连一点好处也没有吗？这却又不然。他之可取之点，只是坦白。”①时人不敬李渔，是因为他干谒权贵，有损书生傲骨，却不是因为他服侍新贵等同于仕新朝。对李渔大加挞伐的人中，董含为明代博士弟子员，顺治十八年进士，较之李渔，更是标准的“仕新朝”。

近代学者提及李渔闲情美学的最有名的观点，当属鲁迅的“帮闲文人”说。鉴于鲁迅在中国文学史上的特殊地位，他对李渔所作的评价被广泛地引用，但引用者往往只断取其对李渔“帮闲文人”的称谓，而忽略其评价李渔的完整内容。事实上，鲁迅的原话是：

“帮闲文学”曾经算是一个恶毒的贬辞——但其实是误解的。

就是权门的清客，他也得会下几盘棋，写一笔字，画画儿，识古董，懂得些猜拳行令，打趣插科，这才能不失其为清客。也就是说，清客，还要有清客的本领的，虽然是有骨气者所不屑为，却又非搭空架者所能企及。例如李渔的《一家言》，袁枚的《随园诗话》，就不是每个帮闲都做得出来的。必须有帮闲之志，又有帮闲之才，这才是真正的帮闲。如果有其志而无其才，乱点古书，重抄笑话，吹拍名士，拉扯趣闻，而居然不顾脸皮，大摆架子，反自以为得意——自然也还有人以为有趣——但按其实，却不过‘扯淡’而已。②

所以，鲁迅的态度其实是“帮闲文学被视为恶毒的贬辞是一种误解”，他称李渔为“帮闲文人”更非为了贬低他，而是说他“有才”，“有才才是真帮闲”，非一般意义上的“帮闲者”可比。

鲁迅的弟弟周作人，长于书写平和冲淡的美文，也是一个讲究生活之美的人，他曾经说过一句很有名的话：“我们于日用必需的东西以外，必须还有一点无用的游戏与享乐，生活才觉得有意思。我们看夕阳，看秋河，看花，听

① 孙楷第．李笠翁与十二楼[M]//李渔全集（第二十卷）：现代学者研究李渔论文精选、李渔研究论著索引．杭州：浙江古籍出版社，1991：26-27．

② 鲁迅．从帮忙到扯淡[M]//李渔全集（第十九卷）：李渔年谱、李渔交游考、李渔研究资料选辑．杭州：浙江古籍出版社，1991：338．

雨，闻香，喝不求解渴的酒，吃不求饱的点心，都是生活上必要的——虽然是无用的装点，而且是愈精炼愈好。”①他对李渔的文字总的来说是持推崇的态度，他在《知堂书话》中写道：“讲起《花镜》，自然令人想到湖上笠翁的《闲情偶寄》，其卷五“种植部”共五分七十则，文字思想均极清新，如《竹》《柳》诸篇，都是很可喜的小品，其余的读下去，也总必有一二妙语散见篇中，可以解颐。这是关于花木的小论文，有对于自然与人事的巧妙的观察，有平明而新颖的表现，少年读之，可以医治作文之笨，正如竹之医俗，虽然过量的服了，也要成油滑的病症。”②

知堂老人还专门撰文将李渔与袁枚做比较，力挺笠翁，“(《闲情偶寄》)其纤悉讲人生日用处，正是那书的独得处，我想曹廷栋的《老老恒言》或可相比，不过枯淡与清绮自亦有殊，若以《随园食单》来与“饮馔部”的一部分对看，笠翁犹似野老的掘笋挑菜，而袁君乃仿佛围裙油腻的厨师矣。”③

叶朗认为，“从李渔的思想和性格来说，他是一个十足的庸人。李渔生活的时代，是一个阶级矛盾和民族矛盾十分尖锐的时代，是一个产生新的思想和新的人物的时代。但是李渔却远远躲开时代的风暴，带着一班‘家姬’，整天奔走于达官贵人门下，为他们演戏，写对联，献诗赋，直至为他们选姬妾，以乞讨一点残羹剩汁。这就是他自己夸耀的所谓‘日食五侯之鲭，夜宴三公之府’的生活。他在《闲情偶寄》的凡例中声称他写《闲情偶寄》的目的就是‘点缀太平’‘规正风俗’，突出表明了他作为封建统治阶级的‘帮闲’的品格。”④

尽管对李渔的为人做出了带有浓厚政治色彩的评价，但叶朗公允地肯定了李渔对于我国古典戏剧美学发展的贡献，“毫无疑问，李渔的保守的政

① 周作人. 北京的茶食[M]//雨天的书. 北京：华夏出版社，2008：48-49.

② 周作人. 花镜[M]//李渔全集(第十九卷)：李渔年谱、李渔交游考、李渔研究资料选辑. 杭州：浙江古籍出版社，1991：340.

③ 周作人. 笠翁与随园[M]//李渔全集(第十九卷)：李渔年谱、李渔交游考、李渔研究资料选辑. 杭州：浙江古籍出版社，1991：342.

④ 叶朗. 李渔的戏剧美学[M]//李渔全集(第二十卷)：现代学者研究李渔论文精选、李渔研究论著索引. 杭州：浙江古籍出版社，1991：178-179.

治立场、卑污的帮闲生涯以及庸俗、低级的生活趣味，必然地给他的创作和理论带来严重的损害。但是这些政治上和生活上的消极因素终究没有磨灭他从长期艺术实践中得来的理论上的真知灼见。我们今天也不能因为他的这种消极面而抹杀他的戏剧论著在美学史上的重大贡献。”①

黄天骥在《论李渔的思想和剧作》一文中指出，对于李渔，也不能把他简单地视为“帮闲文人”而全盘否定，“李渔和封建时代许多作家一样，存在着阶级和历史的局限性，但其进步倾向是主要的。我们不能用‘帮闲’二字把他一生骂倒，更不能完全抹杀他在喜剧创作方面的成就。”②

从前人对李渔的评价当中不难看出，在20世纪80年代以前，对李渔的肯定主要集中在其戏剧美学方面，而对于其闲情美学的评价，一方面是很少直接涉及，另一方面则是因其个人生活方式或与传统儒家道德所要求的士人风骨相抵触，或不符合革命年代所要求的立场，而被简单粗暴地予以贬斥。

20世纪80年代以后，随着社会风气的变化，李渔的《闲情偶寄》开始逐步受到重视，一些研究者开始更公允地评论其美学价值。但由于对李渔《闲情偶寄》进行研究的相关专著数量仍然有限，所以这方面的评价主要散见于单独成篇的论文和李渔研究的相关著述中。其中比较有代表性的有如下几种：

黄果泉认为，李渔“在日常生活及其环境中注入精神、文化的审美内涵。在物质享受的同时，寻求精神的享受，创造一种既符合实用需要，又宜于遣兴雅赏，充满逸趣幽韵的生活方式。”③

余秋雨指出，李渔《闲情偶寄》对生活质感的讲求“确实，是有点‘腐朽’”，但“所谓‘腐朽’，很可能是一种生态的成熟和精致。成熟到奢侈，精致到唯美，很可能是物质生活和精神生活两相和谐到一定时期之后所产生的

---

① 叶朗. 李渔的戏剧美学[M]//李渔全集(第二十卷)：现代学者研究李渔论文精选、李渔研究论著索引. 杭州：浙江古籍出版社，1991：179.

② 黄天骥. 论李渔的思想和剧作[M]//李渔全集(第二十卷)：现代学者研究李渔论文精选、李渔研究论著索引. 杭州：浙江古籍出版社，1991：228.

③ 黄果泉. 雅俗之间——李渔的文化人格与文学思想研究[M]. 北京：中国社会科学出版社，2007：56.

结晶。”他认为《闲情偶寄》是对中国古代文人长期避实崇虚这一缺陷的大规模弥补，“李渔采取的是一个重要的文化行为。‘他把古代中国人具体化了’，就凭这一点，它也能在社会文化学、文化生态学上取得重要地位，至少，这是一部沉淀着多重文化选择的真实素材。”①

杜书瀛认为，“《闲情偶寄》是清初文人李渔的一部所谓寓‘庄论’于‘闲情’的‘闲书’”，“《闲情偶寄》给人的一个突出感受是它的平易近人的人情味和浓重的‘市井’气、‘江湖’气，而且这两者是融合在一起的：他文章中的‘人情’不是隐逸在山林中的冰清玉洁的‘逸情’，也不是窗明几净的书斋里的‘雅情’，而往往是世俗的‘市井’情、‘江湖’情。在一定意义上可以说，李渔是一个‘江湖’文人、‘市井’文人，或者说，是旧社会里常说的那种‘跑码头’的文人。”②

上述几种观点中，黄、余二人的观点在当代李渔《闲情偶寄》研究中比较具有代表性，即将李渔的《闲情偶寄》视为中国古代文人生活情趣的理论总结。但事实上，通过前文对李渔闲情美学的特点和其市民特性的分析，我们已经可以看到，不管是“遣兴雅赏，充满逸趣幽韵”，还是“成熟到奢侈，精致到唯美”，其实都是不准确的，他们只看到李渔闲情美学与中国古代士人的生活情趣之间的相似之处，却对二者之间的本质区别缺乏必要的体认。相形之下，杜书瀛的观点更为确切。但由于是在《李渔美学思想研究》一书中以“读《闲情偶记》札记”的形式出现，所以更多地体现为感悟性的文字。

二、市民阶层的实用生活美学指南

李渔的闲情美学指导大众在生活中以审美为求“乐”的途径，归根结底，是在细碎的日常琐事中追求、经营人生的幸福。“幸福”可以作为解读李渔闲情美学的一个核心概念。

---

① 余秋雨.《重读李渔丛书》序[M]//孙昌建，大运河. 重读李渔丛书：闲情偶记（女人好色）. 石家庄：河北教育出版社，2003：2.

② 杜书瀛. 李渔美学思想研究[M]. 北京：中国社会科学出版社，1998：241.

赵汀阳在《论可能生活》中曾经指出:"关于幸福的问题实际上是关于生活方式的问题,即需要研究的是,什么样的生活方式是有意义的。显然,有意义的生活必定引起幸福感。"①可以说,幸福感与人存在的意义息息相关,有了意义,才有生命的充实感,才能感觉到自身的存在有了质量。

追寻人的存在意义,前提是人的自我意识的觉醒。明代中后期,中国传统的封建农业社会发展到末期,商品经济对社会造成强大冲击,促进了个性的解放与自我意识的觉醒。在社会的不同阶层、不同人群那里,这种自我意识觉醒的程度有着很大差异。对于缺乏文化教养的市民阶层而言,自我意识的觉醒以一种非常模糊的状态,自发而非自觉地展开,并且停留在无止境地追逐个人感性欲望的满足的肤浅层面。而这种追逐本身又进一步加剧了社会的变动。

传统中国社会是农本社会,"以血缘为纽带的宗法社会,本质上是一个自在的日常生活世界,绝大多数人口是传统农民,他们终生被封闭在家庭与天然共同体之中,凭借着自发地融进血脉之中的传统、风俗、习惯、经验、天然情感、血缘等自在的文化基因而自在地、周而复始地展开衣食住行、饮食男女、婚丧嫁娶、生儿育女等日常生计。"②农业社会的一个重要特征就是社会流动性弱,各阶级、各阶层之间壁垒森严,社会关系以血缘和地缘关系为主,自我服从于家庭、宗族,服从于伦理道德规范,个人生活带有很大的保守性和惰性,但在一定程度上保证了生活状态的稳定性,也给人以心理上的安全感。

明代中后期商品经济发达,市民阶层人数庞大,传统儒家伦理道德已不能回应和解答现实社会提出的新问题。以商业经济为主的社会一定程度上是喻于利的小人社会,德性伦理学失去了其有效性和约束力,又没有能够带来新秩序的制度,在这样一种状态下,人们的幸福之路失去了方向,他们需要作出自己的选择。作出这一选择的前提,是清楚地知道,幸福是什么,或

① 赵汀阳.论可能生活(第2版)[M].北京:中国人民大学出版社,2010:20.
② 衣俊卿.现代化与日常生活批判[M].北京:人民出版社,2005:5.

者说，获得幸福的方式是什么。

传统的儒家伦理道德是典型的德性伦理学，关心行动本身的理由，而不顾行动的利益结果，关心的是“好”而非“幸福”。而明代中后期伴随着商品经济的发达一同兴起的功利主义，则只关心行动的利益结果，关心的是“利”——“得到”，也非“幸福”。正因为功利主义将实际效用错误地当作了幸福的替代物，把欲望的满足、一时的快乐与长久的幸福混同，所以才会落入叔本华所说的那种“求不得苦，求得也苦”的两难境地。

李渔敏锐地感觉到了传统思想策略与现实生活之间的脱节，尝试着为在变动的社会新形势下茫然而又盲目的世人，指明一条在他看来值得追求且可行的幸福之路。对幸福的追求在李渔这里分为两个层次，首先，要将社会生活中的新变化，人们对欲望的追逐，努力纳入传统伦理道德的解释半径中，去证明其合法性；其次，要在承认人的欲望与享乐追求的基础之上，追求一种更值得的幸福生活。

这种试图回应现实社会的种种新变，并做出解释的努力，贯穿于李渔的作品当中。所以，他的小说、戏曲，一方面大量采用“倒置”手法，描写凰求凤女追男、丑夫得美妇、儿子领养父母、同性家庭的男孟母、女同性恋等与传统社会的伦理道德和常识、常理、常态明显相悖的内容，另一方面却又对这些“反常”的现象从人情、伦理方面加以合理化的阐释。这实际上反映的是将新的变动纳入旧思想的有效解释半径中的努力，以引导人们在传统的伦理道德的基础之上，去理解并正确地评价和看待社会生活中出现的这些变化，从而不至于在社会变动不居的新时期茫然无绪，彻底失去方向。旧的思想资源与新的社会现实之间虽有联系，但终究差别较多，所以这种解释有时候往往是无力的，只能机械地归之于命运，或者很现实地作出一定让步。

以《奈何天》为例，里面的邹、何、吴三位女子，都是才貌俱佳的美女，但都嫁给了阙不全这样一个又丑又愚且身带恶臭的男人。李渔从内心是替她们感到惋惜，对她们表示同情的，说明他肯定了女性对幸福婚姻的追求，但现实社会中这种追求往往得不到好的结果，李渔给出的解释是这是命运的安排，所以尽管佳人值得配佳偶，但还是要顺应现实，认命地接受贤妇配愚夫。

而《女陈平计生七出》则更突出地体现了李渔试图将旧的思想传统与新的社会变革联结起来所作的努力，以及其效果的苍白与勉强。这部小说讲的是在社会动荡的年代，女子如何既全生又保节的问题，也即性命与伦理二者间如何两全的问题。由于性命问题非生即死，不存在让步的中间的状态，能够让步的便只有伦理了。于是小说中足智多谋的女陈平耿二娘，假意与贼人温存，主动投怀送抱，交颈而眠，摩摩靠靠，甚至不避彼此对对方性器官的触碰，只求不发生实质性的性交。将"守节"的标准降低到不发生实质性的性交，比起之前宋明理学提倡的"饿死事小，失节事大"，要求"男女授受不亲"，女子应当足不出户以避免与丈夫、亲人之外的男性发生联系，耿二娘的这种处理方式无异于已经退让到最低限度了。而李渔对耿二娘"权宜保命"的做法加以赞美，却不以"自杀完节"责之，从另一个方面见出当时社会伦理道德观念的变化，以及李渔个人更适世、实用的价值观。

李渔自己也知道自己所塑的这种"守节"的方式，离传统伦理道德所要求的"节"的标准相去甚远，多少有点牵强，于是在篇末评点时又将"守节之妇"喻为"女中圣人"，通过将"节妇"与"圣人"相提并论，用弹性更大、内涵更丰富的"圣"偷偷置换了"节"的概念，并分出了誓死不屈的"圣之清者"、忍辱报仇的"圣之任者"，将耿二娘形容为"圣之和者"，认为她不仅智比陈平，还坚追柳下惠，企图用"不淫"来进一步证明其"节"。

李渔实际上已经看到了封建伦理道德的虚伪性，意识到伦理规范并不等同于人的幸福，人首先必须活着，伦理道德才有意义。然而他的传统知识分子的时代局限性终归限制了他，决定着他不可能做出像李贽那样彻底的、抛弃虚伪的理学伦理教条。李渔只是做出了市民阶层最真实的反应，首先是"顺才"，保全个人的生命，这是人活着最大的欲望；其次是"顺习"，如何让自己活着而且不违背社会规范，从而活得更好、更容易。当社会规范的要求与个人生存本能之间发生冲突的时候，显然李渔认为保全性命更重要，为此伦理规范的要求可以有一些弹性与退让。

"没有什么信念能够经得起利益的考验或者超越利益的具体冲突（尽管

确实有少数人能够永远坚持信念，但那是因为人品高贵而不是因为信念的强大）。"①传统儒家伦理道德所要求的"杀身成仁"的境界对于普通市民百姓来说，未免太过高蹈，不切实际。然而儒家伦理道德以传统、习俗等方式很深地融进人们的头脑之中，其影响之强大，即使到今天仍然部分存在，对于当时的人们来说，就更不可能完全抛开。

所以，在个人的欲求与社会传统的要求发生冲突的时候，顺应个人欲求的同时，人们也需要与社会传统妥协，这样才能身心两方面都得到安顿。李渔要做的，正是帮助人们去论证这些选择背后所蕴含的伦理道德上的合法性。

然而，论证个人欲望满足的伦理合法性只是第一步，这并不等同于幸福，毋宁说只是承认了人拥有追求幸福的权利。在自己的小说戏曲创作中完成了将社会新变动纳入传统伦理道德加以解释的努力之后，李渔在《闲情偶寄》中进一步为人们指明幸福的生活方式，就是在日常生活中，以"闲情"的审美心怀，超越物质条件、经济能力的局限，以审美创造的方式获得自由，同时收获舒适与美，得到快乐与愉悦。这实际上就是要引导市民阶层由自在自发地生存，转向自由自觉地生活。

当时的人追求享乐，但欲望的满足与一时的快乐不等同于幸福。快乐是消费性的，而幸福是一种持久的内心和谐与愉悦。欲望能够被满足，恰恰意味着这种满足的意义是有限的。有限意味着一种不自由，虽然生活本身就是不自由的，但正因如此人们才更热爱那些具有无限性的东西，在这当中他们可以发现无限的意义，不停地追求，每一次创造都是一种给予，都带来幸福体验。而这种无限意味着的自由，也可以带来一种幸福。

李渔闲情美学的一个重要特点，就是强调人的智巧，要求人充分发挥自己的主观能动性，去改变身边的具体事物。这种改变本身就是一种创造，是从生存空间向生活空间的突围。重复性的日常活动只是生存，创造性的活动才是给予。给予就是做自己愿意做的事，在创造中人是自由的，并能体验

① 赵汀阳．论可能生活(第 2 版)[M]．北京：中国人民大学出版社，2010：3．

到幸福。物质的限制、资源的匮乏、利益的分配与争夺、资源的占有与竞争，只在生存空间内存在，而生活空间是被人创造出来的，是可以被不断开拓，超越物质世界局限的。

李渔闲情美学的实质是在传统的儒家伦理失效的社会新形势下，试图通过自身的努力去为普通的市民阶层寻求新的答案，即在新的时代背景下，如何过一种有意义的生活，做一个幸福的人。尽管他对生活意义的理解由于仅仅停留在日常生活世界，缺乏必要的价值追求和精神超越，他对幸福的认知由于时代的局限，还远未上升到理论的高度和一定的深度，但他毕竟已经将幸福与单纯的享乐、快乐区别开来。当时的市民对幸福的理解几乎是纯然物质的欲望满足，而李渔却在向他们展示生活的应有之义时，注入了精神性的内容，要求他们从对物的盲目追逐中停下脚步，用“闲情”“慧心”去感受生活之美，用“智巧”去改变现实的不如意，创造生活之美。这本身就具有重要的文化意义。

三、正确看待李渔闲情美学的局限性

李渔闲情美学思想是他所生活的时代和他个人成长经历的共同产物，在有着历史局限性的同时，也因个人的性情而体现出个体的局限性。人不可能超越他个人所在的时代去认识事物，一方面，我们应当充分认识到李渔闲情美学的局限性；另一方面，也不应脱离开具体历史背景去加以评判，求全责备。

过往研究者在论及李渔《闲情偶寄》美学思想的局限性时，往往概括地将其归结到诸如对小脚的把玩、把女性当成物来观赏等方面，并将其视为封建主义的腐朽糟粕。就李渔闲情美学思想中这些内容本身而言，这样的评价没错。但是如果将这些内容放到李渔所生活的时代当中去看，李渔会有这样的思想又不足为怪。与其说这是李渔美学思想的局限性，还不如说这是那个时代的局限性。要求一个生活在封建社会末期的人有着超乎他所属的阶级、超乎时代之上的进步，这未免有点强人所难，吹毛求疵。

笔者以为,李渔闲情美学的局限性在于,面临着时代的动荡与变化,他缺乏李贽、黄宗羲、顾炎武等人那种直接抗争的勇气,不愿意直面社会问题,而是采取了消极回避的路子,从波谲云诡的广阔世界中躲入个人与家庭生活的小圈子内,从而使他为大众寻得的生活方式多少带些庸俗、狭隘的意味。他将幸福等同于个人经由对生活的经营而获得的愉悦,试图通过审美而避开时代尖锐的矛盾与冲突。但他忽视了人与时代的关系,人毕竟是生活在具体的社会历史之中的,个人的生活不可能真正与社会隔离开来,社会是否健康、安定、和谐,直接影响到个人追求美好生活的愿望是否能够真正地实现。他天真地以为个人"退一步",从广阔的社会生活缩回到个人的一方小天地中,就能得到幸福。他不是努力去寻求解决社会、人生问题的路子,去拷问时代与社会的症结所在,而是选择无视问题,调整心态去适应外部的世界。传统儒者与天地参、制天命而用之的豪情,在他这里,仅仅体现在美化物质生活世界,以使自己能更好地适应外部世界上面。晚明文人群体纵情享乐、恣意放诞的背后,实质上透着对社会现实的激愤,他们废事绝务的闲赏"亦非丝毫不关痛痒如缸外观鱼、槛外观兽,它自有来自历史与人生兴灭之感所带来的悲悯之情"①,李渔的态度则全然是顺世与平和的。晚明文人冷眼看世间,靠的是一种"隔"的态度,而李渔却是全情投入生活之中,持的是一种"融"的立场。李渔闲情美学在本质上是一种逃避,是披着现实外衣的桃源迷梦。

然而,我们必须看到,李渔闲情美学思想的这种局限性是由他在现实生活中所属的市民阶层的特性所决定的。"由于中国市民阶层未能登上政治舞台,也由于这个阶层成员的文化素质很差,于是缺乏对未来的远大理想与崇高目标的追求。"②对于他们而言,最根本的动机只有一个,就是如何更好地生存下去。他们看待问题的出发点是功利主义的,什么样的生活方式更实际,更能让他们在保全性命的同时过得舒服、愉快,他们就毫不犹豫地选

① 龚鹏程.晚明思潮[M].北京:商务印书馆,2008:203.
② 谢桃坊.中国市民文学受众心理分析[J].江海学刊,1995(1):142-148.

择这种生活方式。李渔在《闲情偶寄》和他的戏曲小说创作中所体现出的，正是这样一种市民阶层的生活哲学，改变我能改变的，适应我不能改变的，无所谓理想，无所谓崇高，但求愉快。

与此同时，我们也应当承认，尽管因缺乏超越性而显得庸俗，李渔闲情美学思想确乎有着其进步意义。

李渔生活的时代是明末清初，中国传统的封建农业社会正受到新兴的商品经济的冲击，旧的伦理道德无法适应新的社会形势，而新的秩序尚未建立。每个人都在茫然地感受着社会的变化，同时狼狈地为自己寻找新的位置。李渔闲情美学思想尽管无关崇高，不涉深刻，但他却为这个社会中数量最大的人群指出了一条提升生活质量的道路。他所追求的“乐”带领大众脱离对欲望、享乐的追逐，确乎能够提升生命的质量，使人感觉到生活是值得的，生命是有价值的。晚明文人群体看到了国家、社会，他却听到了市民阶层渴望幸福的呐喊并作出了回应。

李渔的闲情美学思想虽然没有回应社会、历史的问题，但却能够实在地使市民阶层受益。他所改变的尽管只是个体以家庭为主要场域的日常生活，但他所提出的闲情美学思想却实实在在地能够使人在追求生活细节之美的同时，通过创造而感受到幸福。“一个人如果让他的生活成为一个创造性的过程，就会是幸福的。生活的创造性主要表现在日常生活的普通细节中，生活从根本上说就是一系列细节串联而成。创造性在于‘给予’，即你有意愿去做并且做了一件事情，这一行为满足了你的意愿，就会带来幸福感。”①

虽然李渔的消极顺世，比起晚明文人的放诞避世，少了几分崇高的情怀。可比起晚明文人意识到时代的病症却无力改变，以堕落的方式来加以反抗，李渔闲情美学又有其进步意义。毕竟堕落只能引起快感而不能带来幸福，既无益于社会进步，也不利于自我心灵的安放。而李渔的闲情美学尽管没有上升到国家、社会的高度，却有益于市民大众的现实人生，并且对当

---

① 赵汀阳. 论可能生活(第2版)[M]. 北京：中国人民大学出版社，2010：262-263.

时盲目追逐欲望满足的贪餍之风能够起到纠偏的作用。相形之下,李渔闲情美学无疑更具现实意义。并且,正如赫勒所说,“社会变革无法仅仅在宏观尺度上得以实现,进而,人的态度的改变无论好坏都是所有改变的内在组成部分”[①],李渔闲情美学通过改善市民阶层的生活方式与生活态度,在微观、个人的层面推动了社会的变化。

列宁曾经说过:“判断历史功绩,不是根据历史活动家没有提供现代所要求的东西,而是根据他们比他们的前辈提供了新的东西。”[②]李渔闲情美学尽管有着其历史与个人的局限性,但却是中国古代美学思想史上,第一次相对系统、完整地对市民阶层美学需求的回应,这也正是其可贵之处。

四、李渔闲情美学的当代启示

随着科学技术的发展,现代人的物质生产能力不断提高,生活水平也有了很大改善。当今社会,物质非但不再匮乏,而且远远超过了人们的实际需求,在这样的背景下,人们消费物品时的关注点,逐渐从以前的只关注物品使用价值,转向兼顾其审美价值、符号价值,甚至表现出将对符号价值、审美价值的考量置于使用价值之上的取向。对美的追求、对美好生活的向往,成为当代人的一种强烈的欲望。

在消费时代的背景下,商家和大众媒介合谋,用各种精美的商品营造出令人向往的美好生活画面,也即沃尔夫冈·韦尔施(Wolfgang Welsch)所说的“审美氛围”,从而将人们对美好生活的向往偷偷置换成对精美事物的欲望,诱导人们消费广告画面中的商品,于是对美的向往,不知不觉间变形成为对欲望的追逐,人们追求美好的生活,反而深陷在欲望的泥沼中,苦楚不堪。

日常生活审美化并没有带来生活的美好、幸福,充其量只是在日常生活

① 赫勒.日常生活[M].衣俊卿,译.哈尔滨:黑龙江大学出版社,2010:2.

② 列宁.列宁全集(第2卷)[M].北京:人民出版社,1979:180.

中点缀、充塞了各种类似于艺术表现的事象，“用审美因素来装扮现实，用审美眼光来给现实裹上一层糖衣”[①]。它更多的是满足以眼睛为主的身体感官的快感，而不能带给人真正的、发自内心的审美愉悦。这种所谓的“审美化”其实是一种伪审美，“迄今为止，我们只是从艺术当中抽取了最肤浅的成分，然后用一种粗滥的形式把它表征出来。美的整体充其量变成了漂亮，崇高降格成了滑稽。”[②]

韦尔施说“生活方式在今天为审美伪装所主宰”[③]。这句话道出了两个不幸的事实：第一，我们的日常生活的“审美化”其实是一种虚假的审美伪装，真正的审美并没有因此而比以前高居艺术神殿的时代离我们更近；第二，原本应当充满个性、很大程度上应当是个人选择的生活方式，如今却被时代营造出的审美假象所决定，我们不光没有得到美好、幸福的生活，甚至连真正意义上属于自己的生活都失去了。这不光是现代人的悲哀，更是现代人诸多心理问题的根源：自我感的沦丧导致对生活意义的质疑和幸福感的缺失，压抑、不快乐、无力感……种种负面情绪和心理感觉由此而生。

对美好生活本身的向往与追求是天经地义、无可厚非的。“人的生命就是用来实现为‘生活’的，生活才是关于人的存在的有效分析单位，没有生活的生命是无意义的，这正是人的存在有别于其他存在的地方。”[④]关键在于，什么样的生活才是美好的生活，我们应当如何在生活中追求和实现美?

在这一点上，李渔闲情美学强调充分发挥个体的主观能动性去创造生活之美，而不是一味追逐、占有精美外形的物品，更多地通过审美体验本身，而不是单纯依靠美的事物去得到生活之“乐”，无疑有着很强的启示意义。

在各种创造性的生活中，“审美因为由全身心所发动并作用于整个心灵，便可以转化为实现人的各种潜能、品质、性格的积淀物，从而使个体成为创造的主体。”[⑤]人在审美的过程中，创造着生活，也实现着自己的个性，塑造

① 韦尔施.重构美学[M].陆扬，张岩冰，译.上海：上海世纪出版集团，2006：5.
② 韦尔施.重构美学[M].陆扬，张岩冰，译.上海：上海世纪出版集团，2006：5.
③ 韦尔施.重构美学[M].陆扬，张岩冰，译.上海：上海世纪出版集团，2006：7.
④ 赵汀阳.论可能生活：一种关于幸福和公正的理论[M].北京：中国人民大学出版社，2004：135.
⑤ 李泽厚.论语今读[M].北京：生活·读书·新知三联书店，2008：471.

着自己。今天的日常生活审美化,本质上是通过制造审美氛围,刺激和鼓励人占有物品,不知餍足地追逐欲望,说到底还是停留在日常生活"自在自发"的特性层面。而李渔的闲情美学刚好反其道而行之,教人努力从对物的追逐中停下脚步,经由"闲情""慧心"获得审美体验,通过对日常生活的改变,生成自为和自由的个性,这也正是实现赫勒所说的"日常生活人道化"的必由之路。

参考文献

[1]LIGHT A,SMITH J M. The aesthetics of everyday life[M]. New York:Columbia University Press,2005.

[2]ROJEK C,SHAW S M,VEAL A J. A handbook of leisure studies[M]. New York:Palgrave Macmilan,2007.

[3]CHANG C S,CHANG S H. Crisis and transformation in seventeenth-century China:society,culture,and modernity in Li Yu's world[M]. Ann Arbor:University of Michigan Press,1998.

[4]HENRY E P. Chinese amusement:The lively plays of Li Yu[M]. Hamden:The Shoe String Press,1980.

[5]MANDOKI K. Everyday aesthetics:prosaics,the play of culture and social identities[M]. Burlinton:Ashgate Publishing,2006.

[6]SAITO Y. Everyday aesthetics[M]. London:Oxford University Press,2007.

[7]弗洛伊德. 精神分析引论新编[M]. 高觉敷,译. 北京:商务印书馆,1987.

[8]塔塔科维奇. 古代美学[M]. 杨力,耿幼壮,龚见明,等,译. 北京:中国社会科学出版社,1990.

[9]黑格尔. 美学[M]. 朱光潜,译. 北京:商务印书馆,1979.

[10]康德. 判断力批判[M]. 邓晓芒,译. 北京:人民出版社,2002.

[11]韦尔施. 重构美学[M]. 陆扬,张岩冰,译. 上海:上海世纪出版集团,2006.

[12]席勒. 审美教育书简[M]. 张玉能,译. 南京:译林出版社,2009.

[13]列宁. 列宁全集(第2卷)[M]. 北京:人民出版社,1979.
[14]瓦格纳姆. 日常生活的革命[M]. 张新木,戴秋霞,王也频,译. 南京:南京大学出版社,2008.
[15]丹纳. 艺术哲学[M]. 傅雷,译. 天津:天津社会科学出版社,2004.
[16]杜夫海纳. 美学与哲学[M]. 孙非,译. 北京:中国社会科学出版社,1985.
[17]凡勃伦. 有闲阶级论[M]. 蔡受白,译. 北京:商务印书馆,1964.
[18]韩南. 创造李渔[M]. 杨光辉,译. 上海:上海教育出版社,2010.
[19]弗里德曼,舒斯塔克. 人格心理学:经典理论和当代研究[M]. 许燕,王芳,等,译. 北京:机械工业出版社,2016.
[20]舒斯特曼. 身体意识与身体美学[M]. 程相占,译. 北京:商务印书馆,2011.
[21]舒斯特曼. 生活即审美:审美经验和生活艺术[M]. 彭锋,等,译. 北京:北京大学出版社,2007.
[22]列文森. 儒教中国及其现代命运[M]. 郑大华,任菁,译. 桂林:广西师范大学出版社,2009.
[23]卜正明. 纵乐的困惑:明代的商业与文化[M]. 方骏,王秀丽,罗天佑,译. 北京:生活·读书·新知三联书店,2004.
[24]史景迁. 前朝梦忆:张岱的浮华与苍凉[M]. 温洽溢,译. 桂林:广西师范大学出版社,2010.
[25]余英时. 士与中国文化[M]. 上海:上海人民出版社,2003.
[26]张春树,骆雪伦. 明清时代之社会经济巨变与新文化:李渔时代的社会与文化及其"现代性"[M]. 王湘云,译. 上海:上海古籍出版社,2008.
[27]史文德森. 时尚的哲学[M]. 李漫,译. 北京:北京大学出版社,2010.
[28]笠原仲二. 古代中国人的美意识[M]. 杨若薇,译. 北京:生活·读书·新知三联书店,1988.
[29]赫勒. 日常生活[M]. 徐崇温,衣俊卿,译. 哈尔滨:黑龙江大学出版社,2010.
[30]朱熹. 四书集注[M]. 长沙:岳麓书社,1987.
[31]高濂. 遵生八笺[M]. 北京:人民卫生出版社,1994.
[32]顾起元. 客座赘语[M]. 北京:中华书局,1987.
[33]归有光. 震川先生文集[M]. 上海:上海古籍出版社,1981.
[34]何良俊. 四友斋丛说[M]. 北京:中华书局,1959.

[35]李贽. 焚书・续焚书[M]. 北京:中华书局,2009.
[36]李贽. 李氏文集[M]. 北京:中华书局,1974.
[37]丘濬. 重编琼台稿[M]. 上海:上海古籍出版社,1991.
[38]沈德符. 万历野获编[M]. 北京:中华书局,1959.
[39]陶奭龄. 小柴桑喃喃录[M]. 吴宁,李为芝校刊本. 1635.
[40]王畿. 龙溪王先生全集[M]//四库全书存目丛书・别集类 98. 济南:齐鲁书社. 1997.
[41]王懋德. 金华府志[M]. 台北:学生书局,1965.
[42]王锜. 寓圃杂记[M]. 北京:中华书局,1984.
[43]文震亨. 长物志校注[M]. 文震亨・陈植. 南京:江苏科技出版社,1984.
[44]文征明. 文征明集[M]. 上海:上海古籍出版社,1987.
[45]谢肇淛. 五杂组[M]. 上海:上海书店出版社,2001.
[46]袁宏道. 袁宏道集笺校[M]. 上海:上海古籍出版社,1981.
[47]袁中道. 珂雪斋集[M]. 上海:上海古籍出版社,1989.
[48]张岱. 娜嬛文集[M]. 北京:故宫出版社,2012.
[49]张翰. 松窗梦语[M]. 北京:中华书局,1985.
[50]郑晓. 今言[M]. 北京:中华书局,1984.
[51]陈梦雷. 古今图书集成・方舆汇编・职方典[M]. 北京:中华书局,1934.
[52]虫天子. 中国香艳全书[M]. 北京:团结出版社,2005.
[53]戴名世. 戴名世集[M]. 北京:中华书局,1986.
[54]黄宗羲. 明儒学案[M]. 台北:明文书局,1991.
[55]计六奇. 明季北略[M]. 北京:中华书局,1984.
[56]李渔. 李渔全集(第一卷):笠翁一家言文集[M]. 杭州:浙江古籍出版社,1991.
[57]李渔. 李渔全集(第二卷):笠翁一家言诗词集[M]. 杭州:浙江古籍出版社,1991.
[58]李渔. 李渔全集(第三卷):闲情偶寄[M]. 杭州:浙江古籍出版社,1991.
[59]李渔. 李渔全集(第四卷):笠翁传奇十种(上)[M]. 杭州:浙江古籍出版社,1991.
[60]李渔. 李渔全集(第五卷):笠翁传奇十种(下)[M]. 杭州:浙江古籍出版社,1991.
[61]李渔. 李渔全集(第六卷):笠翁阅定传奇八种(上)[M]. 杭州:浙江古籍出版社,1991.
[62]李渔. 李渔全集(第七卷):笠翁阅定传奇八种(下)[M]. 杭州:浙江古籍出版社,1991.

[63]李渔.李渔全集(第八卷):无声戏、连城壁[M].杭州:浙江古籍出版社,1991.
[64]李渔.李渔全集(第九卷):十二楼、合锦回文传、肉蒲团(故事梗概)[M].杭州:浙江古籍出版社,1991.
[65]李渔.李渔全集(第十五卷):古今史略、千古奇闻[M].杭州:浙江古籍出版社,1991.
[66]李渔.李渔全集(第十六卷):资治新书(初集)[M].杭州:浙江古籍出版社,1991.
[67]李渔.李渔全集(第十七卷):资治新书(二集)[M].杭州:浙江古籍出版社,1991.
[68]李渔.李渔全集(第十八卷):评鉴传奇二种、韵书三种、杂著[M].杭州:浙江古籍出版社,1991.
[69]钱谦益.列朝诗集小传[M].上海:上海古籍出版社,1983.
[70]钱谦益.钱注杜诗[M].上海:上海古籍出版社,1979.
[71]秦簧修,唐壬森.光绪兰溪县志[M].台北:成文出版社有限公司,1974.。
[72]沈垚.落帆楼文集[M].续修四库全书.第1525册.上海:上海古籍出版社,1995.
[73]叶梦珠.阅世编[M].北京:中华书局,2007.
[74]余怀.板桥杂记[M].上海:上海古籍出版社,2000.
[75]袁枚.随园食单[M].西安:三秦出版社,2005.
[76]张廷玉.明史[M].北京:中华书局,1974.
[77]曹顺庆,李天道.雅论与雅俗之辩[M].南昌:百花洲文艺出版社,2005.
[78]陈宝良.明代社会生活史[M].北京:中国社会科学出版社,2004.
[79]陈建新.李渔造物思想研究[D].武汉:武汉理工大学,2010.
[80]陈荣捷.王阳明传习录详注集评[M].台北:学生书局,1983.
[81]陈维昭.带血的挽歌:清代文人心态史[M].石家庄:河北教育出版社,2001.
[82]陈雪虎.生活美学:三种传统及其当代汇通[J].艺术评论.2010(10):62-64.
[83]陈学明,吴松,远东.让日常生活成为艺术品:列菲伏尔、赫勒论日常生活[M].昆明:云南人民出版社,1998.
[84]成远镜,朱晶.生活美学[M].长沙:湖南大学出版社,2007.
[85]戴健.明代后期吴越城市娱乐文化与市民文学[M].北京:社会科学文献出版社,2012.
[86]戴吾三.考工记图说[M].济南:山东画报出版社,2003.
[87]杜书瀛.论李渔的戏剧美学(增订本)[M].北京:中国社会科学出版社,2007.
[88]杜书瀛.李渔美学心解[M].北京:中国社会科学出版社,2010.

[89]樊美钧.华夏审美风尚史(第九卷):俗的滥觞[M].郑州:河南人民出版社,2000.
[90]傅守祥.审美化生存——消费时代大众文化的审美想象与哲学批判[M].北京:中国传媒大学出版社,2008.
[91]方叶.李渔文化人格论[J].中南民族学院学报(哲学社会科学版).1999(4):87-89.
[92]方志远.明代城市与市民文学[M].北京:中华书局,2004.
[93]高小康.市民、士人与故事:中国近古社会文化中的叙事[M].北京:人民出版社,2001.
[94]葛兆光.禅宗与中国文化[M].上海:上海人民出版社,1986.
[95]葛兆光.古代中国文化讲义[M].上海:复旦大学出版社,2006.
[96]葛兆光.七世纪至十九世纪中国的知识、思想与信仰.中国思想史(第二卷)[M].上海:复旦大学出版社,2007.
[97]龚鹏程.生活的儒学[M].杭州:浙江大学出版社,2009.
[98]龚鹏程.晚明思潮[M].北京:商务印书馆,2008.
[99]韩大成.明代城市研究[M].北京:中国人民大学出版社,1991.
[100]汉宝德.明朝的生活美学:闲情偶寄[M].台北:大块文化出版股份有限公司,2011.
[101]黄果泉.雅俗之间——李渔的文化人格与文学思想研究[M].北京:中国社会科学出版社,2007.
[102]黄强.李渔研究[M].杭州:浙江古籍出版社,1996.
[103]赖勤芳.休闲美学读本[M].北京:北京大学出版社,2011.
[104]老子王.影印武英殿聚珍版本[M].东京:文求堂,1939.
[105]李修建.生活美学:书写中国美学史的新视角——兼论李泽厚的中国美学研究.文艺争鸣[J].2011(5):98-101.
[106]李渔全集(第十九卷):李渔年谱、李渔交游考、李渔研究资料选辑[M].杭州:浙江古籍出版社,1991.
[107]李泽厚.论语今读[M].北京:生活·读书·新知三联书店,2008.
[108]李泽厚.实用理性与乐感文化[M].北京:生活·读书·新知三联书店,2008.
[109]李泽厚,刘纲纪.中国美学史(第一卷)[M].北京:中国社会科学出版社,1984.
[110]李泽厚,美学三书[M].天津:天津社会科学院出版社,2003:447-448.
[111]刘广新,胡友峰.从理论美学到生活美学[J].东岳论丛.2007(2):128-131.
[112]刘红娟.李渔生活美趣研究[D].北京:首都师范大学,2012.

[113]刘玉梅. 李渔生活审美研究综述——以《闲情偶寄》为考察对象[J]. 阴山学刊. 2010(6):54-59.

[114]刘玉梅. 中国当代生活美学研究综述[J]. 前沿. 2012(18):158-160.

[115]刘悦笛. 生活美学——现代性批判与重构审美精神[M]. 合肥:安徽教育出版社,2005.

[116]刘悦笛. "生活美学":是什么与不是什么?[J]. 艺术评论. 2011(4):22-24.

[117]刘悦笛. "生活美学"与当代中国艺术史——在亚洲艺术学会京都年会上的演讲[J]. 文艺争鸣. 2011(2):4-12.

[118]刘悦笛. 生活美学与艺术经验[M]. 南京:南京出版社,2007.

[119]刘再复,林岗. 传统与中国人[M]. 北京:中信出版社,2011.

[120]陆羽,陆廷灿. 茶经·续茶经[M]. 沈阳:万卷出版公司,2008.

[121]罗筠筠. 华夏审美风尚史(第八卷):残阳如血[M]. 郑州:河南人民出版社,2000.

[122]罗晓. 美国汉学界的李渔研究:[D]. 上海:华东师范大学,2009.

[123]毛文芳. 晚明闲赏美学[M]. 台北:学生书局,2000.

[124]彭锋. 实用主义与生活美学——舒斯特曼美学述评[J]. 文艺争鸣. 2010(9):38-43.

[125]钱水悦. 李渔《闲情偶寄》生活美学思想初探[D]. 杭州:浙江大学,2006.

[126]邱江宁. 明清江南消费文化与文体演变研究[M]. 上海:上海三联书店出版社,2009.

[127]宋立中. 闲雅与浮华:明清江南日常生活与消费文化[M]. 北京:中国社会科学出版社,2010.

[128]孙昌建,大运河. 女人好色. 重读李渔丛书:闲情偶记[M]. 石家庄:河北教育出版社,2003.

[129]孙昌建,大运河. 重读李渔丛书:闲情偶记(春光乍泄)[M]. 石家庄:河北教育出版社,2003.

[130]孙昌建,大运河. 重读李渔丛书:闲情偶记(妖颜惑众)[M]. 石家庄:河北教育出版社,2003.

[131]孙昌建,大运河. 重读李渔丛书:闲情偶记(吉时行乐)[M]. 石家庄:花山文艺出版社,2004.

[132]孙昌建,大运河. 重读李渔丛书:闲情偶记(飘飘欲仙)[M]. 石家庄:花山文艺出版社,2004.

[133]孙艺香.李渔世俗美学思想研究[D].曲阜:曲阜师范大学,2009.
[134]万晴川.风流道学——李渔传[M].杭州:浙江人民出版社,2005.
[135]王鸿泰.明清士人的生活经营与雅俗的辩证[J].美国哥伦比亚大学东亚系.Discourses and Practices of Eveday Life in Imperial China国际学术研讨会.纽约:哥伦比亚大学,2002:10:25-27.
[136]王仁湘.饮食与中国文化[M].北京:人民出版社,1993.
[137]王淑萍.试论李渔的生活美学[D].广州:暨南大学,2004.
[138]王树良.文心匠意:晚明江南文人意趣与居室陈设思想[M].重庆:重庆大学出版社,2011.
[139]巫仁恕.品味奢华:晚明的消费社会与士大夫[M].台北:联经出版公司,2007.
[140]吴存存.明清社会性爱风气[M].北京:人民文学出版社,2000.
[141]李渔全集(第二十卷):现代学者研究李渔论文精选、李渔研究论著索引[M].杭州:浙江古籍出版社,1991.
[142]谢国桢.明代社会经济史料选编(上、下册)[M].福州:福建人民出版社,2004.
[143]谢桃坊.中国市民文学史[M].成都:四川人民出版社,1997.
[144]谢桃坊.中国市民文学受众心理分析[J].江海学刊.1995(1):142-148.
[145]徐保卫.李渔传[M].天津:百花文艺出版社,2001.
[146]徐复观.中国人性史论(先秦篇)[M].台北:台湾商务印书馆股份有限公司,1984.
[147]薛富兴."生活美学"面临的问题与挑战[J].艺术评论.2010(10):53-56.
[148]薛富兴.生活美学——一种立足于大众文化立场的现实主义思考[J].文艺研究.2003(3):22-31.
[149]杨春时.世俗的美学与超越的美学[J].学术月刊.2004(8):10-13.
[150]杨曾文.神会和尚禅话录[M].北京:中华书局,1996.
[151]姚会民.病由心生[M].天津:天津科学技术出版社,2008.
[152]衣俊卿.现代化与日常生活批判[M].北京:人民出版社,2005.
[153]仪平策.生活美学:21世纪的新美学形态[J].文史哲.2003(2):123-128.
[154]俞为民.李渔评传[M].南京:南京大学出版社,1998.
[155]羽离子.李渔作品在海外的传播及海外的有关研究[J].四川大学学报(哲学社会科学版).2001(3):69-78.
[156]张法.中国美学史上的体系性著作研究[M].北京:北京大学出版社,2008.

[157]张维昭. 悖离与回归——晚明士人美学态度的现代观照[M]. 南京:凤凰出版社,2009.

[158]张志平. 汪曾祺的雅:从“生活政治学”到“生活美学”[J]. 名作欣赏. 2007(11):42-44.

[159]赵汀阳. 第一哲学的理由和困难[M]//赵汀阳. 年度学术 2005:第一哲学. 北京:中国人民大学出版社,2005.

[160]赵汀阳. 论可能生活(第 2 版)[M]. 北京:中国人民大学出版社,2010.

[161]赵士林. 心学与美学[M]. 北京:中国社会科学出版社,1992.

[162]赵树功. 闲意悠长:中国文人闲情审美观念演生史稿[M]. 石家庄:河北人民出版社,2005.

[163]赵园. 明清之际士大夫研究[M]. 北京:北京大学出版社,1999.

[164]赵园. 制度·言论·心态:《明清之际士大夫研究》续编[M]. 北京:北京大学出版社,2006.

[165]赵园. 想象与叙述[M]. 北京:人民文学出版社,2009.

[166]赵志军. 作为中国古代审美范畴的自然[M]. 北京:中国社会科学出版社,2006.

[167]周榆华. 晚明文人以文治生研究[M]. 广州:广东高等教育出版社,2011.

[168]周作人. 雨天的书[M]. 北京:华夏出版社,2008.

[169]朱剑芒. 美化文学名著丛刊[M]. 上海:上海书店,1982.

[170]朱锦华.《闲情偶寄》成书时间考辩[J]. 四川师范大学学报(社会科学版). 2003(3):53-55.

[171]朱立元. 美学大辞典[M]. 上海:上海辞书出版社,2010.

[172]朱立元,王振复. 天人合一——中华审美文化之魂[M]. 上海:上海文艺出版社,1998.

[173]朱良志. 中国美学十五讲[M]. 北京:北京大学出版社,2006.

后　记

清晨6点，歌乐山麓，当我在初夏清晨鸟儿的鸣唱中敲下“后记”两个字时，心中一片清明。

这本书脱胎于我2013年的博士论文。转眼间5年已过，差不多够再读一个博士学位的时间了，我才终于完成了这本书的书稿。

每一位博士的论文，都是痛苦煎熬的结果。而我的这份痛苦里面，也许成分又更复杂一些。完成博士论文的过程中，我的生活发生了很多改变，有新生命的到来，也有故人的离开。我别无选择，必须接受这些挑战，同时还要完成自己的学业。那些挑灯夜战的日子里，儿子在背后的床上沉睡，我在灯下奋力敲击着键盘。有时候写到东方微微发白，我才钻进被窝去，搂着那个浑身奶香的“小肉球”，安然地睡去……那段日子很苦很累，但回头看时，却只记得充实与温暖。

我相信人生的一切经历，都自有它存在的价值和意义。读博的经历让我看到自己的力量并为之自豪，而这力量很大一部分在于写作博士论文过程中，对生活价值和人生幸福问题的思考与了悟。知与行，在我自己身上得到了统一，也使我更深刻地理解到李渔闲情美学的价值。

每本书的封面，都会署上执笔写作者的大名。然而那些没有亲自参与撰写，却为作者创造条件的人们，也不应该被忘记，尤其对于深受其惠的作者本人来说，更是如此。

这本书的问世，首先要感谢我的导师代迅先生和师母胡智丽女士。代迅先生治学严谨，待我们这些弟子却极是宽和。师母则以慈母般的温情，时时关照着我们。老师和师母曾打一两个小时长的电话给我，关心我的情况。毕业以后，虽然我在他们身边的时间少了很多，但他们对我的关心却一如既往。

我也很感激我就职的四川外国语大学新闻传播学院院长严功军教授。坦率地讲，我都不记得他为这本书出版的事催促过我多少次。尽管他公务非常繁忙，但只要有机会坐下来交流，他总是会过问我的书稿，指导我如何修改论文，并询问出版事宜。在我读博期间，作为直接领导，他更是在能力所及范围内，给予我诸多关照。

厦门大学杨春时教授在我对论文选题举棋不定的时候，给了我最大的肯定和鼓励，使我有信心将自己不成熟的思考继续下去，最终完成博士论文。

素昧平生的浙江大学潘力勇教授，在我冒昧致信求教的时候，非但不嫌我唐突，还认真回信给我指点。他坦诚无私，有教无类，不仅在学术上于关键处予我以点拨，同时更向我展现了一位襟怀宽大的师者所应有的风范。

从读博士到完成书稿，漫长的九年时间内，帮助过我的人太多太多。为了避免将这篇后记写成颁奖典礼上的发言模板，在此不一一赘述，但你们对我的恩情，我都铭记在心。

最后，我想借此一隅，向我的家人和朋友表示谢意。

我的父母不顾自己年迈，离开自己熟悉的生活环境，搬来与我同住，帮我打理家庭事务，使我能腾出时间来完成自己的学习、工作与书稿。

儿子卷卷顽皮可爱，虽然照料他常常令我颇有分身乏术之感，但他带给我的欢笑、慰藉，远胜一切。同时，想要成为让儿子骄傲的妈妈，也成了我努力前行的动力之一。

先生俊德公务繁忙，但只要得闲，总是会和我探讨我的研究，帮我搜集资料，不时从他的角度给我新的灵感，敦促我坚持下去。只要在家，他便主动承担起陪伴卷卷的任务，好让我有相对完整的时间，可以不受干扰地读书写作。

还有我亲爱的朋友们，他们陪我闯过人生中的道道关隘，在我需要帮助的时候，总是陪伴在我身边，充当我的树洞，无私地伸出援手。我并不是一个交游遍天下的人，胜在朋友虽不多却个个知心。假如没有这些知心好友的陪伴与支持，我也许无法度过这40年人生中最艰难的那段时光，更遑论完成自己的学业，让这本书得以问世了。

亲友的温暖与爱，除了予我以实质性的襄助，也令我对幸福问题有了更深的感悟。这是他们对我另一种形式的馈赠。我愿以此本小书，将他们予我的爱传递出去，令更多的人从对生活之美的追求开始，求得人生真正的幸福。

王飞

四川外国语大学

2018年4月21日